XINXING PEIDIANWANG JIANSHE GAIZAO ANLI JIEXI

新型配电网建设改造案例解析

国网新疆电力有限公司配网管理部　组编

中国电力出版社
CHINA ELECTRIC POWER PRESS

内 容 提 要

本书内容涵盖配电自动化设备运维和检测实践经验。全书共 16 章，包括新型高质量配电网、网格化单元制体系构建、电力需求负荷预测、新型高质量配电网评估、10kV 配电网网架结构优化提升、配电线路及设备水平提升、配电网供电能力与效率提升、农村高跳线路治理、智能配电网建设与改造、高层小区供电电源优化、低压配电网建设改造提升、分布式新能源为主体的新型配电网建设、城市（B 类及以上区域）新型高质量配电网建设改造案例、县域（C 类区域）新型高质量配电网建设改造案例、农村（D 类及以下区域）新型高质量配电网建设改造案例、配电网未来形态展望。本书还附有现代化配电网相关参考标准。

本书适合从事配电自动化规划设计、工程建设、检测调试、运行维护的技术、管理人员阅读，具有较强的实用性。

图书在版编目（CIP）数据

新型配电网建设改造案例解析 / 国网新疆电力有限公司配网管理部组编. -- 北京：中国电力出版社，2025. 5. -- ISBN 978-7-5198-9697-3

Ⅰ. TM727

中国国家版本馆 CIP 数据核字第 20258HC112 号

出版发行：中国电力出版社
地　　址：北京市东城区北京站西街 19 号（邮政编码 100005）
网　　址：http://www.cepp.sgcc.com.cn
责任编辑：罗　艳（010-63412315）　高　芬
责任校对：黄　蓓　郝军燕
装帧设计：张俊霞
责任印制：石　雷

印　　刷：北京雁林吉兆印刷有限公司
版　　次：2025 年 5 月第一版
印　　次：2025 年 5 月北京第一次印刷
开　　本：710 毫米×1000 毫米　16 开本
印　　张：25
字　　数：408 千字
定　　价：110.00 元

编 委 会

　　本书围绕高效互动新型高质量配电网论述了现阶段配电网发展方向、建设目标及思路，推动新型电力系统建设与能源互联网全面升级。主要介绍了配电网供电网格单元划分、负荷预测、评估体系、问题策略、未来形态展望等内容，采用"案例+图形"的形式对典型场景中的电网问题进行详细阐释，并对未来新型电力系统的形态展望，针对不同区域的各类型问题进行剖析并给出具体解决措施，分别从物理层—信息层—价值层三个维度解析高效互动新型高质量配电网的特点，服务"碳达峰、碳中和"目标的实现。

　　目前，各电力公司对新型电力系统相关知识没有深入了解，国内相关书籍主要以传统电力系统建设为主，规划设计人员在工作开展中没有系统的工作流程和参考依据。本书通过研究国家和公司关于新型电力系统工作部署和中心思想，解读相关论文期刊内容，形成了构建高效互动新型高质量配电网基本概念—发展方向—建设思路—建设解析—效果评价的闭环流程，指导规划设计人员开展工作，填补了原有的空白。

编者

2024 年 11 月

目　录

绪　　论

  2022 年 10 月 16 日，中国共产党第二十次全国代表大会在北京人民大会堂开幕。党的二十大就确保能源安全、深入推进能源革命、积极稳妥推进碳达峰碳中和、加快实施创新驱动发展战略、积极参与应对气候变化全球治理等作出安排部署，提出新的明确要求。

  配电网是高效互动新型高质量电网建设的主战场，是实现清洁能源就近消纳，多元负荷聚合互动，信息物理全面融合。在能源低碳转型的背景下，目前配电网发展面临重大困境。一是网络形态发生深刻变化。新能源大规模并网和新型用能设施大量接入，配电网潮流多向化，源荷双重不确定性叠加，规划和运行难度加大。二是资源配置效率有待提升。以冗余保安全的发展模式使配电设施整体利用效率不高，投资效益低下。三是状态感知能力明显不足。智能终端覆盖面窄，通信带宽受限，难以满足多元业务需求。四是调度控制模式有待变革。传统配电网的调度控制体系难以满足海量用户侧资源参与供需互动的需求。五是能源互联生态尚未形成。配电网在提升能效、挖掘用户价值等方面潜力巨大，但多方共赢、价值共生的可持续机制发展滞缓。

  随着技术的进步和政策的支持，高比例分布式新能源接入比例逐渐增加，为新形势下的战略变更，加快推进能源低碳转型进程，开展高比例分布式新能源接入下的高效互动新型高质量配电网建设改造工作。本书采用"典型案例+图集"的形式，对配电网的各类问题及改造策略进行了详细阐释，包括高效互动新型高质量配电网项目需求编制流程与方法介绍、配电网网格化单元制体系构建、典型问题的技术路线和改造方案制定和各类区域高质量城市配电网建设改造策略等中心内容。

第1章　新型高质量配电网

1.1　基　本　概　念

随着社会经济的稳步发展，电力电量需求日益增大，2022年全社会用电量同比增长3.6%，同时电网建设力度持续加大，取得了可喜的成绩，电网供电可靠性和安全稳定水平持续提高。随着2020年9月联合国大会上"2030年前碳达峰、2060年前碳中和"目标的提出，"新常态"下的经济增长方式转变、电力体制改革、"能源双控"政策实施，电网的发展面临着新任务和新要求。电力系统作为能源转型的中心环节，承担着更加迫切和繁重的清洁低碳转型任务，2021年3月，国家电网有限公司发布了"碳达峰、碳中和"行动方案，将低碳作为新型电力系统的核心目标，构建以新能源为主体的新型电力系统，努力当好能源清洁低碳转型的引领者、推动者、先行者。新型电力系统应是适应大规模高比例分布式新能源发展的全面低碳化电力系统。

对于配电网而言，随着分布式电源、电动汽车的快速发展以及国家对电力市场改革的逐步推进，大量风电、光伏发电等间歇性电源的接入逐渐改变了传统的电源结构，2022年风电、光伏发电量首次突破1万亿kWh，达到1.19万亿kWh，同比增长21%，占全社会用电量的13.8%，接近全国城乡居民生活用电量。但同时高比例新能源接入也降低了整个电源系统的出力可控性，并在配电网层面上大大增加了系统运行的随机性和不确定性。同时多元化用户负荷及其预测偏差等众多不确定因素对于配电系统运行过程中的功率分布有着重要影响，仅依靠传统的电网调节手段，已经难以满足新能源持续大规模并网消纳的需求。因此，为满足系统在运行过程中的电力电量平衡运行和电能质量要求，开展高比例分布式新能源接入下的高效互动新型高质量配电网研究刻不容缓。

能源结构、电网模式和负荷类型的共同转变给当前电力系统的发展提供了新的思路和方向，也给电网的调度运行、规划建设等方面带来了新的挑战。新型电力系统亟须激发负荷侧和新型储能技术等潜力，形成源网荷储协同消纳新能源的格局，适应大规模高比例分布式新能源的开发利用需求，提高电力系统的灵活性，实现不同条件下的差异化用电需求保障方式。

"十四五"期间，公司配电网接入分布式电源、电动汽车充电桩数量持续增长，配电网"双高"（高比例清洁能源、高比例电力电子装置）趋势明显加快，局部地区呈现源网荷储节点分布广泛、电力电子化加速、运行工况灵活多样的特征，公司配电网承载力面临以下四项巨大挑战。

（1）规划建设实施难度增大。分布式电源和多元负荷规模化接入，负荷特性由传统的刚性、纯消费型向柔性、生产与消费兼具型转变；网络形态由单向逐级配送的传统电网，向包括微电网、局部直流电网和可调节负荷的能源互联网转变。配电网的规划原则、电气计算和网络结构发生深刻变化，需要统筹考虑新能源接入电网的安全标准和消纳要求，加强源网荷储一体化协同规划，提升配电网运行效率。

（2）运行控制安全风险增加。分布式电源大量接入导致配电网网络潮流由单向流动变为双向互动，运行特性由源随荷动的实时平衡一体控制模式，向源网荷储协同互动的非完全实时平衡模式转变。控制策略由集中式控制，向集中控制与配电网、微电网就地协同控制模式并存转变。传统保护配置和重合闸策略无法适应，设备状态实时监控要求高，极端天气、突发事件情况下配电网系统韧性下降。

（3）用能服务互动需求多样。供电服务新业务、新业态、新模式不断涌现，服务需求由为客户提供单向供电服务，向发供一体、多元用能、多态服务转变。配电网功能形态由电力传输分配转向各类能源平衡配置，平台化、互动化特征凸显，民生保供和应急保障要求不断提高，用户对高品质的电能质量、高可靠的供电保障需求更加强烈。

（4）运营管理质效亟须优化。公司配电设备资产规模庞大，在构建新型电力系统新形势下，随着分布式新能源渗透率不断提高，城市配电网运营管理难度更大、要求更高，更加强调技术和经济并重、实物和价值并重，亟须运用数字化、智能化手段为设备管理赋能赋智，提升配电网运营管理效率，推动公司配电网高质量发展。

1.2 发展目标

1.2.1 发展方向

在能源低碳转型和新型电力系统构建的背景下，高效互动新型高质量配电网的规划目标、规划方法和规划对象迫切需要"三个转变"，以推动配电网功能换代和形态升级。

（1）规划目标由"单目标"向"多目标"转变。传统的配电网规划以提升供电可靠性为目标，以满足负荷增长为任务。新型高质量配电网已然成为清洁低碳的关键环节以及提质增效的主要载体，因此配电网规划应从安全可靠的单目标规划转向"安全可靠、清洁低碳、经济高效"的多目标规划。

（2）规划方法由网格化规划向场景化规划延伸。网格化规划为精细化规划的主要做法，但随着接网元素的多样化和电网形态的深刻变化，区域资源禀赋和发展定位对配电网发展的影响越来越大。差异化选择规划场景，因地制宜开展基于场景的网格化规划，对配电网高质量发展意义重大。

（3）规划对象由供电网络向能源网络拓展。随着新能源大规模并网和新型用能设施的大量接入，电力流向呈现不确定性，传统供电网络也逐步向多元参与、多态转换、多能融合的能源网络转变，因此配电网规划对象应从传统的供电网络向能源网络拓展，以满足源网荷储协调运行和多种能源互补互济。

1.2.2 建设目标

为认真贯彻国家电网有限公司建设具有中国特色国际领先的能源互联网企业战略部署，推进城市配电网建设，推动配电网向能源互联网升级，积极服务新型电力系统建设和"碳达峰、碳中和"目标落地，充分考虑能源转型发展、智慧城市建设、高效服务需求，依托电力系统高质量发展，推动能源高质量发展，抓好"三个五"关键之要。

（1）遵循新型电力系统五大特征，即聚焦清洁低碳，推动形成清洁主导、电为中心的能源供给和消费体系；聚焦安全充裕，加强支撑性和调节性电源建设；聚焦经济高效，提升电力系统整体运行效率；聚焦供需协同，推动多形态、多要素、多主体协调互动、动态平衡；聚焦灵活智能，实现数字化、网络化、智慧化。

（2）锚定新型电力系统五大定位，即融入中国式现代化建设，满足人民美好生活需要；服务构建新发展格局，加快构建现代化产业体系；推进碳达峰碳中和，加快推动能源清洁低碳转型；保障国家能源安全，提升能源自主供给能力；推动能源高质量发展，解决行业发展难题。

（3）把握新型电力系统五大内涵，即电源构成向大规模可再生能源发电为主转变；电网形态向多元双向混合层次结构网络转变；负荷特性向柔性、产消型转变；技术基础向支撑机电、半导体混合系统转变；运行特性向源网荷储多元协同互动转变。

1.3 建 设 思 路

1.3.1 总体思路

高效互动新型高质量配电网以国家电网有限公司战略目标为统领，紧扣"一体四翼"发展布局，落实公司"十四五"电网规划及现代设备管理体系建设要求，充分考虑能源转型发展、智慧城市建设、高效互动服务需求，坚持"五个原则"（统筹协调、创新驱动、经济适用、价值扩展、因城施策），聚焦"四个着力"（着力夯实规划设计基础、着力深化智能技术应用、着力满足互动用能需求、着力推进业务模式优化），提升"四个能力"（网架承载能力、运行控制能力、供电服务能力、运营管理能力），按照"三种类型"（国际领先型城市配电网、国际先进型城市配电网和发展提升型城市配电网），高质量建设适应新型电力系统发展方向、具有"清洁低碳、安全可靠、柔性互动、透明高效"特征的城市配电网，推动配电网向能源互联网全面升级，积极服务"碳达峰、碳中和"目标实现。

传统电力规划工作是基于对未来一段时期内负荷增长的预判，开展电源供应充裕度的分析并提出电源规划的方案，随后对负荷和电源的新需求开展网架方案的设计，最后对规划网架开展电气校验以及经济技术的评价。在新型电力系统下，电力规划对象除了传统的源网荷之外还需进行储能规划。规划边界进一步扩展，传统规划以电力系统内部数据为主，辅以对社会经济发展数据的研究，在新型电力系统下仍需进一步掌握能耗、碳排放等专业数据。规划流程基本上与传统电力系统规划一致，但各阶段均将引入新的技术手段，应对新型电力系统的新特征。在规划评价方面，评价指标进一步多元，亟须形成新的评价体系整体评估新型电力系统的规划效果。

1.3.2 开展流程

本次新型高质量配电网建设的工作将结合传统网格化规划从多系统资料收集、新型电网评估、多元负荷预测、网格单元划分、高效互动目标网架及建设改造策略制定、过渡方案编制、投资估算及成效分析七个部分。

1. 多系统资料收集

资料收集是新型高质量配电网的第一步，准确完善的基础资料对于项目成果的科学性、合理性和精准性具有重要影响。从数据收集来源上可将所有资料分为政府、电力公司两方面。

（1）政府方面。具体内容包括：

1）经济社会发展规划。了解地区的经济发展战略、目标和政策，以及相关规划文件，可以为电力网格化项目的规划提供背景信息和参考。

2）国土空间规划。掌握城乡规划的总体布局和发展方向，包括城市建设、农村发展、人口分布等信息，以便将电力网格化项目与城乡规划相协调。获取土地利用的规划情况，包括土地用途、用地强度、地块面积等，以便进行合理的电力设施布局规划。

3）区域控制性详细规划。了解各个区域的详细规划要求，包括用地功能分区、建筑控制规模、交通布局等，以确保电力网格化项目的布局符合规划要求。

4）电力廊道规划。了解电力线路所需通道的位置、走廊宽度、限制条件等，以确保电力网格化项目的线路布置符合规划要求。

（2）电力公司方面。具体内容包括：

1）上级电网规划成果。了解上级电网的规划成果，包括电网的布局、发展方向、改造计划等。这些资料对于确保电力网格化项目与整体电网的协调和连接至关重要。

2）设备台账及运行情况。收集设备的台账和运行情况数据，包括变电站、配电线路、配网设备等。这些资料能够提供设备的位置、容量、型号、运行状况、投运年限等信息，为网格化项目需求规划提供重要依据。

3）现状电网地理接线图和拓扑结构图。获取现有电网的地理接线图和拓扑结构图，了解电力设施之间的连接方式和拓扑结构。这些资料对于进行网格化分区、调度和优化决策具有重要意义。

4）线路巡视库。收集线路巡视的记录和数据，包括巡视报告、缺陷信息及消缺信息等。通过分析巡视数据，可以了解线路的健康状况、潜在风险和维护需求，为网格化项目需求的线路规划和维护提供支持。

5）电力廊道使用情况。获取电力廊道的分布图，包括架空廊道及电缆通道等。了解电力廊道的位置、宽度、占用情况等信息，可以为电力网格化项目的布局和规划提供参考。

6）智能电网建设情况。了解智能电网建设的情况，包括数据采集系统、通信系统、自动化设备等的部署和应用状况。这些资料可以帮助评估智能化技术在网格化项目需求中的应用潜力和优化效果。

7）储备项目。了解电力公司近期计划的储备项目，包括新建变电站、线路改造、设备升级等。这些资料对于网格化项目的优先级确定和规划设计具有指导作用。

以上仅列举了主要收集资料内容，具体实施时还需结合当地电网现状情况判断是否需要补充收集资料。

值得说明的是，除了政府和电力公司提供的资料，实地踏勘也是非常重要的一步。通过实地踏勘，可以确保现有电网地理图与实际线路走径的一致性，获得准确的地理和地形信息，为网格化项目的规划和设计提供基础数据。

综上所述，有效而全面地收集政府和电力公司方面的资料，并结合实地勘测结果，可以为网格化项目的规划和实施提供准确、完善的基础资料，确保项目成果的科学性、合理性和精准性。

2. 新型电网评估

新型电网评估是对区域电网进行全面的分析，以了解电网的现状运行工况以及潜藏的风险，主要从以下多个维度对电网进行分析：

（1）网架结构。评估电网的布局、连接方式和拓扑结构图，包括变电站、输电线路、配电网等的布置与关系，着重从网架结构标准率、有效联络率、线路分段合理率等方面分析网架的完整性、可靠性、灵活性等方面的问题。

（2）装备水平。评估电网设备的性能及状态，包括主变压器、开关设备、线路、配电变压器等。分析设备是否存在锈蚀、绝缘层破损、漏油等问题，并明确存在问题的具体设备。

（3）运行水平。分析电网的运行数据和指标，包括但不限于供电可靠性、线路平均负载率、线路重载率、配电变压器重载率等信息，识别电网运行中存在问题，如线路或配电变压器负荷过载、配电变压器三相不平衡等，分析问题原因并提出改造措施。

（4）电力廊道。评估电力廊道的分布、状态和可用性，包括但不限于电力廊道的走径、数量和容量。注意发现廊道的使用限制、堵塞、灵活性等问题，并提出优化建议。

（5）故障及投诉。分析电网故障具体情况，包括故障频率、故障类型和解决时效等。了解用户对电网故障的投诉情况，分析用户对电网可靠性和服务质量的评价，并找出故障投诉背后的问题根源。

（6）不停电作业开展情况。了解并评估电网的不停电作业能力和实施情况，包括但不限于作业时长、减少的停电时户数及相应避免的经济损失。

（7）双电源需求。分析区域内双电源供电需求的情况，包括但不限于关键负载的需求、备用电源的配置情况等。评估双电源系统的可用性和合理性，并提出改进的建议。

（8）智能电网。评估智能化技术在电网中的应用情况，包括数据采集终端、自动化设备等。分析智能电网的应用效果、益处和潜在问题，并提出改进意见。

（9）专线用户（重要用户）。分析专线用户的用电需求和供电情况，重点关注大型工商企业、重要公共设施等特殊用户的电力供应情况，确保其稳定供电、安全运行；对于长期处于空置的专线线路考虑"专改公"的可行性。

（10）可再生能源。分析区域以风电和光伏发电为代表的可再生能源的装机容量、发电量、并网等情况，评估区域分布式能源渗透率，坚持可再生能源集中式与分布式开发并举、电力外送消纳与就地消纳并举，及时出台分布式能源规划政策。

通过以上十个维度的综合分析，可以全面剖析现状电网，明确现状电网与新型高质量配电网的差距。分析结果应与当地单位进行相互校核并查漏补缺，而后从高、中、低压三方面形成相应负面清单，为后续新型配电网建设工作的开展形成重要的决策依据。

3. 多元负荷预测

负荷预测对于区域电网规划至关重要，它旨在确定未来一段时间内电力需求的增长趋势，为制定合理的过渡方案和目标网架搭建提供数据支持，以保证方案的合理性、科学性。新型电力系统负荷预测是将常规负荷与新兴负荷进行耦合叠加，得出较为精准的区域网供负荷预测结果，其主要包括近中期负荷预测和饱和年负荷预测两个方面。

（1）近中期负荷预测。近中期负荷预测通常包含未来三年的负荷趋势分析，常用的方法有自然增长+S 型曲线法和空间负荷密度+S 型曲线法：其中自然增长+S 型曲线法是基于历史数据和经济发展趋势确定负荷的自然增长率，并结合 S 型曲线模型进行预测，这种方法适用于经济增长较为稳定的区域；而空间负荷密度+S 型曲线法则通过考虑不同区域的发展差异和用电特点，结合空间负荷密度和 S 型曲线模型来预测负荷增长，它更适用于区域内存在明显的经济发展差异和用电需求差异的情况。

（2）饱和年负荷预测。饱和年负荷预测用于确定饱和年（远景年）的负荷，常用的方法包括空间负荷密度法、户均容量法和人均综合用电量+T_{max} 法（T_{max}为年最大负荷利用小时数）。对于有控规的规划区域通常选择空间负荷密度法，在考虑区域用地性质、地块面积、负荷指标、需用系数、同时率等因素的基础上来确定预测年的负荷。对于无控规区域则考虑户均容量法和人均综合用电量+T_{max} 法：其中户均容量法是基于人口统计数据、人口增长和平均用电量，计算每户平均需求的容量，进而确定饱和年负荷；人均综合用电量+T_{max} 法是通过考虑人口增长和用电习惯变化，结合历史最高负荷数据，计算人均综合用电量，并预测未来饱和年负荷。

4. 网格单元划分

网格单元划分是网格化项目需求的基础。进行区域网格单元划分时需要依据饱和年预测负荷分布和变电站布点情况，并综合考虑中压配电网运维检修、营销服务、区域地理形态、行政边界、城市规划状况等因素，逐区域、逐地块进行划分。

划分网格单元的初稿需进行多方的讨论与沟通，以获得各方的意见和反馈。随后，应结合后期目标网架的制定以及线路供区的划分等因素，对网格单元边界进行进一步优化和调整，形成最终的网格单元划分结果。

5. 高效互动目标网架及建设改造策略制定

制定目标网架及改造策略是综合考虑多个因素的过程，旨在满足未来的电力需求、提高电网可靠性及灵活性、适应新能源接入等要求，进而确保供电系统的可靠性、安全性、扩展性、灵活性。

首先是目标网架的制定。制定各供电网格（单元）饱和年中压配电网目标网架时需依据饱和负荷预测结果，并综合考虑区域各地块用电性质、发展状况、电网现状、廊道建设情况、网格单元划分等因素进行，必要时可以考虑调整供电区域范围、配电线路走向、提升装备水平等措施，实现电网资源利用最优，适应未来的用电需求的变化，确保目标网架具备可靠性、经济性、可持续性、扩展性和灵活性等特点。

其次是网格单元边界的优化。结合目标网架各接线组供区分布情况，合理调整网格单元边界，确保网格单元内的负荷分布均匀，避免跨网格单元供电，保证网格单元的独立性、适配性。

最后是结合目标网架规划结果与现状电网状况，从主干、分支、设备选型、智能电网建设、双电源及重要用户改造、负荷分配、充电桩等新能源接入等多个方面入手，综合考虑可行性、成本效益、环境因素和技术可行性等多方面因素制定并明确适用于当地电网且针对性较强的过渡年建设改造策略，有针对性地推进电网建设和改造，确保电力供应的可持续性、稳定性和安全性。

6. 过渡方案编制

过渡方案的编制是实现高效互动目标网架建设的重要环节，它旨在通过一系列规划和改造措施，逐步提升供电网架的能力和可靠性，以应对区域发展和负荷增长的需求，最终实现目标网架的建设。

在进行过渡方案编制时，需以目标网架、过渡年建设改造策略为依据，同步考虑区域发展状况、供电区域类型、负荷性质、转供能力和供电可靠性差异化需求等因素，通过新建变电站配套送出线路、联络线路建设、负荷切改、配电自动化建设改造等方式，分年度、逐网格梳理网架提升方案，按供电单元提出网架改造提升项目，并与当地单位进行讨论，确保过渡方案的合理性、落地性及成效。

7. 投资估算及成效分析

投资估算和成效分析是新型配电网建设改造的直观体现。首先，根据项目年度建设方案，确定项目投资，而后从网架结构、供电能力、配电设备、智能化水平四个维度，细分为网架结构标准化率、有效联络率、分段合理率、大分支比例、线路"$N-1$"通过率、线路及主变压器重载比例、主干架空线路绝缘化率、主干线选型达标率、高损及重载配电变压器比例、配电自动化有效覆盖率等多个指标入手，以网格为基本单位开展成效分析，重点分析各个指标在改造前后的指标提升情况。全面了解新型配电网建设项目实施前后电网的改善情况，并从整体和细节层面评估项目的投资效益和经济可行性，为投资决策提供科学依据，在优化项目规划和资源配置等方面起到重要作用。

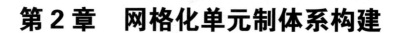

第 2 章　网格化单元制体系构建

2.1　基　本　含　义

网格化单元制规划体系构建主要考虑满足供区相对独立性、网架完整性、管理便利性等方面需求，根据电网规模和管理范围，按照目标网架清晰、电网规模适度、管理责任明确的原则，将中压配电网供电范围划分为若干供电分区，一个供电分区包含若干个供电网格，一个供电网格由若干组供电单元组成，网格化单元制规划体系层级关系如图 2-1 所示。

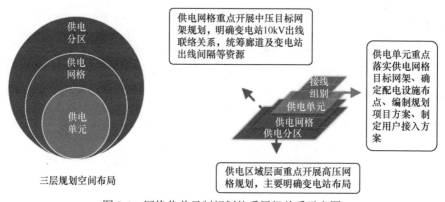

图 2-1　网格化单元制规划体系层级关系示意图

根据上述体系划分思路，网格化单元制规划将配电网供电范围，在地理上细化为供电分区、供电网格两个地域层级，同时考虑建设项目要素，将供电网格内的线路以接线为单位，划分为供电单元，形成三个层级的网格化单元制体系，明确各层级内和层级间的电网、设备、管理等关系。

供电分区指在地市或县域内部，高压配电网网架结构完整、供电范围相对独立、中压配电网联系较为紧密的规划区域，一般用于高压配电网布点规划和网架规划。

供电网格：在供电分区划分的基础上，与国土空间规划、控制性详细规划、用地规划等市政规划及行政区域划分相衔接，综合考虑配网运维抢修、营销服务等因素进一步划分而成的若干相对独立的网格。供电网格是制定目标网架规划，统筹廊道资源及变电站出线间隔的基本单位。

供电单元：在供电网格划分基础上，结合城市用地功能定位，综合考虑用地属性、负荷密度、供电特性等因素划分的若干相对独立的单元，一般用于规划配电变压器布点、分支网络、用户和分布式电源接入。

接线组别指供电单元内的典型接线，电缆网一般采用双环网、单环网，架空网一般采用多分段单联络、多分段两联络为主。由于建设理念问题，配电网存在较多复杂接线、无效联络、分段不合理等问题，不利于运行调度及自动化建设。在网格单元制建设改造过程中应通过网架建设逐步向典型接线过渡。

2.2 命 名 规 则

为了便于数字化存储和识别，每个供电网格（单元）应在唯一命名基础上具有唯一的命名编码。

供电网格命名编码形式应为省份编码-地市编码-县（区）编码-代表性地名编码。

（1）省份、地市、县（区）编码应参照公司编码原则，省份、地市、县（区）编码均有相应规定。

（2）代表性特征编码使用代表性地名中文拼音的 2～3 位大写英文缩写字母。

（3）供电单元命名编码形式为网格编码-供电单元序号-目标网架接线代码/供电区域类别+区域发展属性代码。如 HN 省 ZZ 市 EQ 区 HCZ 网格 002 单元（目标网架单环网、A 类建成区）。配电网供电单元命名规则如图 2-2 所示。

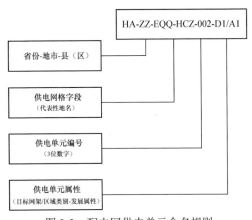

图 2-2　配电网供电单元命名规则

2.3 划 分 原 则

2.3.1 总体原则

总体原则如下：

（1）供电网格（单元）划分要按照目标网架清晰、电网规模适度、管理责任明确的原则，主要考虑供电区相对独立性、网架完整性、管理便利性等需求。

（2）供电网格（单元）划分是以城市规划中地块功能及开发情况为依据，根据饱和负荷预测结果进行校核，并充分考虑现状电网改造难度、街道河流等因素，划分应相对稳定，具有一定的近远期适应性。

（3）供电网格（单元）划分应保证网格之间和单元之间不重不漏。

（4）供电网格（单元）划分宜兼顾规划设计、运维检修、营销服务等业务的管理需要。

2.3.2 供电分区划分原则

供电分区划分原则如下：

（1）供电分区是开展高压配电网规划的基本单位，主要用于高压配电网变电站布点和目标网架构建。

（2）供电分区宜衔接城乡规划功能区、组团等区划，结合地理形态、行政边界进行划分，规划期内的高压配电网网架结构完整、供电范围相对独立。供电分区一般可按县（区）行政区划分，对于电力需求总量较大的市（县），可划分为若干个供电分区，原则上每个供电分区负荷不超过 1000MW。

（3）供电分区划分应相对稳定、不重不漏，具有一定的近远期适应性，划分结果应逐步纳入相关业务系统中。

2.3.3 供电网格划分原则

供电网格划分原则如下：

（1）供电网格是开展中压配电网目标网架规划的基本单位，在供电网格中，按照各级协调、全局最优的原则，统筹上级电源出线间隔及网格内廊道资源，确定中压配电网网架结构。

（2）供电网格宜结合道路、铁路、河流、山丘等明显的地理形态进行划分，与国土空间规划相适应。在城市电网规划中，可以街区（群）、地块（组）作为供电网格；在乡村电网规划中，可以乡镇作为供电网格。

（3）供电网格的供电范围应相对独立，供电区域类型应统一，电网规模应适中，饱和年宜包含 2～4 座具有中压出线的上级公用变电站（包括有直接出线的 220kV 变电站），且各变电站之间具有较强的中压联络。

（4）在划分供电网格时，应综合考虑中压配电网运维检修、营销服务等因素，以利于推进一体化供电服务。

（5）供电网格划分应相对稳定、不重不漏，具有一定的近远期适应性，划分结果应逐步纳入相关业务系统中。

2.3.4　供电单元划分原则

供电单元划分原则如下：

（1）供电单元是配电网规划的最小单位，是在供电网格基础上的进一步细分，根据地块功能、开发情况、地理条件、负荷分布、现状电网等情况，规划中压网络接线、配电设施布局、用户和分布式电源接入，制定相应的中压配电网建设项目。

（2）供电单元一般由若干个相邻的、开发程度相近、供电可靠性要求基本一致的地块（或用户区块）组成。在划分供电单元时，应综合考虑供电单元内各类负荷的互补特性，兼顾分布式电源发展需求，提高设备利用率。

（3）供电单元的划分应综合考虑饱和期上级变电站的布点位置、容量大小、间隔资源等影响，饱和期单元内以 1～4 组中压典型接线为宜，并具备 2 个及以上主供电源。正常方式下，供电单元内各供电线路宜仅对本单元内的负荷供电。

（4）供电单元划分应相对稳定、不重不漏，具有一定的近远期适应性，划分结果应逐步纳入相关业务系统中。

2.4　划分方法与流程

2.4.1　划分方法

依照分区、网格、单元的相关划分原则开展划分工作，为保证划分结果的相对稳定，一般网格化划分过程中需同远景规划方案循环校验，并采用"自下而上"和"自上而下"相结合的方式划分，最终形成分区、网格、单元划分的相关结果，配电网网格化划分思路如图2-3所示。

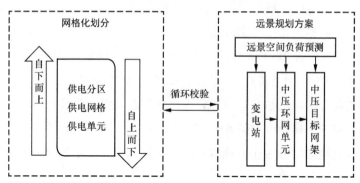

图2-3　配电网网格化划分思路

"自下而上"网格化划分是指依据网格化规划体系构建原则，参照目标网架依次对供电单元、供电网格和供电分区划分。"自下而上"法是以问题为导向，适用于城市开发建设程度较高、配电网建设基本完成的规划建成区。

"自上而下"网格化划分是指依据网格化规划体系构建原则，参照运维、建设管理细化依次对供电分区、供电网格和供电单元划分。"自上而下"法是以控规为导向，适用于城市开发及配电网建设初期，城市控制性详细规划完善的规划建设区。

供电网格、供电单元划分完成后，应按照供电分区管理责任是否独立，供电网格建设标准是否严格统一、电网规模是否相对合理，供电单元接线组供区是否独立、电网规模是否合理等相关划分要求，对"自下而上"与"自上而下"划分结果进行校验，最终形成分区、网格、单元划分的相关结果，划分结果校验标准推荐见表2-1。

表2-1　　　　　　"自下而上"与"自上而下"划分结果校验标准推荐

项目	校验标准	相关标准建议
供电分区	管理责任是否独立	（1）辖属同一供电营业部、区（县）公司或供电所。 （2）地区其他要求
供电网格	建设标准是否严格统一，电网规模是否相对合理	（1）同属于同一供电区域（A+～E类）。 （2）原则上远期不超过20回中压线路。 （3）地区其他要求
供电单元	接线组供区是否独立，电网规模是否合理	（1）具备2个及以上主供电源，且电源间具备一定转供能力。 （2）包含1～4组典型接线。 （3）地区其他要求

由于供电分区主要用于明确高压配电网变电站布点和网架结构，一般在规划工作开展中已相对明确，在配电网建设改造中较少提及，本书主要以供电网格、供电单元划分为重点。

2.4.2　划分流程

1. "自下而上"网格化划分

（1）依据供电单元划分原则进行初步划分，具体划分流程如图 2-4 所示。

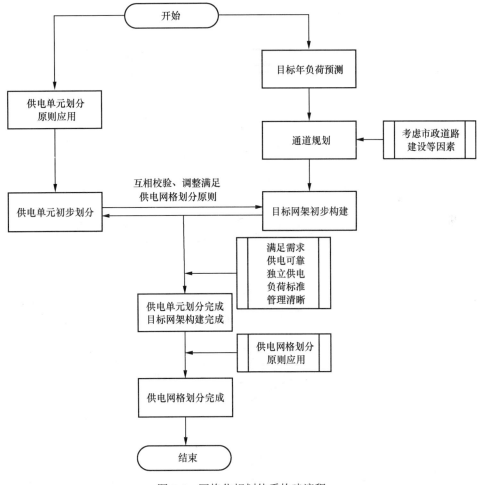

图 2-4　网格化规划体系构建流程

（2）对规划区域开展目标年负荷预测，结合市政道路规划建设情况确定主干通道，并开展目标网架规划。

（3）供电单元初步划分结果与目标网架相互校验、调整，满足划分原则。

（4）通过相互校验满足供电可靠、独立供电、负荷标准、管理清晰的要求，完成目标网架、供电单元划分。

（5）根据供电网格划分原则将各供电单元合并完成供电网格划分。

2. "自上而下"网格化划分

（1）供电网格划分流程（见图2-5）。

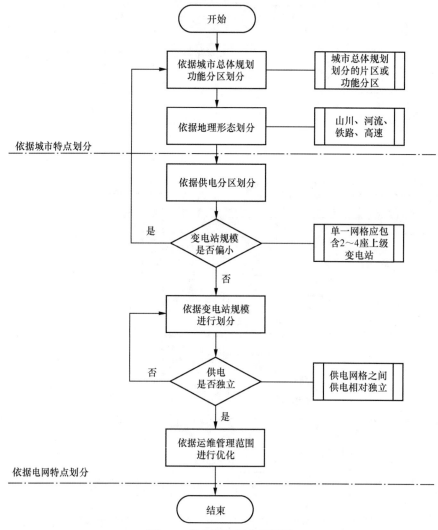

图 2-5　供电网格划分流程图

1）根据城市总体规划确定的规划分区或者功能分区进行第一步的划分。

2）根据供电网格一般不宜跨越河流、山丘、铁路、高速公路等明显地理形态的原则，在城市规划分区的基础上进行第二步划分。

3）根据供电网格不宜跨越分类供电区域的原则，对供电网格进一步划分。

4）根据饱和负荷预测结果，结合现状变电站的布点，确定上级变电站布点并划分变电站的供电范围。

5）依据间隔、通道等资源初步确定变电站间联络关系，遵循网格相对独立的原则，对供电网格进一步优化。

6）依据运维检修、营销业务管理等现有管理边界对供电网格进行复核，尽量减少对现有供电公司各业务范围管理分区的切割。如确有必要对原有管理分界进行调整的须依据目标网架一次调整到位。

7）C 类供区主要为县城或重要乡镇，远期变电站座数较少，电网规模也较小，一般只需要划分为一个供电网格。

（2）供电单元划分流程。供电单元划分遵循"资源统筹、大小有度、界限清晰、就近供电、过渡有序"原则进行划分，供电单元划分流程如图 2-6 所示。

1）梳理供电网格内彼此变电站每组接线供电范围。

2）根据制订目标网架情况，充分考虑远景年变电站布点情况，结合前述变电站间联络关系，以道路、山川等地理形态为边界，初步划定变电站间联络区域，确定联络线路组数。

3）每个供电单元含 1～4 组标准接线，初步测算该区域内可划分供电单元数量。

4）结合经济性和供电可靠性要求，综合考虑间隔资源、通道规划情况，兼顾配电网规划建设的平滑过渡，初步划定各供电单元。

5）依据可靠性要求相近、开发程度相似、线路廊道相邻、结构基本一致原则，对各供电单元供电独立性进行校验，并对供电单元进行适当调整。

6）依据"满足需求、供电可靠、独立供电、符合标准、管理清晰"的技术要求，按照供电单元划分指导原则进行校验，确定供电单元划分。

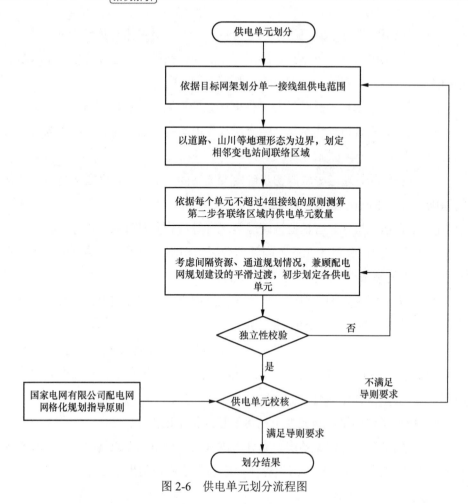

图 2-6　供电单元划分流程图

2.5　典　型　案　例

2.5.1　"自下而上"划分案例

以某城市 B 类规划建成区（简称 HM 区）为例介绍"自下而上"的流程与方法。考虑到城市建设基本完成，现状负荷基本饱和，现有的电网形态不会发生较大变化，因此以现状电网的 10kV 公网线路供电范围作为主要参考依据，避免后期规划建设中大拆大建。

（1）单元划分。

1）供电单元初步划分。通过配电变压器层梳理，该区域现状由 12 条 10kV 线路供电，按照区域内现状中压线路走向及供区范围，作为单元划分参考依据，避免单元划分与现状电网供区冲突导致大拆大建，初步将 HM 区划分为 3 个供电单元，如图 2-7 所示。

2）综合考虑目标网架。根据负荷预测结果，根据区域内用地性质规划采用单环网作为区域内目标网架接线方式，每组接线安全供电能力为 6～9MW，一个单元控制 1～4 组接线，同时考虑区域内的通道情况，将该区域划分为 4 个供电单元。HM 区部分远景目标网架及控规图如图 2-8 所示。

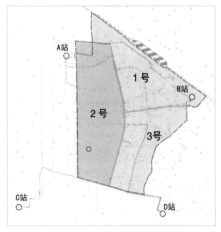

图 2-7　HM 区部分供电单元初步划分图

图 2-8　HM 区部分远景目标网架及控规图

3）优化校核单元边界。考虑到网格西部区域后期高校组团及 HKY 居住区负荷增长慢，改造难度大且经济性不高，通过相互校验满足供电可靠、独立供电、负荷标准、管理清晰的要求，完成目标网架、供电单元划分，最终划分为 3 个供电单元，如图 2-9 所示。

按照上述方法对整个 HM 区进行单元划分，共划分 15 个供电单元，HM 区整体供电单元划分如图 2-10 所示。

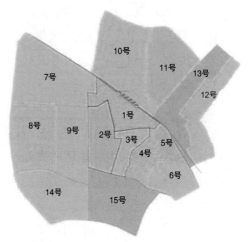

图 2-9　HM 区部分校核后供电单元划分图　　图 2-10　HM 区整体供电单元划分图

（2）网格划分。以 HM 区单元划分为基础，根据供电网格划分原则，考虑主干通道、地理位置、土地性质需求相似以及电网供电范围等因素，将上述 15 个供电单元组合为 6 个供电网格，如图 2-11 所示。

（3）分区划分。以 HM 区供电网格为基础，按照前文供电分区划分原则，即"行政区域边界和相对独立的配网建设、运维、抢修服务及管理权限边界，结合各供电所管辖电网规模、供电区域的情况，将区域配电网在地理上划分形成供电分区"。将上述 6 个供电网格组合为 4 个供电分区。HM 区供电分区划分示意如图 2-12 所示。

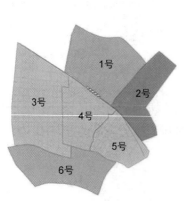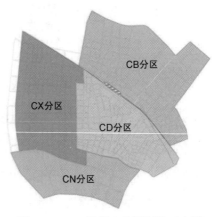

图 2-11　HM 区整体供电网格划分图　　图 2-12　HM 区供电分区划分示意图

2.5.2　"自上而下"划分案例

以某城市 B 类规划建设区（简称 XYX 区）为例介绍"自上而下"的流程

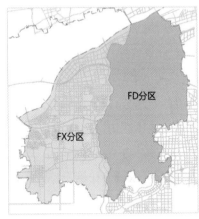

与方法，建设区域现状负荷较少，应充分考虑区域远景年的负荷体量、电源布点、主干道路等因素按规划目标一次性建成标准网架，避免后期重复改造。

（1）分区划分。按照前文供电分区划分原则，将区域配电网在地理上划分形成供电分区。现将 XYX 区划分为 FX 分区和 FD 分区 2 个供电分区，如图 2-13 所示。

（2）网格划分。本节主要以该区域中 FX 分区为案例介绍网格划分。FX 分区位

图 2-13　XYX 区分区划分图

于 XYX 区西部，该区域主要由四条主干道组成，包括 FY 路、绕城高速、FY 大道和 DYT 路，形成两纵两横交通要道。FX 分区主干道路和高压变电站布点如图 2-14 所示。

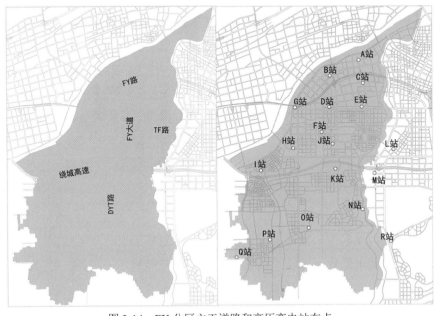

图 2-14　FX 分区主干道路和高压变电站布点

图 2-15 FX 分区网格划分图

考虑主干道路通道对电网建设影响，划分网格边界时考虑避免电网交叉跨越主干道路或铁路，将不同功能区单独划分网格，开发程度类似区域划分在同一网格，同时结合分区内饱和年变电站布点情况，将上述分区划分为 6 个供电网格，如图 2-15 所示。

（3）单元划分。本节主要以该区域中 3 号网格为案例介绍单元划分。以供电网格为基础，根据依据区域的功能属性认定以及片区开发情况及供电需求差异性，将不同功能区单独划分单元，开发程度类似区域划分在同一单元区域，按照控制性详细规划，同时考虑主干道路通道对电网建设影响，划分单元边界时考虑避免电网交叉跨越主干道路或铁路，将 3 号网格初步划分为 5 个供电单元，如图 2-16 所示。

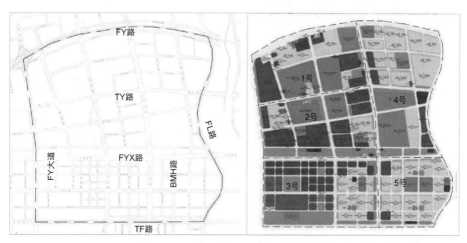

图 2-16 3 号网格主干道路及用地性质

以区域内现状中压线路走向及供区范围作为单元划分参考依据，避免单元划分与现状电网供区冲突导致大拆大建，合理规划单元边界，局部改造与建设，注意远期每个单元具备 2 个及以上电源点，再次对区域划分 5 个供电单元，如图 2-17 所示。

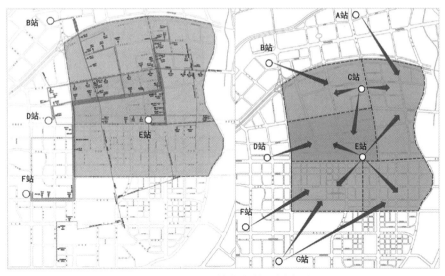

图 2-17　3 号网格供电单元划分图

通过相互校验满足供电可靠、独立供电、负荷标准、管理清晰的要求，完成目标网架、供电单元划分，最终划分为 5 个供电单元，如图 2-18 所示。

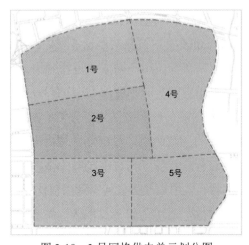

图 2-18　3 号网格供电单元划分图

第3章 电力需求负荷预测

3.1 总 体 思 路

电力需求预测是电网规划中的基础工作，准确与否直接影响到电力设备资源的规划布局和供电设备的利用效率。电力需求预测工作要求具有很强的科学性，要以现状水平为基础，充分运用大量的客观实际数据，采用适应不同发展阶段、规划区域的预测方法。新型电力系统负荷预测是在传统负荷预测的基础上考虑分布式光伏、电动汽车充电桩、储能设施等高比例分布式新能源等多元负荷特性曲线的影响因素，将常规负荷与新兴负荷进行耦合叠加，得出较为精准的区域网供负荷预测结果。电力需求预测一般分为远期预测及近中期预测两个部分开展。为了确定规划区域各年度电力设备规模，还需进行分年度负荷预测。通常对饱和负荷与近期负荷应用不同方法进行预测。

远期负荷预测一般采用空间负荷预测法、户均容量法、人均用电量结合 T_{max}（T_{max} 为年最大负荷利用小时数）法等方法进行预测。空间负荷预测法结合城市用地发展规划与分类负荷的预测结果，对规划区域内未来负荷发展的空间分布情况进行预测。在预测过程中，应参考同类型较为成熟城的负荷密度指标，并根据本地区城市建设的特点，由点及面、从主到次依次完成规划区域负荷预测。该方法不需要历史负荷数据，适用于新开发地区，结合城市控规能够将预测结果细化至用电地块，能够结合用户报装对预测结果进行修正。户均容量法、人均用电量结合 T_{max} 法一般在城市控规缺失的地区使用。

近中期负荷预测一般采用自然增长率+S 型曲线法、一元线性回归法、产值单耗法、电力消费弹性系数等方法进行预测。对于具备历史用电负荷，且近期电负荷增长明确时，可采用自然增长率+S 型曲线法、一元线性回归法、产值单耗法、电力消费弹性系数进行预测。对于有控规的空白供电网格（单元），一般可在饱和负荷预测的基础上，结合各地块的建设开发时序，采用 S 型曲线法进行近中期负荷预测。对于历史数据不明确的可以采用灰色系统模型进行负荷预测。

新型电力系统负荷预测在预测过程中除了预测传统年度和饱和年负荷预测方案，还需增加新型负荷的预测工作，在预测过程中先预测各类新型资源的负荷曲线，再将传统负荷出力与各新型能源资源进行叠加，通过不同场景类型的模拟分析，预测出区域最大负荷结果，为新型高质量配电网规划建设提供精准的负荷预测方案。

3.2　有控规饱和年负荷预测

3.2.1　定义及计算方法

对于已完成城乡规划和土地利用规划的区域，由于其用地性质、规模和空间分布已明确，可采用空间负荷密度法进行饱和负荷预测。

负荷密度是指单位面积的用电负荷数（W/m^2 或 MW/km^2）。

为便于空间负荷预测及电网规划，首先要考虑网格划分与空间分区、配电层级三者的关系，三者关系如图 3-1 所示。

空间负荷预测的流程自下而上分别为先通过地块面积和负荷密度指标计算地块的负荷规模，再通过同时率归集至所需各级空间分区的负荷规模。空间负荷预测流程如图 3-2 所示。

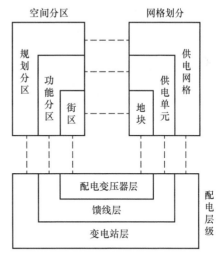

图 3-1　网格划分、空间分区与配电层级之间的关系

（1）地块的负荷预测（配电变压器层），地块负荷预测根据是否需要考虑容积率，分别采用以下计算公式进行计算：

1）居住用地、公共管理与公共服务用地、商业设施用地等进行地块负荷预测时需考虑容积率，采用式（3-1）进行计算

$$P_i = S_i \times R_i \times d_i \times W_i \quad (\text{需考虑容积率地块}) \tag{3-1}$$

式中　P_i——第 i 个单一用地性质地块的负荷，W；

　　　S_i——地块占地面积，m^2；

　　　R_i——容积率；

　　　d_i——典型功能用户负荷指标，W/m^2；

　　　W_i——典型用地性质地块需用系数。

2）其他类型用地不需考虑容积率，采用式（3-2）进行计算

$$P_i = S_i \times D_i \quad (\text{不需考虑容积率地块}) \tag{3-2}$$

式中　P_i——第 i 个单一用地性质地块的负荷，W；

　　　S_i——地块占地面积，km^2；

　　　D_i——典型功能地块负荷密度，MW/km^2。

由此可分别得出供电单元负荷预测、供电网格负荷预测、供电区域负荷预测公式。

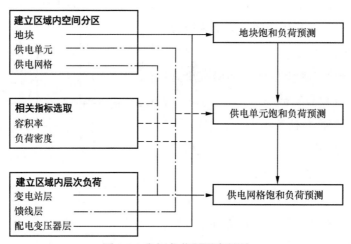

图 3-2　空间负荷预测流程图

（2）供电单元负荷预测（馈线层）。已有详细控制性规划，规划用地性质已知和分类占地面积均已知，采用如下计算公式

$$P_{DY} = t_1 \times \sum_{i=1}^{m} P_i \tag{3-3}$$

式中　P_{DY}——供电单元负荷；

m——供电单元内地块个数；

P_i——第 i 个地块的饱和负荷；

t_1——供电单元内地块之间同时率。

（3）供电网格负荷预测（变电站层）。供电网格负荷预测为供电单元负荷预测考虑同时率的累加，计算公式如下

$$P_{WG} = \sum_{i=1}^{m} P_{DYi} \times t_2 \qquad (3\text{-}4)$$

式中　P_{WG}——供电网格负荷；

m——供电网格内供电单元的个数；

P_{DYi}——第 i 个供电单元的负荷预测值；

t_2——供电网格内供电单元间同时率。

（4）规划区县负荷预测。规划区县的负荷预测为供电网格负荷预测累加，累加时一般不再考虑同时率，计算公式如下

$$P_{GQ} = \sum_{i=1}^{m} P_{WGi} \qquad (3\text{-}5)$$

式中　P_{GQ}——规划区负荷；

m——规划区内供电网格的个数；

P_{WGi}——第 i 个供电网格的负荷预测值。

3.2.2　同时率和需用系数的选取

1. 同时率定义

在电力系统中，负荷的最大值之和总是大于和的最大值，这是由于整个电力系统的用户，每个用户不大可能同时在一个时刻达到用电量的最大值，反映这一不等关系的系数就被称为同时率，即同时率就是电力系统综合最高负荷与电力系统各组成单位的绝对最高负荷之和的比率，公式如下

$$同时率(\%) = \frac{电力系统最高负荷(kW)}{\sum 电力系统各组成单位的绝对最高负荷(kW)} \times 100\% \qquad (3\text{-}6)$$

2. 同时率的选取

图 3-2 已经指出，在空间负荷预测中应考虑供电单元内地块之间同时率（t_1）、供电网格内供电单元间同时率（t_2）、规划区内供电网格间的同时率（t_3）等。

供电单元同时率为

$$t_1(\%) = \frac{\text{供电单元最大负荷(MW)}}{\sum \text{地块最大负荷(MW)}} \times 100\% \qquad (3\text{-}7)$$

供电单元同时率取值一般为 0.75～0.95。

供电网格同时率为

$$t_2(\%) = \frac{\text{网格最大负荷(MW)}}{\sum \text{供电单元(MW)}} \times 100\% \qquad (3\text{-}8)$$

供电网格同时率取值范围一般为 0.90～1。

3.2.3 空间负荷密度预测指标选取

1. 空间负荷密度指标体系

为做好网格化中对于空间负荷预测的准确性，参考国内不同配电网规划导则或规程以及国内若干城市的各类用地负荷密度指标，结合经济社会发展情况和各地市公司不同地理环境、经济结构等因素综合，对手册中负荷密度推荐数值进行计算、校验和修正，制定出配电网规划空间负荷密度指标体系，详见表 3-1～表 3-3。

表 3-1　　DL/T 5542—2018《配电网规划设计规程》中负荷密度指标

用地名称			负荷密度（W/m²）	需用系数（%）
R	居住用地	R1　一类居住用地	25	35
		R2　二类居住用地	15	25
		R3　三类居住用地	10	15
C	公共设施用地	C1　行政办公用地	50	65
		C2　商业金融用地	60	85
		C3　文化娱乐用地	40	55
		C4　体育用地	20	40
		C5　医疗卫生用地	40	50
		C6　教育科研用地	20	40
		C9　其他公共设施	25	45
M	工业用地	M1　一类工业用地	20	65
		M2　二类工业用地	30	45
		M3　三类工业用地	45	30
W	仓储用地	W1　普通仓储用地	5	10
		W2　危险品仓储用地	10	15

续表

用地名称			负荷密度（W/m²）	需用系数（%）
S	道路广场用地	S1　道路用地	2	2
		S2　广场用地	2	2
		S3　公共停车场	2	2
U	市政设施用地	—	30	40
T	对外交通用地	T1　铁路用地	2	2
		T2　公路用地	2	2
		T23　长途客运站	2	2
G	绿地	G1　公共绿地	1	1
		G21　生产绿地	1	1
		G22　防护绿地	0	0
E	河流水域	—	0	0

表 3-2　　　　GB/T 50293—2014《城市电力规划规范》中负荷密度指标

用地名称		单位建设用地负荷指标（MW/km²）
R	居住用地	10～40
A	公共管理与公共服务用地	30～80
B	商业设施用地	40～120
M	工业用地	20～80
W	仓储用地	2～4
S	交通设施用地	1.5～3
U	公用设施用地	15～25
G	绿地	1～3

表 3-3　　　　　　　　ZJ 省和 JS 省负荷密度参考指标

用地名称			ZJ 省指标（MW/km²）			JS 省指标（MW/km²）
			低方案	中方案	高方案	
R	R1	一类居住用地	25	30	35	10～40
	R2	二类居住用地	15	20	25	
	R3	三类居住用地	10	12	15	
A	A1	行政办公用地	35	45	55	30～80
	A2	文化设施用地	40	50	55	
	A3	教育用地	20	30	40	30～80
	A4	体育用地	20	30	40	
	A5	医疗卫生用地	40	45	50	
	A6	社会福利设施用地	25	35	45	
	A7	文物古迹用地	25	35	45	
	A8	外事用地	25	35	45	
	A9	宗教设施用地	25	35	45	

续表

用地名称			ZJ省指标（MW/km²）			JS省指标（MW/km²）
			低方案	中方案	高方案	
B	B1	商业设施用地	50	70	85	40～120
	B2	商务设施用地	50	70	85	
	B3	娱乐康体用地	50	70	85	
	B4	公用设施营业网点用地	25	35	45	
	B9	其他服务设施用地	25	35	45	
M	M1	一类工业用地	45	55	70	20～80
	M2	二类工业用地	40	50	60	
	M3	三类工业用地	40	50	60	
W	W1	一类物流仓储用地	5	12	20	2～4
	W2	二类物流仓储用地	5	12	20	
	W3	三类物流仓储用地	10	15	20	
S	S1	城市道路用地	2	3	5	1.5～3
	S2	轨道交通线路用地	2	2	2	
	S3	综合交通枢纽用地	40	50	60	
	S4	交通场站用地	2	5	8	
	S9	其他交通设施用地	2	2	2	
U	U1	供应设施用地	30	35	40	15～25
	U2	环境设施用地	30	35	40	
	U3	安全设施用地	30	35	40	
	U9	其他公用设施用地	30	35	40	
G	G1	公共绿地	1	1	1	1～3
	G2	防护绿地	1	1	1	
	G3	广场用地	2	3	5	

配电网规划空间负荷密度指标体系对应 2012 年版《城市用地分类与规划建设用地标准》。负荷密度指标给出区间范围，原则上建议 A+、A 类区域选取较高值进行空间负荷预测；B、C 类区域选取中间值进行预测；D 类区域使用较低值进行预测。另外，各地市公司可以根据地区的实际情况进行负荷密度指标选取。

2. 容积率

容积率是指一个小区的地上总建筑面积与用地面积的比率，又称建筑面积毛密度。规划编制过程中，对居住类用地、行政办公类用地、商业设施用地类等用地进行空间负荷预测时，需考虑容积率。

现行城市规划法规体系下编制的各类居住用地的控制性详细规划中关于容积率的指标见表 3-4。

表 3-4　　　　　　　　各类居住用地的容积率指标

建筑类别	容积率
独立别墅	0.2～0.5
联排别墅	0.4～0.7
6 层以下多层住宅	0.8～1.2
11 层小高层住宅	1.5～2.0
18 层高层住宅	1.8～2.5
19 层及以上住宅	2.4～2.5

注　1. 住宅小区容积率小于 1 的，为非普通住宅。
　　2. 有控规时以控规中的容积率为准，无控规时可以参照此表。

3.2.4　典型案例

案例 1：SFQ 网格（XJ-TLF-SFQ-SFQ），为规划建设区，由南环路、SQ 路、CY 巷、YPB 街、BGD 路、HYS 路、PTG 南路合围区域合而成，网格面积为 18.83km²，有效供电面积 13.76km²，现状年网格内总负荷为 44.88MW，平均负荷密度为 3.26MW/km²。SFQ 网格电力需求预测采用空间负荷预测法进行远景年负荷预测。SFQ 网格远期用地规划成果示意如图 3-3 所示。

（1）土地利用规划。根据政府用地规划图，以地块开发程度、用户入驻情况、道路建设情况等信息，将 SFQ 网格 4 个供电单元进一步划分，并根据地块建设开发情况进行分类统计。

按照各地块用地性质及建设开发情况进行归类统计，SFQ 网格面积为 18.83km²，其中主要用地性质分别为二类居住用地 1.91km²，占比为 10.14%，教育用地 1.72km²，占比 9.13%，工业

图 3-3　SFQ 网格远期用地规划成果示意图

用地 0.95km²，占比为 5.05%，见表 3-5。

表 3-5　　　　　　　　　SFQ 网格饱和年用地平衡表

序号	行业名称	用地性质	建设用地面积（km²）	用地面积占比（%）
1	二类居住用地	R2	1.91	10.14
2	商业设施用地	B1	0.4	2.12
3	教育科研用地	A3	1.72	9.13
4	公共绿地	G1	0.93	4.94
5	行政办公用地	A1	0.31	1.65
6	村庄建设用地	H14	0.23	1.22
7	军事用地	H41	0.07	0.37
8	广场用地	G3	0.22	1.17
9	文化设施用地	A2	0.08	0.43
10	防护绿地	G2	1.17	6.21
11	农林用地	E2	4.33	22.99
12	公用设施营业网点用地	B4	0.08	0.42
13	水域	E1	0.05	0.27
14	娱乐康体用地	B3	0.06	0.32
15	交通场站用地	S4	0.07	0.37
16	体育用地	A4	0.18	0.96
17	医疗卫生用地	A5	0.11	0.59
18	社会福利设施用地	A6	0.09	0.48
19	水域	E9	2.68	14.23
20	一类工业用地	M1	0.95	5.05
21	综合交通枢纽用地	S3	0.04	0.21
22	其他交通设施用地	S9	0.26	1.38
23	供应设施用地	U1	0.28	1.49
24	安全设施用地	U3	0.03	0.16
25	一类物流仓储用地	W1	0.03	0.16
26	道路用地	S1	2.55	13.54
建设用地合计			18.83	100

（2）预测所需指标选取。

1）负荷密度指标选取。为做好网格化中对于空间负荷预测的准确性，SFQ 网格根据城市的发展定位，调研国内同类型城市的负荷密度情况，参考地区负荷密度指标选取标准，综合考虑需用系数、容积率等指标，设置各类负荷指标取值，按照 C 类供区标准选取与 SFQ 网格发展相适应的负荷密度的高、中、低指标，结果见表 3-6。

表 3-6　　　　　　　　各类用地负荷密度指标选取一览表

用地名称				负荷密度（MW/km²）			负荷指标（W/m²）		
				低方案	中方案	高方案	低方案	中方案	高方案
R	居住用地	R2	二类居住用地	—	—	—	15	20	25
A	公共管理与公共服务用地（以用户为单位）	A1	行政办公用地	—	—	—	35	45	55
		A2	文化设施用地	—	—	—	40	50	55
		A3	教育用地	—	—	—	20	30	40
		A4	体育用地	—	—	—	20	30	40
		A5	医疗卫生用地	—	—	—	40	45	50
		A6	社会福利设施用地	—	—	—	25	35	45
B	商业设施用地	B1	商业设施用地	—	—	—	40	45	50
		B3	娱乐康体用地	—	—	—	35	45	55
		B4	公用设施营业网点用地	—	—	—	25	35	45
H	建设用地	H14	村庄建设用地	10	15	20	—	—	—
		H41	军事用地	15	20	25	—	—	—
S	交通设施用地	S1	城市道路用地	2	3	5	—	—	—
		S3	综合交通枢纽用地	40	50	60	—	—	—
		S4	交通场站用地	2	5	8	—	—	—
U	公用设施用地	U1	供应设施用地	30	35	40	—	—	—
		U3	安全设施用地	30	35	40	—	—	—
E	非建设用地	E1	水域	1	1	1	—	—	—
		E2	农林用地	1	1	1	—	—	—
		E9	其他非建设用地	1	1	1	—	—	—
G	绿地	G1	公共绿地	1	1	1	—	—	—
		G2	防护绿地	1	1	1	—	—	—
		G3	广场用地	2	3	5	—	—	—
W	仓储用地	W1	一类物流仓储用地	5	12	20	—	—	—

2）同时率选取。根据配网规划提升工作标准体系，两种负荷特性同时率见表 3-7。

表 3-7   负荷特性同时率选取表

项目	工业	居民	同时率	项目	工业	商业	同时率
所占比例	50%	50%	0.8260	所占比例	50%	50%	0.8976
	33%	67%	0.7451		33%	67%	0.8447
	25%	75%	0.7419		25%	75%	0.8309
	67%	33%	0.8646		67%	33%	0.9331
	75%	25%	0.8696		75%	25%	0.9234
项目	工业	行政办公	同时率	项目	居民	商业	同时率
所占比例	50%	50%	0.9029	所占比例	50%	50%	0.8818
	33%	67%	0.9005		33%	67%	0.8793
	25%	75%	0.9048		25%	75%	0.8507
	67%	33%	0.8986		67%	33%	0.8892
	75%	25%	0.8931		75%	25%	0.8954
项目	居民	行政办公	同时率	项目	商业	行政办公	同时率
所占比例	50%	50%	0.6909	所占比例	50%	50%	0.8875
	33%	67%	0.7257		33%	67%	0.9004
	25%	75%	0.7523		25%	75%	0.8844
	67%	33%	0.7741		67%	33%	0.9719
	75%	25%	0.8340		75%	25%	0.8701

　　SFQ 网格远景年居住用地占比为 10.14%，一类工业用地占比为 5.05%，教育科研用地占比为 9.13%，商业设施用地占比为 2.12%。根据表 3-7，工业、居住占比为 33%、67% 时，同时率参考值取 0.7451，最终 SFQ 网格同时率选取 0.85。

　　3）容积率选取。容积率一般是由政府规定的，现行城市规划体系下各类居住用地的一般取值标准见表 3-8。

表 3-8   SFQ 地区容积率选取标准

序号	用地性质		容积率推荐范围
1	居住用地	一类居住	0.4～0.7
2		二类居住	1.8～2.2
3	工业用地	一类工业	0.6～0.8
4	公共设施用地	商业金融	1.6～1.8
5		行政办公	1.2～1.6

续表

序号	用地性质		容积率推荐范围
6	公共设施用地	教育科研	0.7～0.9
7		文化娱乐	0.6～0.8
8	其他	公共交通设施	0.3～0.5
9		市政设施	0.3～0.5
10		绿化用地	1

考虑到 SFQ 网格居住、教育科研用地占比达到 19.27%，本次容积率选取主要针对在建和计划建设的住宅小区、商业设施、写字楼、酒店等进行实地调研，TLF 市住宅小区及商业写字楼多为小高层（11 层）和多层（6 层），且考虑到现状城市入住率较低，最终居住用地容积率取值为 2.0，商业用地容积率取值为 1.6。

（3）空间负荷预测计算方法。空间负荷预测计算公式如下

$$地块负荷 = 地块占地面积 \times 容积率 \times 负荷密度指标 \qquad (3\text{-}9)$$
$$单元负荷 = \Sigma 地块负荷 \times 0.85（地块之间同时率选取 0.85）\qquad (3\text{-}10)$$
$$网格负荷 = \Sigma 单元负荷 \times 0.85（单元之间同时率选取 0.85）\qquad (3\text{-}11)$$

（4）空间负荷预测结果。根据不同用地性质、负荷密度指标、容积率、需用系数的选取结果，结合 SFQ 网格用地规划情况，利用空间负荷预测法进行饱和年负荷预测。各供电单元负荷预测结果见表 3-9。

表 3-9　　　　　　　　　　饱和年空间负荷预测结果汇总表

序号	单元名称	面积（km²）	供电面积（km²）	负荷预测结果（MW）			负荷密度（MW/km²）		
				低方案	中方案	高方案	低方案	中方案	高方案
1	XJ-TLF-SFQ-SFQ-001-J1/C1	3.91	3.16	27.79	30.88	33.96	8.79	9.77	10.75
2	XJ-TLF-SFQ-SFQ-002-J1/C2	2.37	2.02	14.36	15.73	17.46	7.11	7.78	8.64
3	XJ-TLF-SFQ-SFQ-003-J1/C2	5.49	4.37	36.41	40.45	44.49	8.33	9.26	10.18
4	XJ-TLF-SFQ-SFQ-004-J1/C3	7.06	4.21	13.25	14.56	16.17	3.15	3.46	3.84
5	XJ-TLF-SFQ-SFQ（同时率0.85）	18.83	13.76	78.04	86.38	95.27	5.67	6.28	6.92

根据负荷预测结果，到饱和年负荷在 78.04～95.27MW，选取中方案作为负荷预测结果，SFQ 网格远景年负荷预测为 86.38MW，负荷密度为 6.28MW/km²，达到 B 类供电区标准。

饱和年 SFQ 网格各地块最大负荷预测结果示意如图 3-4 所示。

图 3-4　饱和年 SFQ 网格各地块最大负荷预测结果示意图

3.3　无控规饱和年负荷预测

对于无控规地区，可采用户均容量法、人均综合用电量+T_{max} 法进行供电单元饱和负荷预测。

3.3.1　户均容量法

户均容量法属于综合单位指标法的范畴，它是一种"自下而上"的预测方法，用于无控规地区的饱和负荷预测。

根据配电变压器类型划分，户均容量法应对居民生活用电负荷（公用配电变压器负荷）和生产用电负荷（专用配电变压器负荷）分别预测。

居民生活用电负荷=居民生活户均容量×公用配电变压器综合负载率　　　（3-12）

生产用电负荷=生产用电户均容量×专用配电变压器综合负载率　　　（3-13）

户均容量选取见表 3-10。

表 3-10　　　　　　　　　　　　户均容量选取表

分类		居民生活用电负荷预测		生产用电负荷预测	
		居民生活用电户均容量	公用配电变压器综合负载率	生产用电户均容量（根据产业特点进行选取）	专用配电变压器综合负载率
非煤改电乡镇	中心镇	4~6kVA/户	30%~40%	0~3kVA/户	40%~50%
	一般镇	3~5kVA/户	30%~40%		40%~50%
煤改电乡镇	中心镇	6~8kVA/户	30%~40%		40%~50%
	一般镇	5~7kVA/户	30%~40%		40%~50%

3.3.2　人均综合用电量+T_{max} 法

因为用电量与 GDP 呈正相关，所以可以根据人均用电量来判断经济发展阶段。研究发现发达国家在进入发达经济阶段后，人均用电量增速减缓，甚至出现负增长，呈现用电饱和的状态，可根据人均综合用电量，结合最大负荷利用小时数进行饱和年负荷预测。

1. 供电网格（单元）的饱和年用电量预测

人均综合用电量法是根据地区常住人口和人均综合用电量来推算地区总的年用电量，可按式（3-14）计算

$$W = P \times D \tag{3-14}$$

式中　W——用电量，kWh；

　　　P——人口，人；

　　　D——年人均综合用电量，kWh/人。

指标选取可参考 GB/T 50293《城市电力规划规范》。规划人均综合用电量指标见表 3-11。

表 3-11　　　　　　　　　规划人均综合用电量指标表

城市用电水平分类	人均综合用电量［kWh/（人·年）］	
	现状	规划
用电水平较高城市	4501~6000	8000~10000
用电水平中上城市	3001~4500	5000~8000
用电水平中等城市	1501~3000	3000~5000
用电水平较低城市	701~1500	1500~3000

通过分析研究，我国用电水平较高的城市，多为以石油煤炭、化工、钢铁、原材料加工为主的重工业型、能源型城市。而用电水平较低的城市，多为人口

多、经济不发达、能源资源贫乏的城市，或为电能供应条件差的边远山区。但人口多、经济较发达的直辖市、省会城市及地区中心城市的人均综合用电量水平则处于全国的中等或中上等用电水平。

2. 供电网格（单元）的饱和年负荷预测

在已知未来年份电量预测值的情况下，可利用最大负荷利用小时数计算该年度的年最大负荷预测值，可按式（3-15）计算

$$P_t = W_t / T_{max} \tag{3-15}$$

式中　P_t——预测年份 t 的年最大负荷；

　　　W_t——预测年份 t 的年电量；

　　　T_{max}——预测年份 t 的年最大负荷利用小时数，可根据历史数据采用外推方法或其他方法得到。

3.3.3　典型案例

户均容量案例：本次 ZD 县采用户均容量法进行负荷预测。结合现状农村地区户均容量，考虑未来区域内负荷自然增长情况，取饱和年户均容量 4kVA/户，配电变压器平均负载率均按照40%考虑。ZD 县无控规区域饱和年负荷预测结果见表 3-12。

表 3-12　　　　　　　　ZD 县无控规区域饱和年负荷预测结果

用电类型	户数（户）	居民户均容量（kVA/户）	配电变压器负载率（%）	饱和年负荷（MW）
居民生活用电	80532	4	40	135.39
生产用电	—	—	70	128.46
合计	—	—	—	263.85

根据以上预测结果，饱和年 ZD 县居民生活用电负荷约为 135.39MW，考虑区域内居民生产用电负荷为 128.46MW，因此饱和年 ZD 县负荷总量为 263.85MW。

人均综合用电量+T_{max}案例：

表 3-13 为 AX 县历年人均用电量，可以看出，从现状年（现状年定为2023年）前五年开始，AX 县开始属于用电水平中上城市分类。

表 3-14 为 AX 县历年负荷情况统计表。AX 县现状年最大负荷利用小时数为 6185，近几年最大负荷利用小时数在 5767~6556 波动，根据近年来 AX 县最大负荷利用小时数的变动趋势，预计规划年最大负荷利用小时数在 6000 左右。

表 3-13 AX 县历年人均用电量

年份	2018	2019	2020	2021	2022	2023
全社会用电量（万 kWh）	23820	25326	25570	27753	30105	32100
人口量（万人）	8.82	8.94	9.13	8.89	9.02	9.27
人均用电量（kWh/人）	2454.72	2611.64	2626.36	2975.40	3334.27	3462.78

表 3-14 AX 县历年负荷情况统计表

年份	2018	2019	2020	2021	2022	2023	平均增长率（%）
全社会用电量（亿 kWh）	2.38	2.53	2.56	2.78	3.01	3.21	6.15
全社会最大用电负荷（MW）	36.33	39.39	44.34	42.53	47.49	51.90	7.39
年均增长率（%）	7.87	8.42	12.55	-4.07	11.66	9.28	—
最大负荷利用小时数	6556	6429	5767	6525	6339	6185	—

表 3-15 为 AX 县无控规区域饱和年负荷预测结果校核表。本次 AX 县农村地区无控规区域采用人均用电量法进行校验，至饱和年最大负荷利用小时数约为 6000，饱和年负荷 74.85MW，计算得出全社会用电量为 4.55 亿 kWh，现状年 AX 县农村地区无控规区域人口约为 9.27 万人，人口增速约为 2.15%，至饱和年，人口约增长至 12.75 万人，人均综合用电量水平为 3568.63kWh/人，满足技术导则要求。

表 3-15 AX 县无控规区域饱和年负荷预测结果校核表

区域	无控规地区			
时间	人口（万人）	全社会最大负荷（MW）	全社会用电量（万 kWh）	人均用电量（kWh/人）
现状年	9.27	51.9	32100	3462.78
饱和年	12.75	74.85	45500	3568.63

至饱和年，AX 县全社会最大负荷总量为 74.85MW，全社会用电量为 4.55 亿 kWh。

3.4　规划水平年负荷预测

3.4.1　自然增长率+S 型曲线法

1. 自然增长率+S 型曲线法定义

自然增长率+S 型曲线法以历史电力负荷数据为依托，绘制电力负荷运用变化曲线图，对电力负荷发生、发展的规律进行综合反映，以此来计算不同时间空间以及作用群体的负荷值，然后从当前的电力行业发展情况出发，通过分析对比，得到相对准确的电力负荷预测结果，为配电网规划方案设计提供参考依据。

2. 适用范围

自然增长率+S 型曲线法是在电力负荷预测中对预计新增大用户负荷进行统计分析，并依据统计数据对电力负荷预测结果进行修正。基于预计新增大用户负荷只可能统计到近期（3~5 年），因此该方法也只适用于近期预测。预测的电网范围越小，大用户法简单直观，在近期负荷和小地区预测中有明显的优势。

3. 预测步骤

供电网格（单元）负荷预测通常采用自然增长率+S 型曲线法进行近期负荷预测。可参考以下步骤：

（1）确定最大负荷日。可通过调度自动化 SCADA 系统查询规划区域基准年负荷曲线，得出区域最大负荷，同时记录最大负荷出现的时刻。

（2）统计供电单元现状负荷。对供电单元内 10kV 线路的典型日负荷求和，得到供电单元现状负荷。若 10kV 线路有跨单元供电的现象，可用该条 10kV 线路在本单元内的配电变压器容量占该条线路配电变压器总容量的比例乘以该线路的负荷，估算该条线路在本供电单元内的负荷。

（3）选取自然增长率，计算自然增长部分负荷。采用同样的方法，计算供电单元的历史年负荷，计算其历史年增长率，并结合经济形势变化，选取今后逐年的自然增长率，据此得到自然增长部分的负荷预测值，公式如下

第 N 年供电单元 10kV 最高负荷=现状年供电单元 10kV 最高负荷×

（1+自然增长率）N （3-16）

（4）收集负荷增长资料。积极主动、多渠道了解用户报装情况、意向用电情况及当地招商引资、土地开发等经济发展情况，以准确掌握近期负荷变化；分类别（工业、居住等）、分年份统计正式报装容量以及意向用电资料。

（5）采用 S 型曲线法进行逐个新增用户负荷预测。根据用户性质选取典型配电变压器负载率，乘以用户报装容量，得到用户的饱和负荷，之后根据用户建成投产时间，采用 S 型曲线法预测中间年的负荷。S 型曲线增长趋势如图 3-5 所示。S 型曲线负荷增长曲线参数见表 3-16。

S 型曲线法数学模型如下

$$Y = \frac{1}{1 + A \times e^{(1-t)}} \tag{3-17}$$

式中　Y——第 t 年的负荷成熟程度系数，即第 t 年最大负荷与稳定负荷的比值；

　　　　A——S 型曲线增长系数；

　　　　t——距离现状年的年数。

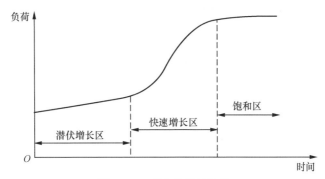

图 3-5　S 型曲线增长趋势

表 3-16　　　　　　　　　　S 型曲线负荷增长曲线参数

年数	A 值					
	0.25	0.7	2	5	14	36
1	0.80	0.59	0.33	0.17	0.07	0.03
2	0.92	0.80	0.58	0.35	0.16	0.07
3	0.97	0.91	0.79	0.60	0.35	0.17
4	0.99	0.97	0.91	0.80	0.59	0.36
5	1.00	0.99	0.96	0.92	0.80	0.60
6	1.00	1.00	0.99	0.97	0.91	0.80
7	1.00	1.00	1.00	0.99	0.97	0.92
8	1.00	1.00	1.00	1.00	0.99	0.97
9	1.00	1.00	1.00	1.00	1.00	0.99
10	1.00	1.00	1.00	1.00	1.00	1.00
增长到 80%的年限	1	2	3	4	5	6

S 型曲线增长系数 A 值取值，一般工业取 0.25，竣工后第一年即增长到远景负荷的 80%。商业取 0.7，竣工后第二年增长到远景负荷的 80%。区位好的住宅小区取 2，竣工第三年增长到远景负荷的 80%。区位差的住宅小区取 5，竣工后第四年达到远景负荷的 80%。

（6）将自然增长负荷与新增用户负荷相加，得到供电单元总体负荷预测结果。

3.4.2 一元线性回归法

1. 一元线性回归法定义

回归分析法式利用数理统计原理，对大量的统计数据进行数学处理，确定电量与某些自变量建立一个相关性较好的数学模型，即回归方程，并加以外推。

如果两个变量呈现相关趋势，通过一元回归模型将这些分散的、具有相关关系的点之间拟合一条最优曲线，说明具体变动关系。

2. 适用范围

一元线性回归（线性增长趋势预测）法是对时间序列明显趋势部分的描述，因此对推测的未来"时间段"不能太长。对非线性增长趋势的，不宜采用该模型。该方法既可以应用于电量预测，也可以应用于负荷预测，一般用于预测对象变化规律性较强的近期预测。

3. 预测步骤

首先建立历史年用电量折线图，之后对该折线图添加趋势线，趋势线模型可选取线性模型、二次多项式模型、指数模型等。建立模型时，要显示各模型的公式及 R^2 值，选取 R^2 值最大的曲线模型，认为今后电量随该曲线进行变化，即可得出电量预测值。

3.4.3 产值单耗法

产值单耗法先分别对一、二、三产业进行用电量预测，得到三次产业用电量，对居民生活用电量进行单独预测；然后用三次产业用电量加上居民生活用电量计算得到地区用电量。

1. 产值单耗法定义

每单位国民经济生产总值所消耗的电量称为产值单耗。产业产值单耗法是通过对国民经济三大产业单位产值耗电量进行统计分析，根据经济发展及产业结构调整情况，确定规划期分产业的单位产值耗电量，然后根据国民经济和社会发展规划的指标，计算得到规划期的产业（部门）电量需求预测值。

2. 适用范围

单耗法方法简单，对短期负荷预测效果较好，但计算比较笼统，难以反映经济、政治、气候等条件的影响，一般适用于有单耗指标的产业负荷。

3. 预测步骤

（1）根据负荷预测区间内的社会经济发展规划及已有的规划水平年 GDP 及分产业结构比例预测结果，计算至规划水平年逐年的分产业增加值。

（2）根据分产业历史用电量和分产业的用电单耗，使用某种方法（专家经验、趋势外推或数学方法，如平均增长率法等）预测得到各年份产业的用电单耗。

（3）各年份产业增加值分别乘以相应年份的分产业用电单耗，分别得到各年份分产业的用电量，可按式（3-18）计算

$$W = k \times G \qquad (3\text{-}18)$$

式中　　k——某年某产业产值的用电单耗，kWh/万元；

G——预测水平相应年的 GDP 增加值，万元；

W——预测年的需电量指标，kWh。

（4）分产业的预测电量相加，得到各年份的三大产业用电量，可按式（3-19）计算

$$W_{行业} = W_{一产} + W_{二产} + W_{三产} \qquad (3\text{-}19)$$

式中　　$W_{行业}$——预测年的三大产业用电量，kWh；

$W_{一产}$——预测年的第一产业用电量，kWh；

$W_{二产}$——预测年的第二产业用电量，kWh；

$W_{三产}$——预测年的第三产业用电量，kWh。

（5）居民生活用电量预测。对居民生活用电量进行单独预测，主要的预测方法有人均居民用电量指标法、增长率法、回归法等。以人均居民用电量指标法为例，对居民生活用电量预测过程说明如下：

1）根据城市相关规划中的人口增长速度，预测出规划期各年的总人口，再根据规划的城镇化率，计算出规划期各年的城镇人口和农村人口。

2）根据城市相关规划的城镇和乡村现状及规划年人均可支配收入，分别预测出规划期各年的城镇、乡村人均可支配收入。

3）根据居民人均可支配收入和居民人均用电量进行回归分析，分别得到规划期内各年的城镇、农村人均用电量。

4）通过规划期各年的人均用电量和人口相乘，分别得到规划期各年的城镇、乡村用电量。

5）将城镇、乡村用电量相加，得到规划期内各年的居民用电量。

3.4.4 电力弹性系数法

1. 电力消费弹性系数的定义

电力消费弹性系数是指一定时期内用电量年均增长率与国内生产总值年均增长率的比值，是反映一定时期内电力发展与国民经济发展适应程度的宏观指标。可按下式计算

$$\eta_t = \frac{W_t}{V_t} \tag{3-20}$$

式中　η_t——电力弹性系数；

　　　W_t——一定时期内用电量的年均增长速度；

　　　V_t——一定时期内国内生产总值的年均增长速度。

2. 适用范围

由于电力消费弹性系数是一个具有宏观性质的指标，描述一个总的变化趋势，不能反映用电量构成要素的变化情况。电力消费弹性系数受经济调整等外部因素影响大，短期可能出现较大波动，而长期规律性好，适合做较长周期（比如3～5年或更长周期）对预测结果的校核或预测时使用。这种方法的优点是对于数据需求相对较少。

3. 预测方法及步骤

电力消费弹性系数法是根据历史阶段电力弹性系数的变化规律，预测今后一段时期的电力需求的方法。该方法可以预测全社会用电量，也可以预测分产业的用电量（分产业弹性系数法）。主要步骤如下：

（1）以历史数据为基础，使用某种方法（增长率法、回归分析法等）预测或确定未来一段时期的电力弹性系数 η_t。

（2）根据政府部门未来一段时期的国内生产总值的年均增长率预测值与电力消费弹性系数，推算出第 n 年的用电量，可按下式计算

$$W_n = W_0 \times (1 + V_t \eta_t)^n \tag{3-21}$$

式中　W_0——计算期初期的用电量，kWh；

　　　W_n——计算期末期的用电量，kWh。

3.4.5　典型案例

自然增长率+S 型曲线法案例：表 3-17 为某网格现状年新增用户报装情况，该网格新增用户均为工业负荷，A 值为 0.25，考虑配电变压器饱和负载率为 0.8，网格内新增用户各年度负荷见表 3-17。

SFQ 网格近期报装大客户共计 1 户，总报装容量 5000kVA。

表 3-17　　　　　　　　　SFQ 网格近期客户负荷需求结果

序号	客户名称	用电性质	报装性质	所属单元	容量（kVA）	用电地址	用电时间
1	RZFZ 二期	工业	高压新装	003 单元	5000	SL 路	规划年

网格负荷预测：根据负荷调研，采集了 SFQ 现状前五年期间负荷增长情况，现状前五年 SFQ 年均增长率为 3.46%。

同步考虑自然增长率与用户报装情况，负荷增长情况见表 3-18。

表 3-18　　　　　　　　　SFQ 网格规划年负荷增长预测

时间	现状年	现状+1 年	现状+2 年	现状+3 年	规划水平年	增长率（%）
自然增长	44.88	46.52	48.24	50.03	51.99	4.18
用户负荷增长	0	2.7	2.8	2.9	3.12	
合计	44.88	49.22	51.04	52.93	55.11	

一元线性回归法案例：由于 WQ 县历史年数据比较全面，而且没有跳跃式的变化，电量负荷增长较为均匀，采用回归分析法对近期电量进行预测，该预测方法在近、中期预测中使用时，预测精度高。通过采用多种回归曲线模型对 WQ 县电量的历史数据曲线进行拟合，回归曲线如图 3-6 所示。回归模型及模型参数见表 3-19。

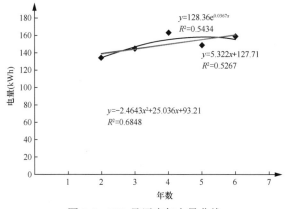

图 3-6　WQ 县历史年电量曲线

表 3-19 回归模型及模型参数表

计算模型	多项式	指数	线性
计算公式	$Y=a+bx+cx^2$	$Y=ae^{bx}$	$Y=a+bx$
a 值	93.21	128.36	127.71
b 值	25.036	0.0367	5.322
c 值	−2.4643	—	—
R^2 值	0.6848	0.5434	0.5267

综合考虑电力需求增长的波动及变化，预计规划水平年全社会最大负荷为 195.25MW，规划年年均增长率为 5.72%，各阶段年负荷具体结果见表 3-20。

表 3-20 WQ 县现状年—水平年回归分析法预测负荷结果

时间		现状年	现状+1 年	现状+2 年	现状+3 年	规划水平年	年均增长率（%）
全社会最大负荷（MW）	高方案	173.7	183.91	189.66	195.40	204.15	6.87
	中方案	173.7	178.29	182.61	188.93	195.25	5.72
	低方案	173.7	175.66	179.56	183.46	191.35	4.43

产值单耗法案例：A 县现状年全社会用电量为 11.01 亿 kWh，常住人口 14.59 万人，GDP 为 210.5 亿元，人均用电量为 7546.26kWh/人。A 县历史年负荷电量统计情况见表 3-21。

表 3-21 A 县历史年负荷电量统计情况

时间	全社会最大用电负荷（MW）	全社会用电量（亿 kWh）	三产及居民用电量（亿 kWh）				常住人口（万人）	GDP（亿元）	人均用电量（kWh/人）
			一产	二产	三产	居民			
现状−6 年	115	8.56	0.038	7.312	0.548	0.662	15.08	100.13	5650.17
现状−5 年	123.3	8.51	0.037	7.377	0.537	0.559	15.15	108.65	5595.00
现状−4 年	133	8.72	0.039	7.486	0.604	0.591	15.21	135.35	5736.84
现状−3 年	144.2	9.27	0.065	7.559	1.075	0.572	15.2	150.7	6074.71
现状−2 年	162.3	9.36	0.055	7.897	0.850	0.558	15.26	178.7	6402.19
现状−1 年	155.56	10.15	0.148	8.211	1.059	0.731	14.62	150.1	6942.54
现状年	173.7	11.01	0.166	8.937	1.083	0.824	14.59	210.5	7546.26

根据上述信息至水平年该市电量计算结果见表 3-22。

表 3-22 A 县水平年电量预计情况

时间	一产用电量（亿 kWh）	二产用电量（亿 kWh）	三产用电量（亿 kWh）	居民生活用电量（亿 kWh）	全社会用电量（亿 kWh）
水平年	0.22	11.84	1.44	1.09	14.59

电力消费弹性系数案例：根据 A 县国民经济的发展预测，A 县经济年均增速在 8%左右。经计算分析，规划水平年全社会用电量预测将达到 15.08 亿 kWh，电力弹性系数法预测结果见表 3-23。

表 3-23　　　　　A 县现状年—水平年弹性系数法电量预测结果

时间	现状年	现状+1 年	现状+2 年	现状+3 年	规划水平年
GDP（亿元）	210.50	227.34	245.53	265.17	286.38
GDP 增长率（%）	8.50	8.00	8.00	8.00	8.00
弹性系数	1.16	1.12	1.15	1.11	1.16
电量增长率（%）	9.86	8.96	9.20	8.88	9.28
电量（亿 kWh）	11.01	11.60	12.67	13.80	15.08

3.5　基于高比例分布式新能源接入的负荷预测

3.5.1　新能源发展对电力负荷预测的影响

新能源电源，特别是分布式电源，受环境影响因素较大，以致其实际出力过程掺杂着很多不确定因素、波动性很大。历史负荷曲线是当下规划设计电力系统的重要凭据，配电网项目建设实践中新能源电源的应用范畴呈不断拓展趋势，带来的直接影响是历史负荷曲线的相似性明显跌落，负荷指标预测的精准度随之降低。主要影响可以总结以下几点。

1. 不稳定性

新能源发展主要包括风能和太阳能，这两种能源的产生受到天气和季节等因素的影响，因此其产生的电力具有较大的波动性。这导致电力负荷预测变得更加复杂，因为需要考虑更多的不确定性。

2. 非确定性

传统电力负荷预测主要基于历史数据和经验模型进行预测，但新能源的引入使得负荷预测更加不确定。天气变化和能源产生的波动性使得准确预测新能源发电量变得更加困难。

3. 调度灵活性

新能源的引入增强了电力系统的调度灵活性。通过有效利用风能和太阳能的波动性，可以进行更加精确和灵活的电力负荷调度。负荷预测算法可以结合各种能源的特点，优化能源的调度和分配，提高电力系统的效率和稳定性。

4. 数据需求增加

新能源的发展带来了更多的数据需求。除了传统的电力负荷历史数据外，还需考虑天气数据、能源发电量数据等相关信息。这些数据需要用于建立更准确和可靠的负荷预测模型。

综上所述，新能源发展对电力负荷预测带来了一系列的挑战和机遇。虽然不稳定性和不确定性增加了预测的复杂性，但通过提高调度灵活性和利用更多数据，可以实现更准确和优化的电力负荷预测。

3.5.2　预测思路及方法

对于含高比例分布式新能源接入的配电网，需在传统配电网负荷预测的基础上，充分考虑分布式光伏、电动汽车充电桩、储能设施的负荷特性曲线的影响因素，将常规负荷与新兴负荷进行耦合叠加，得出较为精准的区域负荷预测结果。

1. 负荷分类

不同于仅含传统负荷的配电网，高比例分布式新能源配电网中柔性负荷可响应某些调节机制，在一定程度上参与电网调度。依据负荷可参与电网调度程度不同将其分为不可控负荷、可控负荷和可调负荷 3 类：

（1）不可控负荷即传统负荷，这类负荷用电需求较为固定，是目前配电网负荷的主要组成部分，用 L_1 表示。

（2）可控负荷主要为可中断负荷，通常通过经济合同（协议）实现。由电力公司与用户签订，在系统峰值时和紧急状态下，用户按照合同规定中断和削减负荷，是配电网需求侧管理的重要保证，用 L_2 表示。

（3）可调负荷是指不能完全响应电网调度，但能在一定程度上跟随分时段阶梯电价等引导机制，从而调节其用电需求的负荷，用 L_3 表示。

新型配电网整体负荷 L 可表示为

$$L = L_1 + L_2 + L_3 \tag{3-22}$$

为了表征新型配电网中可调负荷对引导机制的响应程度，定义负荷响应系数 μ，即

$$\mu = \frac{L_{2A}}{L_2} = \frac{L_{2A}}{L_{2A} + L_{2B}} \qquad (3\text{-}23)$$

式中：L_{2A} 表示全部可调负荷 L_2 中，能够完全响应某种引导机制（如在高峰电价时主动停运）的部分；L_{2B} 表示不响应该引导机制的部分。因此，μ 可看作是对负荷引导机制调节作用的衡量。

另一方面，可将高渗透可再生能源配电网整体负荷从是否受控角度分为友好负荷和非友好负荷两类。

为了表征新型配电网中负荷受控程度，定义负荷主动控制因子 λ，即

$$\lambda = \frac{L_3 + l_{2A}}{L} = \frac{\mu L_2 + L_3}{L_1 + L_2 + L_3} \qquad (3\text{-}24)$$

λ 即为友好负荷在配电网整体负荷中的比例。各类负荷之间的关系如图 3-7 所示。

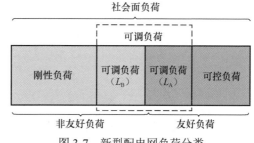

图 3-7　新型配电网负荷分类

2. 负荷预测方法

在配电网规划中，需求侧响应最重要的作用是削减峰值负荷，从而降低配电网所需设备容量。新型配电网的负荷预测需在全社会负荷预测的基础上再进行友好负荷的预测，从而确定新型配电网下新的峰值负荷，即

$$P_f = P_s - P_y \qquad (3\text{-}25)$$

式中　P_f、P_s、P_y——新型配电网的峰值负荷（非友好负荷）、全社会负荷和友好负荷。

友好负荷预测中所涉及的指标主要包括：①可中断负荷预期总量；②电动汽车及换电站总量，以及电动汽车分类比例；③可调负荷总量及负荷响应系数 μ。

3. 分布式电源出力预测

（1）分布式电源出力概率预测思路。可信出力 P_β 是指分布式电源在一定概率（置信度）β 内至少能够达到的出力水平，P_β 可由分布式电源出力的概率密度函数或累计分布函数计算。在此定义分布式电源出力风险度 α，即

$$\alpha = 1 - \beta \qquad (3\text{-}26)$$

（2）规划区分布式电源总装机容量预测。分布式电源总装机容量受多种因素影响，因此可采用不确定性预测方法之一的灰色预测算法，对规划区规划年的总装机容量进行预测。

（3）单位分布式电源可信出力计算。对于固定的某一地区，太阳光照强度夜间为 0，白天时段近似服从正态分布。因此确定一定的置信度，即可得到光强曲线的可信值。

根据通用的光伏发电模型，光伏出力可近似看成仅由光照强度决定的一元线性函数，因此光伏出力与光强具有近似的分布趋势。下面用全天光伏出力的累积分布函数说明，如图 3-8 和图 3-9 所示。

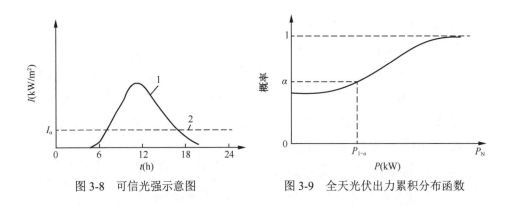

图 3-8　可信光强示意图　　　　图 3-9　全天光伏出力累积分布函数

图 3-9 中 α 表示光伏出力的风险度，$P_{1-\alpha}$ 表示风险度 α 对应的光伏可信出力，即光伏出力 P 位于[0，$P_{1-\alpha}$]的概率为 α。P_N 表示光伏额定出力，当风险度达到 100% 时，可信出力为 P_N。设光伏出力的累积分布函数为 $F(P)$，建立如下方程式，即可得到风险度 α 下光伏的可信出力 $P_{1-\alpha}$，即

$$F(P) = \alpha \qquad\qquad (3-27)$$

图 3-10 是配置储能装置后的光伏系统削减系统峰值负荷示意图。图中曲线 1 表示不考虑光储系统时配电网典型日负荷曲线，两个高峰负荷 P_{am} 和 P_{pm} 分别出现在 10 时和 20 时左右，其中晚高峰负荷是全天最大负荷。曲线 2 表示光伏系统的典型日出力曲线。可以看到，未配置储能装置时，光伏自然出力峰值与系统负荷峰值并不吻合。曲线 3 是通过储能装置进行能量管理后，将光伏发电量在负荷高峰时释放而形成的光储系统出力曲线。曲线 4 为经过光储系统削峰后的配电网负荷曲线。

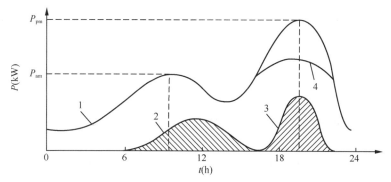

图 3-10　配置储能装置后的光伏系统削减系统峰值负荷示意图

通过统计规划区历史光强数据可以预测出光照强度的 Beta 概率分布，即

$$f(E) = \frac{\Gamma(\alpha + \beta)}{\Gamma(\alpha) \cdot \Gamma(\beta)} \cdot \left(\frac{E}{E_M}\right)^{\alpha-1} \cdot \left(1 - \frac{E}{E_M}\right)^{\beta-1} \tag{3-28}$$

式中　E 和 E_M——光照强度和光照强度的饱和值；

α 和 β——Beta 分布的形状参数，它们可根据光照强度的历史数据，由下面这两个式子求得

$$\alpha = \mu\left[\frac{\mu(1-\mu)}{\sigma^2} - 1\right] \tag{3-29}$$

$$\beta = (1-\mu)\left[\frac{\mu(1-\mu)}{\sigma^2} - 1\right] \tag{3-30}$$

式中　μ——历史光照强度数据的均值；

σ——历史光照强度数据的标准差。

接着，由光照强度的概率密度函数可推得光伏出力的概率密度函数。光伏出力与光照强度之间的关系如式（3-31）所示

$$P(E) = \begin{cases} P_{MN}, E \geqslant E_M \\ P_{MN}\dfrac{E}{E_M}, 0 \leqslant E \leqslant E_M \end{cases} \tag{3-31}$$

式中　P_{MN}——光伏发电的额定功率。

最后，将一天内 24 个时刻的光伏出力视为相互独立的随机变量，即可推得单位容量光伏日发电量的概率密度函数，在某一置信度下，单位容量光伏日发电量与负荷高峰时间之比即为该置信度下光储系统的可信出力。

（4）区域规划年分布式电源可信出力预测。结合前文得到的地区分布式电

源总装机预测值和单位分布式电源可信出力值，可得到规划区规划年分布式电源可信出力预测模型如下

$$P_{z\alpha} = P_z \times P_\alpha / P \tag{3-32}$$

式中 $P_{z\alpha}$——规划区规划年分布式电源可信出力；

P_z——规划区规划年分布式电源装机总容量；

P_α——单位分布式电源可信出力；

P——单位分布式电源装机容量。

得到的峰值负荷减去分布式电源在负荷高峰时的可信出力，即可得到最大的网供负荷。

3.5.3 典型案例

1. 负荷特性曲线预测

高比例分布式新能源配电网中的负荷曲线预测包括传统负荷曲线预测与新兴负荷出力曲线预测两部分。在进行预测时，既可以对传统负荷曲线与新兴负荷出力曲线分别预测后进行叠加，又可将一段时间内的传统负荷曲线与新兴负荷出力曲线看作一个场景，运用场景分析的方法对负荷曲线进行预测。

在此以某规划区为例，分析该区发负荷特性曲线情况，各新型能源资源聚合下不同场景给出夏季晴天、夏季阴天的电力尖峰负荷电力流供给互动方案。

（1）年负荷特性。通过对某地区示范区内公用变电站月最大负荷进行拟合，得出某示范地区区域 110kV 和 35kV 公用电网年负荷特性曲线，如图 3-11 所示。

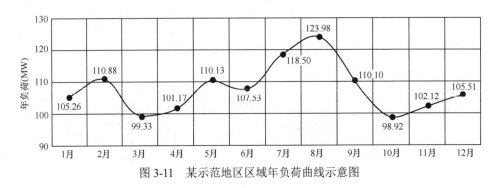

图 3-11 某示范地区区域年负荷曲线示意图

　　根据某地区年最大负荷特性曲线可以看出，受到气温季节的影响，年最大负荷出现在夏季，7、8 月份持续最高负荷，而春、秋季负荷明显偏低，冬季负荷较春季负荷相对较高，但是低于夏季负荷。由此可见某地区近零碳排放示范区冬季取暖负荷低于夏季空调用电负荷。某地区近零碳排放示范区年负荷特性曲线峰谷差约为 20.21%。

　　（2）典型日负荷特性曲线。通过对某地区各 110kV 变电站及 35kV 变电站典型日负荷特性曲线进行拟合，得出某地区 110kV 和 35kV 公用电网典型日负荷特性曲线，如图 3-12 所示。

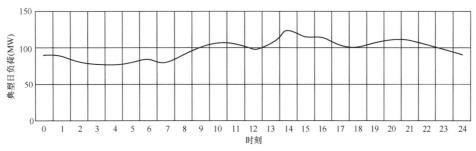

图 3-12　某地区日负荷曲线示意图

　　根据某地区典型日最大负荷特性曲线可以看出，最大负荷主要集中在 10 时～16 时，与产业用电情况较为贴合，17 时之后最大负荷一直处于下降趋势，20 时左右上升一个小高峰，与居民生活用电较为贴合。典型日峰谷差率为 37.7%。

　　（3）新能源和多元化负荷特性分析。光伏发电特性：光伏发电受天气、季节、地理位置因素影响较大，这里主要分析天气因素，当天气为雨天时，光伏发电仅为额定发电功率的 8% 左右，当天气为阴天时，光伏发电为额定发电功率的 10% 左右，当天气为晴天时，光伏发电能达到最大发电功率，达到原功率的 80%。具体如图 3-13 所示。

　　充电桩充电特性：充电桩的负荷输出主要跟时间有关，负荷输出集中在 9 时～11 时以及 20 时～22 时，其余时间段负荷相对较低，尤其是凌晨左右，电动汽车基本都已充电完毕，基本无负荷输出。具体如图 3-14 所示。

　　2. 不同场景下，各高比例分布式新能源聚合案例

　　（1）夏季晴天场景。夏季晴天有光伏情况下，光伏发电、电动汽车放电、电储能放电、需求侧响应负荷等将最大负荷削减掉一部分。水平年夏季最大电

负荷为 133.36MW，削减后最大负荷为 110.78MW。远景年夏季最大电负荷为 147.83MW，削减后最大负荷为 114.23MW。

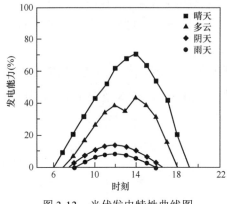

图 3-13　光伏发电特性曲线图　　　图 3-14　充电桩充电特性曲线图

表 3-24 为夏季晴天电力平衡表。图 3-15 为现状年夏季晴天电力平衡图。图 3-16 为水平年夏季晴天电力平衡图。

表 3-24　　　　　　　　　　　夏季晴天电力平衡表

序号	公式	类型	现状	水平	远景年
1	—	最大负荷（MW）	121.11	133.36	147.83
2	—	光伏出力（MW）	15.21	15.21	15.21
3	—	电动汽车放电出力（MW）	0.805	1.61	1.61
4	—	储能发电出力（MW）	2	2	2
5	—	需求侧响应负荷（MW）	6.06	9.59	14.78
6	1−2−3−4−5	网供负荷	101.54	110.78	114.23

（2）夏季阴天场景。某地区，夏季阴天存在电动汽车放电、电储能放电、蓄冷调控、可控负荷等将可削减一部分负荷水平年夏季最大电负荷为 133.36MW，阴天无光伏情况下，考虑空调负荷下降 5%，最大电负荷为 126.7MW，削减后最大负荷为 114.91MW。远景年夏季最大电负荷为 147.83MW，阴天无光伏情况下，考虑空调负荷下降 5%，最大电负荷为 140.44MW，削减后最大负荷为 121.48MW。

表 3-25 为夏季阴天电力平衡表。图 3-17 为现状年夏季阴天电力平衡图。图 3-18 为水平年夏季阴天电力平衡图。

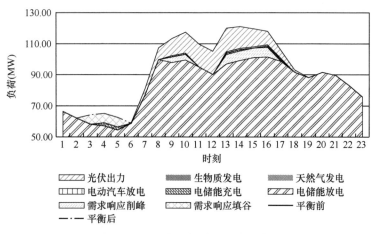

图 3-15 现状年夏季晴天电力平衡图

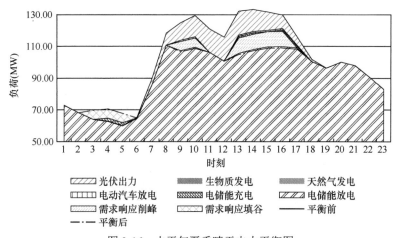

图 3-16 水平年夏季晴天电力平衡图

表 3-25   夏季阴天电力平衡表

序号	公式	类型	现状	水平年	远景年
1	—	最大负荷（MW）	115.05	126.7	140.44
2	—	光伏出力（MW）	0.76	0.76	0.76
3	—	电动汽车放电出力（MW）	0.81	1.61	2.42
4	—	储能发电出力（MW）	1	1	1
5	—	需求侧响应负荷（MW）	6.06	9.59	14.78
6	1-2-3-4-5	网供负荷	107.49	114.91	121.48

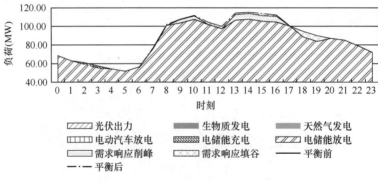

图 3-17　现状年夏季阴天电力平衡图

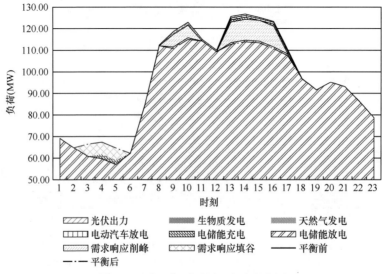

图 3-18　水平年夏季阴天电力平衡图

（3）场景总结。通过对某地区夏季晴天、夏季阴天两种情况比较，负荷削减后，夏季阴天负荷较大，主要原因为区域内光伏资源较丰富，光伏对区域削峰作用明显，夏季阴天受光照因素影响光伏出力几乎为 0，失去削峰能力，故网供负荷较大。

高比例分布式新能源主要包括光伏、电动汽车、储能、充电设施、可控负荷等。互动重点时间断面为 7 月～9 月的 9 时～12 时及 13 时～17 时。水平年，弹性互动方案为电动汽车削减 1.61MW 尖峰负荷，储能削减 1MW 尖峰负荷，可控负荷削减 9.59MW 尖峰负荷，光伏削峰 15.21MW。高比例分布式新能源互动负荷约占峰值负荷的 16.16%。

第4章 新型高质量配电网评估

4.1 总 体 思 路

配电网评估主要目的为评价配电网建设水平，寻找配电网薄弱环节，在突发故障或特殊状态下，通过对电网整体的评价，针对电网存在问题做好预判措施，提升电网的稳定性和供电可靠性。评估工作需综合考虑电网各方面现状指标情况，结合评估标准的取值，量化各类指标的数据，对标指标体系中的参照标准，整体评估电网现状薄弱环节。在数据统计分析方面做到"全面、准确、详细"的统计分析，以问题为引导，数据作支撑，深掘数据背后的指标问题，分析电网存在问题，形成完善的现状电网评估体系，针对电网薄弱环节给出建设改造意见。

评估体系可分为供电质量、供电能力、网架结构、电网运行、装备水平和经济效益6个维度，供电可靠性、电压质量等14个方面，供电可靠率、综合电压合格率等36项详细指标，能够较全面地反映配电网规划成果的主要特征。配电网现状评估常用指标见表4-1。

表 4-1 配电网现状评估常用指标

序号	6个维度	14个方面	36项详细指标
1	供电质量	供电可靠性	用户平均停电时间（h）
2			用户平均故障停电时间（h）
3			用户平均预安排停电时间（h）
4			供电可靠率（RS-1）（%）
5		电压质量	综合电压合格率（%）
6	供电能力	110（35）kV 电网供电能力	容载比
7		10kV 电网供电能力	线路最大负载率平均值（%）
8			配电变压器综合负载率（%）
9			户均配电变压器容量（kVA/户）

续表

序号	6个维度	14个方面	36项详细指标
10			35kV 主变压器 N-1 通过率（%）
11		110（35）kV 电网结构	110kV 主变压器 N-1 通过率（%）
12			线路 N-1 通过率（%）
13			单线单变比例（%）
14			标准接线占比（%）
15			线路联络率（%）
16			线路站间联络率（%）
17	网架结构		架空线路交跨处数量（处）
18			线路路径重叠数量（处）
19		10kV 电网结构	线路供电半径超标比例(%)
20			线路迂回条数（条）
21			架空线路平均分段数（段）
22			架空线路分段合理率（%）
23			架空线路大分支数（条）
24			线路 N-1 通过率
25		110（35）kV 电网装备水平	10kV 间隔利用率（%）
26	装备水平	10kV 电网装备水平	架空线路绝缘化率（%）
27			高损配电变压器占比（%）
28		110（35）kV 运行情况	重过载主变压器占比（%）
29	电网运行		重过载线路占比（%）
30		10kV 运行情况	重过载线路占比（%）
31			公用线路平均装接配电变压器容量（MVA/条）
32		电能损耗	110kV 及以下综合线损率（%）
33		投资效益	110kV 及以下单位投资增供电量（kWh/元）
34	经济性		110kV 及以下单位投资增供负荷（kW/元）
35		收入效益	售电收入效益评价
36		社会效益	社会经济效益评价

4.2 供电质量评估

供电质量指标主要包含两个方面的考核：一是供电可靠性评价；二是电能质量评价。在配电网建设改造过程中应坚持以差异化的理念开展对供电可靠性及电能质量提升工作，以安全、可靠、经济为目标向用户供电。

4.2.1　供电可靠性

供电可靠性评价分为 RS-1（计算统计期间内所有因素）、RS-2（不计外部影响）和 RS-3（不计系统电源不足限电）三种，一般采用供电可靠率 RS-1 作为衡量系统可靠性的总体指标，统计包含故障停电、预安排停电及系统电源不足限电等情况下停电。同时针对性提出供电可靠性提升方案，提升用户获得感，可进一步分析故障停电时间、预安排停电时间、用户平均停电次数、用户平均停电缺供电量等指标。

供电可靠性统计评价应按不同电压等级分别计算，配电网网格化供电可靠性分析可以以配电变压器为单位开展评估，具体分析配电变压器的故障停电、计划停电情况，分析停电原因占比从而针对性地提出供电可靠性提升方案。具体建议分为四个指标进行评估，分别为用户平均停电时间、用户平均故障停电时间、用户预安排停电时间、网格供电可靠率，具体指标定义及计算公式如下所示。

（1）用户平均停电时间。指标定义：用户平均停电时间为供电用户在统计期间内的平均停电小时数。其公式如下

$$用户平均停电时间 = \frac{\Sigma(每次停电持续时间 \times 每次停电用户数)}{总用户数} \quad (4\text{-}1)$$

（2）用户平均故障停电时间。指标定义：用户平均故障停电时间为用户在统计期间内的平均故障停电小时数。其公式如下

$$用户平均故障停电时间 = \frac{\Sigma(每次故障停电时间 \times 每次故障停电用户数)}{总供电用户数} \quad (4\text{-}2)$$

（3）用户平均预安排停电时间。指标定义：用户平均预安排停电时间指在统计期间内，每一用户的平均预安排停电小时数。其公式如下

$$用户平均预安排停电时间 = \frac{\Sigma(每次预安排停电时间 \times 每次预安排停电用户数)}{电用户数}$$

$$(4\text{-}3)$$

（4）供电可靠率。指标定义：供电可靠率（RS-1）为在统计期间内，对用户有效供电时间总小时数与统计期间小时数的比值，记作 RS-1。其公式如下

$$RS-1(\%) = \left(1 - \frac{用户平均停电时间}{统计期间时间}\right) \times 100\% \qquad (4\text{-}4)$$

若不计外部影响时，则记作 RS−2。

$$RS-2(\%) = \left(1 - \frac{用户平均停电时间 - 外部影响停电时间}{统计期间时间}\right) \times 100\% \qquad (4\text{-}5)$$

若不计系统电源不足限电时，则记作 RS−3。

$$RS-3(\%) = \left(1 - \frac{用户平均停电时间 - 外部限电停电时间}{统计期间时间}\right) \times 100\% \qquad (4\text{-}6)$$

4.2.2　电压质量

电压质量评价一般采用综合电压合格率作为衡量系统电压质量的总体指标。在配电网建设改造过程中主要关注线路压降、台区低压用户压降两项指标，结合线路、台区负荷情况，线路、台区供电范围等相关指标提出建设改造意见。

综合电压合格率为实际运行电压偏差在限值范围内的累计运行时间与对应总运行统计时间的百分比。

计算公式：综合电压合格率应按式（4-7）计算，监测点电压合格率应按式（4-8）计算

$$V = 0.5 \times V_A + 0.5 \times \frac{V_B + V_C + V_D}{3} \qquad (4\text{-}7)$$

$$V_i = \left(1 - \frac{t_{up} + t_{low}}{t}\right) \times 100\% \qquad (4\text{-}8)$$

以上式中　V——综合电压合格率；

　　　　　V_A——A 类监测点合格率；

　　　　　V_B——B 类监测点合格率；

　　　　　V_C——C 类监测点合格率；

　　　　　V_D——D 类监测点合格率；

　　　　　V_i——监测点电压合格率；

　　　　　t_{up}——电压超上限时间；

　　　　　t_{low}——电压超下限时间；

　　　　　t——总运行统计时间。

注：计算方法依据 GB/T 12325−2008《电能质量　供电电压偏差》。

4.3　供 电 能 力 评 估

供电能力指标主要从变电站、线路、配电变压器等设备开展分析工作，从宏观角度评估配电网对电力需求增长的满足情况。具体建议分为四个指标进行评估，分别为 110（35）kV 电网容载比、10kV 线路最大负载率平均值、10kV 配电变压器综合负载率和户均配电变压器容量，具体指标定义及计算公式如下所示。

4.3.1　110（35）kV 电网供电能力

110（35）kV 电网容载比指标定义：110（35）kV 电网供电能力指标为容载比分析，容载比应分电压等级计算，指某一供电区域、同一电压等级电网的公用变电设备总容量与对应的网供负荷的比值。容载比一般用于评估某一供电区域内 110（35）kV 电网的容量裕度，是配电网规划的宏观性指标。合理的容载比与网架结构相结合，可确保故障时负荷的有序转移，保障供电可靠性，满足负荷增长需求。在配电网规划设计中一般采用式（4-9）进行估算

$$R_s = \frac{\Sigma S_{ei}}{P_{max}} \tag{4-9}$$

式中　R_s——容载比，MVA/MW；

P_{max}——规划区域该电压等级的年网供最大负荷；

ΣS_{ei}——规划区域该电压等级公用变电站主变压器容量之和。

容载比计算一般以区县为单位进行统计，在部分区域由于负荷发展水平不平衡宜按照供电分区开展统计，以指导区域变电站建设。在评估容载比时，应结合规划区域经济增长和社会发展的不同阶段，对应的配电网负荷平均增长速率差异化开展，具体选取范围见表 4-2。

表 4-2　　　　　　　　35～110kV 电网容载比选择范围

负荷增长情况	饱和期	较慢增长	中等增长	较快增长
年负荷平均增长率 k_p	$k_p \leq 2\%$	$2\% < k_p \leq 4\%$	$4\% < k_p \leq 7\%$	$k_p > 7\%$
35～110kV 容载比	1.5～1.7	1.6～1.8	1.7～1.9	1.8～2.0

4.3.2　10kV 电网供电能力

1. 10kV 线路最大负载率平均值（%）

指标定义：10kV 线路最大负载率平均值是用于评估某一供电区域内 10kV 线路的容量裕度。线路最大负载率平均值按区域内各条公用线路的最大负载率算术平均值计算，具体公式如下

$$\bar{l}_{\max} = \frac{\Sigma l_i}{n} \qquad (4-10)$$

$$l_i = \frac{P_{\max}}{S} = \frac{I_{\max}}{I_{\lim}} \qquad (4-11)$$

式中　$\bar{l}_{\max}$——10kV 线路最大负载率平均值；

l_i——10kV 线路最大负载率；

$P_{\max}$——最大负荷日的线路最大负荷；

S——线路主干持续传输容量；

$I_{\max}$——最大负荷日的线路最大电流；

$I_{\lim}$——线路限额电流。

2. 10kV 配电变压器综合负载率（%）

指标定义：10kV 配电变压器综合负载率为 10kV 公用配电变压器总负荷与公用配电变压器总容量比值的百分数，用于评估供电区域内 10kV 配电变压器的容量裕度，具体计算公式如下

$$l = \frac{P_{\max}}{S} \qquad (4-12)$$

式中　l——10kV 配电变压器综合负载率；

$P_{\max}$——10kV 公用配电变压器总负荷；

S——10kV 公用配电变压器总容量。

3. 户均配电变压器容量（kVA/户）

指标定义：户均配电变压器容量为公用配电变压器容量扣除非户均容量与低压用户数的比值，一般用于评估某一供电区域内配电变压器规模与户数规模的协调水平，不同发展程度的区域，其户均配电变压器容量需求不同，具体计算公式如下

$$户均配电变压器容量(kVA/户) = \frac{公用配电变压器总容量 - 非户均容量}{低压用户数} \quad (4\text{-}13)$$

非户均容量一般为动力用户、非居民用户容量，可通过营销低压电量采集系统进行查询。针对台区非户均容量总值大于总量的，应根据用户实际负荷进行容量调整。

4.4　网架结构评估

网架结构指标一般从 110kV 电网及 10kV 电网两个层级开展评价。110kV 电网主要从主变压器、线路 N–1 通过率、变电站单线单变等问题入手考核网架结构转供能力。10kV 电网主要从标准接线比例、线路联络化率、线路站间联络化率、供电半径超标比例、架空线路分段数、架空线路大分支数等 7 项指标考核 10kV 电网网架坚强程度。

4.4.1　110（35）kV 电网结构

1. 110（35）kV 主变压器 N–1 通过率（%）

指标定义：110（35）kV 主变压器 N–1 通过率为计算所有通过 N–1 校验的主变压器台数的比例，反映 110（35）kV 电网中的单台主变压器故障或计划停运，本级及下一级电网的转供能力，具体计算公式如下

$$主变压器N\text{-}1通过率(\%) = \frac{满足N-1的主变压器台数(台)}{主变压器总台数(台)} \quad (4\text{-}14)$$

注：N–1 停运下的停电范围及恢复供电的时间要求依据 DL/T 256—2012《城市电网供电安全标准》和 Q/GDW 1738—2020《配电网规划设计技术导则》。

A+、A、B、C 类供电区域高压配电网应满足“N–1”原则。在主变压器 N–1 校验过程中可通过中压配电网转移负荷的比例，A+、A 类供电区域宜控制在 50%～70%，B、C 类供电区域宜控制在 30%～50%。

2. 110（35）kV 线路 N–1 通过率（%）

指标定义：本指标计算所有通过 N–1 的 110（35）kV 线路占本电压等级线路总条数的比例，反映 110（35）kV 电网结构的强度，计算方法如下：

110（35）kV 线路 $N-1$ 通过率（%）为满足 $N-1$ 的 110（35）kV 线路条数（条）与 110（35）kV 线路总条数（条）比值的百分数。

3. 110（35）kV 电网单线单变比例（%）

指标定义：单回进线或单主变压器运行的 110（35）kV 变电站座数，占 110（35）kV 变电站总座数的比例。计算方法：单线单变比例=［110（35）kV 单线变电站座数+110（35）kV 单变变电站座数］/变电站总座数×100%。

4.4.2　10kV 电网结构

1. 10kV 标准接线占比（%）

10kV 标准接线占比是指 10kV 配电网中满足标准化网架结构的线路条数占总线路条数的比例。C 类及以上供区，电缆标准接线为单环网和双环网，架空线路标准接线为架空多分段单联络、多分段两联络、多分段三联络；D 类供区仅复杂联络为非标准接线，其余接线方式均为标准接线。该指标计算方案如下：

分别统计各类供区的标准接线条数，除以该供区线路总条数，得该供区的标准接线占比；统计供电分区内各类供区的标准接线条数相加，除以供电分区线路总条数，得到供电分区的标准接线占比。

2. 10kV 线路联络率（%）

指标定义：10kV 线路联络率为实现联络的 10kV 线路条数占 10kV 线路总条数的比例，反映 10kV 电网的转供能力。根据中压配电网供电安全准则 B 类以上供电区域应满足 $N-1$ 要求，C 类供电区域宜满足 $N-1$ 要求，建议 C 类以上供电区域 10kV 线路联络率达到 100%。计算方法如下：10kV 线路联络率（%）为存在联络的 10kV 线路条数（条）与 10kV 线路总条数（条）比值的百分数。

3. 10kV 线路站间联络率（%）

指标定义：10kV 线路站间联络率为存在站间联络的 10kV 线路条数占 10kV 线路总条数的比例，反映 10kV 电网的站间转供能力，计算方法如下：10kV 线路站间联络率（%）为存在站间联络的 10kV 线路条数（条）与 10kV 线路总条数（条）比值的百分数。

4. 架空线路交跨处数量

架空线路交跨处数量指架空线路存在交差跨越的数量，在配电网施工改造、故障抢修等情况下交跨线路易产生线路陪停问题，应在配电网建设改造逐步予以改造。

5. 线路路径重叠

重叠线路指同一路径上存在多条供电线路，易造成线路供电范围交叉重叠，在用户停电时不易判断故障位置。

6. 10kV 线路供电半径超标比例（%）

指标定义：10kV 线路供电半径为 35kV 及以上变电站 10kV 出线（配电变压器低压侧出线）的供电半径，指其出口处到本线路最远供电负荷点之间的线路长度。

10kV 线路供电半径超标比例为统计线路供电半径超标条数（A+、A、B 类超过 3km；C 类超过 5km；D 类超过 15km），超标条数占 10kV 线路总条数的比例，计算方法如下：

10kV 供电半径超标条数（条）与 10kV 线路总条数（条）比值的百分数。

7. 线路迂回条数

线路迂回主要指配电网线路路径布置不合理造成线路供电半径远大于变电站的供电半径。

8. 10kV 架空线路分段情况

指标定义：架空线路分段情况主要考核平均分段数及线路分段合理率两个指标。

10kV 架空线路平均分段数指所有 10kV 架空线路分段数的平均值，用以衡量区域整体架空线路分段情况。计算方法如下：

$$10kV架空线路平均分段数 = \frac{10kV架空线路的分段数}{10kV架空线路总条数} \quad (4\text{-}15)$$

10kV 架空线路分段合理率（%）指架空线路分段合理条数的占比，用以衡量区域架空线路分段合理性。计算方法如下：

$$10kV架空线路平均分段合理率 = \frac{10kV架空线路合理分段条数}{10kV架空线路总条数} \quad (4\text{-}16)$$

架空线路分段合理条数为架空线路总条数扣除分段不合理线路条数。架空线路分段不合理指未根据用户数量、通道环境及架空线路长度合理设置分段开关，分段内接入用户过多，在检修或故障情况下，不利于缩小停电区段范围，可以按照表 4-3 中的要求控制分段内用户数量及分段线路长度。

表 4-3　　　　中压架空线路分段内用户数及分段线路长度推荐表

区域	分段内用户数（包括）	分段线路长度（km）
A+、A	≤6 户	≤1
B、C	≤10 户	≤2
D、E	≤15 户	≤3

9. 10kV 架空线路大分支数（条）

指标定义：10kV 架空线路大分支数指统计装接容量大于 5000kVA 或中低压用户数大于 1000 户的分支线。架空线路大分支易造成大面积用户停电，对供电可靠性影响较大，在改造过程中可以通过分支线路分割、分段等方法。

10. 线路 N-1 通过率

指标定义：本指标计算所有通过 N-1 的 10kV 线路占 10kV 线路总条数的比例，反映 10kV 电网结构的强度，计算方法如下：10kV 线路 N-1 通过率（%）为满足 N-1 的 10kV 线路条数（条）与 10kV 线路总条数（条）比值的百分数。其中 10kV 线路是否满足 N-1 需要根据电网结构结合线路运行情况进行校验。

4.5　装备水平评估

装备水平主变压器分析主要从变电站、线路、配电变压器三个层面开展分析工作。通过分析变电站 10kV 间隔利用率评估变电站出线间隔资源对配网发展的影响，通过对 10kV 架空线路绝缘化率分析配网安全水平，通过高损配电变压器占比分析配网节能情况。

4.5.1　110（35）kV 电网装备水平

110（35）kV 变电站 10kV 间隔利用率指标定义：110（35）kV 电网装备水平为变电站 10kV 间隔利用率，是用于反映 110kV 变电站 10kV 出线间隔使用情况

及变电站新出线路的能力，计算方法如下：所有 110（35）kV 变电站的 10kV 已
用间隔占 110（35）kV 变电站 10kV 间隔总数的百分数。

4.5.2　10kV 电网装备水平

1. 10kV 架空线路绝缘化率（%）

指标定义：10kV 架空线路绝缘化率为 10kV 线路架空绝缘线路长度占 10kV
线路架空线路总长度的比例，反映 10kV 线路的整体绝缘化水平计算方法：10kV
架空线路绝缘化率（%）为所有 10kV 线路架空绝缘线路长度之和（km）与所
有 10kV 线路架空线路总长度（km）比值的百分数。

2. 高损配电变压器占比（%）

指标定义：高损配电变压器占比为高损配电变压器台数占配电变压器总台
数的比例，高损配电变压器指 S7 及以下系列配电变压器，具体公式如下

$$高损配电变压器占比(\%)=\frac{高损配电变压器台数（台）}{配电变压器总台数（台）} \qquad (4\text{-}17)$$

根据国网设备部相关要求，应全面淘汰 S7（8）及以下高损耗配电变压器，
更换为 S20 及以上配电变压器；针对运行 20 年及以上 S9 高耗能配电变压器应
逐步更换为 S20 及以上配电变压器。

4.6　电网运行评估

电网运行指标主要通过主变压器、线路负荷分析电网运行情况，对重过载
设备提出解决策略。

4.6.1　110（35）kV 运行情况

重过载主变压器占比（%）指标定义：重过载主变压器占比为重过载主变
压器台数占主变压器总台数的比例。重载是指正常运行方式下最大负载率超过
80%的设备，过载指正常运行方式下最大负载率超过 100%的设备，计算方法如
下：重过载主变压器占比（%）为重过载主变压器台数（台）与主变压器总台
数（台）比值的百分数。

4.6.2　10kV 运行情况

1. 重过载线路占比（%）

指标定义：重过载线路占比为重过载线路条数占线路总条数的比例。重载是指正常运行方式下最大负载率超过 70%的线路，过载指正常运行方式下最大负载率超过 100%的线路，计算方法如下：

重过载线路占比（%）为重过载线路条数与线路总条数比值的百分数。

2. 公用线路平均装接配电变压器容量（MVA/条）

指标定义：公用线路平均装接配电变压器容量为反映 10kV 公用线路挂接配电变压器容量的整体水平，计算方法为：公用线路装接配电变压器总容量/公用线路总条数。

4.7　经 济 性 评 估

经济性指标一般用于评估配电网运行经济性，通过 110kV 及以下综合线损率、110kV 及以下单位投资增供电量、110kV 及以下单位投资增供负荷、售电收入效益评价、社会经济效益评价等指标分析电网建设成效。

4.7.1　电能损耗

110kV 及以下综合线损率（%）指标定义：110kV 及以下配电网供电量与售电量之差占 110kV 及以下配电网供电量的比例。

计算方法：110kV 及以下综合线损率（%）为 110kV 及以下配电网供电量与售电量之差（kWh）与 110kV 及以下配电网供电量（kWh）比值的百分数。

注：计算方法依据 DL/T 686—1999《电力网电能损耗计算导则》。

4.7.2　投资效益

1. 110kV 及以下单位投资增供电量

指标定义：每增加 1 万元投资可增加的供电量。

计算方法：110kV 及以下配电网投资除以增供电量，公式如下

$$单位投资增供电量 = \frac{增供电量}{配电网总投资} \qquad (4\text{-}18)$$

注：增供电量指本地区 110kV 变电站规划年电量-现状年电量。

2. 110kV 及以下单位投资增供负荷

指标定义：每增加 1 万元投资可提升的负荷。

计算方法：110kV 及以下配电网投资除以增供负荷，公式如下

$$单位投资增供负荷 = \frac{增供负荷}{配电网总投资} \qquad (4\text{-}19)$$

4.7.3　收入效益

售电收入效益评价指标定义："售电收入效益"指供电可靠性提升后售电收入提升所产生的直接效益。

计算方法：售电收入效益=（规划年售电量-现状年售电量）×供电可靠性提升百分比×输配电价。

4.7.4　社会效益

社会经济效益评价指标定义："社会经济效益"指供电可靠性提升后社会经济损失减少所产生的间接效益，一般根据单位电量对应的 GDP 产值来测算，该值可根据当地电量与经济数据确定。

计算方法：社会经济效益=（规划年 GDP 产值-现状年 GDP 产值）×供电可靠性提升百分比。

4.8　典　型　案　例

本小节以 CF 网格为例从供电质量、供电能力、网架结构、电网运行、装备水平和经济效益 6 个维度，供电可靠性、电压质量等 14 个方面，供电可靠率、综合电压合格率等 36 项详细指标详细介绍新型高质量配电网评估体系的具体计算方法，全面反映配电网规划成果主要特征，评价配电网建设水平，寻找 CF 网格配电网薄弱环节，为后期配电网建设改造方案提供良好的基础。

CF 网格属于建设区，为 B 类供电区域，区域面积为 15.84km²，有效供电面积 13.29km²。目前为 CF 网格供电的 110kV 公用变电站共 4 座，其中网格内 2 座 110kV 变电站，网格外 2 座 110kV 变电站。

CF 网格 110kV 变电站布点图如图 4-1 所示。CF 网格概况示意如图 4-2 所示。

图 4-1　CF 网格 110kV 变电站布点图

CF 网格内共有中压线路 28 回，其中公用线路 23 回，专用线路 5 回。网格内共有 10kV 配电变压器 409 台，配电变压器总容量为 239.255MVA，其中公用配电变压器有 114 台，配电变压器容量为 63.315MVA；专用配电变压器有 295 台，专用配电变压器总容量为 175.940MVA。

图 4-2　CF 网格概况示意图

CF 网格 10kV 现状地理接线图如图 4-3 所示。

CF 网格 10kV 现状拓扑结构图如图 4-4 所示。

依据新型高质量配网网评估总体思路，CF 网格从供电质量、供电能力、网架结构、电网运行、装备水平和经济效益 6 个维度全面地反映配电网规划成果的主要特征。

图 4-3 CF 网格 10kV 现状地理接线图

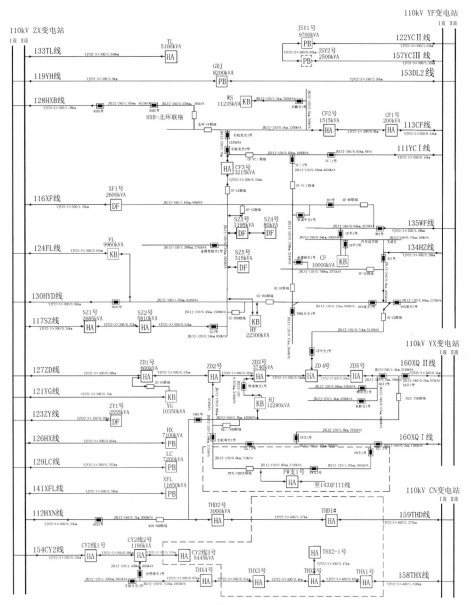

图 4-4　CF 网格 10kV 现状拓扑结构图

1. 供电质量

CF 网格配电网供电质量评估指标见表 4-4。

现状年该网格内用户故障停电时长总计 1098720min，用户预安排停电时长总计 33612min，网格内供电户数有 5800 户。根据公式计算可得用户平均故障停电时间为 3.16h/户，用户平均预安排停电时间为 1.65h/户，用户平均停电时间为 4.81h/户，该网格内故障停电时间占停电总时长的 65.7%，该区域综合电压合格率为 99.92%，供电可靠率为 99.9451%，在网格建设改造过程中应重点加强网格内故障分析。

表 4-4   CF 网格配电网供电质量评估指标

序号	1个维度	2个方面	5项详细指标	现状值	标准值
1	供电质量	供电可靠性	用户平均停电时间（h）	4.81	—
2			用户平均故障停电时间（h）	3.16	—
3			用户平均预安排停电时间（h）	1.65	—
4			供电可靠率（RS-1）（%）	99.9451	99.965
5		电压质量	综合电压合格率（%）	99.92	99.95

2. 供电能力

CF 网格配电网供电能力评估指标见表 4-5。

表 4-5   CF 网格配电网供电能力评估指标

序号	1个维度	2个方面	4项详细指标	现状值	标准值
1	供电能力	110（35）kV 电网供电能力	容载比	4.07	1.7～1.9（中等增长）
2		10kV 电网供电能力	线路最大负载率平均值（%）	30.24	20%～70%
3			配电变压器综合负载率（%）	40.14	20%～70%
4			户均配电变压器容量（kVA/户）	2.46	1.8～2.2

（1）容载比：现状年 CF 网格 110kV 变电站容量 163MVA；网格外 2 座 110kV 变电站（YF 变电站、CN 变电站），主变压器 4 台，变电容量 163MVA。4 座 110kV 变电站均向其他区域供电，现状 110kV 容载比为 4.07，容载水平比较高，电源裕度充足。

（2）线路最大负载率平均值（%）：CF 网格 10kV 公用线路 23 回，线路平均最大负载率为 30.24%。其中负载率小于 20% 的线路 8 回，负载率在 20%～40% 的线路 11 回，负载率在 40%～70% 的 3 回，负载率大于 70% 线路 1 回。

（3）配电变压器综合负载率（%）：CF 网格 10kV 公用配电变压器 114 台，

负载率平均值为 40.14%。

（4）户均配电变压器容量（kVA/户）：CF 网格总供电户数 21188 户，户均容量 2.46kVA/户。

3. 网架结构

CF 网格配电网网架结构评估指标见表 4-6。

（1）主变压器 N-1 通过率（%）：对 4 座主供电源进行 N-1 校验分析后可知，除 110kV ZX 变电站因主变压器负载率偏高未通过主变压器 N-1 校验外，其余变电站均通过主变压器 N-1 校验。ZX 变电站主变压器重载成为影响负荷转移以及无法有效满足中心区高供电可靠性需求的主要原因。

表 4-6 　　　　　　　　　CF 网格配电网网架结构评估指标

序号	1 个维度	2 个方面	15 项详细指标	现状值	标准值
1	网架结构	110（35）kV 电网结构	110kV 主变压器 N-1 通过率（%）	87.5	30%～50%
2			35kV 主变压器 N-1 通过率（%）	60.91	30%～50%
3			线路 N-1 通过率（%）	60.91	—
4			单线单变比例（%）	0	—
5		10kV 电网结构	标准接线占比（%）	17.39	100
6			线路联络率（%）	78.26	100
7			线路站间联络率（%）	56.52	100
8			架空线路交跨处数量（处）	6	0
9			线路路径重叠数量（处）	4	—
10			线路供电半径超标比例(%)	59.87	
11			线路迂回条数（条）	3	0
12			架空线路平均分段数（段）	2.09	3
13			架空线路分段合理率（%）	60.86	
14			架空线路大分支数（条）	2	0
15			线路 N-1 通过率	69.57	100

（2）110（35）kV 线路 N-1 通过率（%）：为 CF 网格供电的 110（35）kV 线路 N-1 通过率为 60.91%。

（3）单线单变比例（%）：为 CF 网格供电的 110kV 变电站均由上级电源 TQ 变电站供电，单线单变比为 0%，其中 CN 变电站、ZX 变电站为单侧电源双辐射式接线供电；YF 变电站、TX 变电站为双链式供电。

（4）标准接线占比（%）：CF 网格非标准接线 19 回（单辐射、复杂联络等），标准化接线率为 17.39%，相对较低。经核实，单辐射线路主要为现状年新接收的用户线路，均为住宅小区供电线路。

（5）线路联络率（%）：CF 网格 23 回公网线路中，联络线路 18 回，单辐射线路 5 回，联络化率为 78.26%。

（6）线路站间联络率（%）：CF 网格 23 回公网线路中，站间联络线路 13 回，站间联络化率为 56.52%。

（7）架空线路交跨处数量（处）：因线路随意延伸等历史遗留问题，CF 网格存在 6 处 10kV 线路交叉跨越。

（8）线路路径重叠数量（处）：因线路随意延伸等历史遗留问题，CF 网格存在 4 处线路路径重叠数。

（9）线路供电半径超标比例（%）：CF 网格 10kV 线路平均供电半径为 2.465km，供电半径超过 3km 的线路 9 回，供电半径达标率为 60.87%。线路超供电半径的主要原因如下：一是 ZX 变电站供电能力有限，由 CN 变电站、YF 变电站等供出线路延伸至 ZX 变电站供区跨供区供电；二是线路因通道受限、历史原因以及自然延伸等，造成超距离供电；三是部分线路延伸至周边农村供电。后期结合规划年 ZX 变电站增容，通过 10kV 网架结构调整，优化 CN 变电站、YF 变电站、ZX 变电站供电区域分配，避免跨区远距离供电，逐步解决上述问题。

（10）线路迂回条数（条）：因线路随意延伸等历史遗留问题，CF 网格存在 3 处线路迂回条数。

（11）架空线路平均分段数（段）：CF 网格23 回公网线路，平均分段数为 2.09。

（12）架空线路分段合理率（%）：CF 网格分段数小于 2 的线路 11 回，其中开关站供电线路 2 回，重要用户配电室直供线路 4 回，分段数不合理线路 5 回（含专改公直供线路 4 回）。

（13）架空线路大分支数（条）：CF 网格 23 回 10kV 中压线路中，含有大分支线的架空线路有 2 条。

（14）10kV 线路 $N-1$ 通过率（%）：CF 网格现状 23 回线路中，满足 $N-1$ 的线路为 16 回，其中 8 回线路为标准接线（单联络或单环网），8 回线路为非标准接线（复杂多联络）；不满足"$N-1$"校验的线路共计 7 回，均未形成标准接线组。

4. 装备水平

CF 网格配电网装备水平评估指标见表 4-7。

表 4-7 CF 网格配电网装备水平评估指标

序号	1 个维度	2 个方面	3 项详细指标	现状值	标准值
1	装备水平	110（35）kV 电网装备水平	10kV 间隔利用率（%）	72.29	—
2		10kV 电网装备水平	架空线路绝缘化率（%）	100	100
3			高损配电变压器占比（%）	0	0

（1）10kV 间隔利用率（%）：CF 网格内 2 座 110kV 变电站（ZX 变电站、YX 变电站）10kV 出线间隔总计 47 个，已使用间隔 32 个（其中公线间隔 23 个，占比 71.875%；专线间隔 9 个，占比 28.125%），间隔利用率为 68.09%，为本区域供电线路共 18 回；区域外 2 座 110kV 变电站（YF 变电站、CN 变电站）出线间隔总计 36 个，已使用 28 个（其中公线间隔 18 个，占比 64.28%；专线间隔 10 个，占比 35.72%），间隔利用率为 77.78%，为本网格供电线路为 10 回。

（2）架空线路绝缘化率（%）：CF 网格 10kV 架空线路主干线截面积为 240mm^2，长度为 11.638km，线路绝缘化率为 100%。

（3）高损配电变压器占比（%）：CF 网格无高损配电变压器，公用配电变压器以 S11 系列为主，共计 62 台，占比为 54.39%。目前还有 13 台 S9 系列公变，后续将结合设备运行状况及寿命周期改造。

5. 电网运行

CF 网格配电网电网运行评估指标见表 4-8。

表 4-8 CF 网格配电网电网运行评估指标

序号	1 个维度	2 个方面	4 项详细指标	现状值	标准值
1	电网运行	110（35）kV 运行情况	重过载主变压器占比（%）	12.5	0
2			重过载线路占比（%）	3.01	0
3		10kV 运行情况	重过载线路占比（%）	4.35	0
4			公用线路平均装接配电变压器容量（MVA/条）	10.402	<12

（1）重过载主变压器占比（%）：为 CF 网格供电的 110kV 变电站最大负荷下负载率超过 70% 的主变压器共 1 台，占比 12.50%，为网格内 ZX 变电站 1 号主变压器，其余主变压器的年最大负载率均在 50% 以下。整体来看，TC 新区 110kV 主变压器供电能力充足，基本满足负荷需求，但 ZX 变电站供区存在供电能力不足现象。

（2）110（35）kV 重过载线路占比（%）：110（35）kV 重过载线路占比为 3.01%。

（3）10kV 重过载线路占比（%）：CF 网格 10kV 公用线路 23 回，负载率大于 70%线路 1 回，占比为 4.35%。

（4）公用线路平均装接配电变压器容量（MVA/条）。CF 网格公用线路平均装接配电变压器容量为 10.402MVA/条。

6. 经济性

CF 网格配电网经济性评估指标见表 4-9。

表 4-9 　　　　　　　　　 CF 网格配电网经济性评估指标

序号	1个维度	4个方面	5项详细指标	现状值	标准值
1	经济性	电能损耗	110kV 及以下综合线损率（%）	0.54	—
2		投资效益	110kV 及以下单位投资增供电量（kWh/元）	11095.44	—
3			110kV 及以下单位投资增供负荷（kW/元）	4.12	—
4		收入效益	售电收入效益评价	48.03	—
5		社会效益	社会经济效益评价	94.14	—

（1）110kV 及以下综合线损率（%）：CF 网格 110kV 及以下综合线损率为 0.54%。

（2）110kV 及以下单位投资增供电量（kWh/元）：CF 网格单位投资增售电量为 11095.44（kWh/万元）。

（3）110kV 及以下单位投资增供负荷（kW/元）：单位投资增供负荷为 4.12（kW/万元）。

（4）售电收入效益评价：CF 网格售电收入效益为 48.03，售电收入效益良好。

（5）社会经济效益评价：CF 网格社会经济效益为 94.14，社会经济效益良好。

4.9 小　　　结

新型高质量配电网评估体系是一个多目标优化的决策问题，既要满足可靠性、效率效益等可以量化的技术经济指标，也要统筹考虑企业承担社会责任、政府政策导向、各部门协同工作等社会与管理的相关因素。既可以应用于网格化规划、项目需求规划等传统规划项目，也可以应用于结合新能源、储能、5G 等新型电力系统的新型规划，适应新能源装机规模快速增长及绿电渗透率不断增长带来的巨大挑战。

第5章 10kV 配电网网架结构优化提升

配电网网架结构优化提升以"网格单元制理念",贯穿配网规划、建设、运维全过程,实现由粗放式网架管理和投资方式向精准化和集约化的管理模式的转变。以差异化、标准化的建设理念,对配电网网架结构优化提升。坚强的 10kV 网架是保障电网安全可靠运行、满足多元用户灵活接入的前提,对于提高供电可靠性、优化营商环境、减少频繁停电和投诉、业扩报装、获得电力指标都有极大的帮助,本节将从选取差异化网架结构、明确供电区域、强化主干网架、优化分支接入、规划配电变压器接入五个方面提升网架结构,具体措施如下。

5.1 网架提升策略

新型高质量配电网网架优化提升需要结合城市发展情况,差异化制定优化提升措施。对于城市建成区在网架优化过程中充分依托电网现状,切勿"大拆大建";对于城市建设区在网架优化过程中以目标网架为指导,从"供电能力、建设投资、空间资源"等多个方面综合考虑;对于农村地区以搭建网架架构、规范用户接入、提升供电能力为主。针对目前配电网普遍存在的电网"结构复杂、分段不合理、联络不合理、供电区域交叉超供电半径、迂回供电、廊道不足、大分支线"等问题,按照"明确供区—强化主干—优化分支—规范配电变压器接入"四个方面进行逐步改造。

5.1.1 明确供电区域

按照网格化、单元化理念明确网格、单元以及接线组的供电范围,首先明确跨网格、跨单元供电的线路,供电范围交叉、跨越的接线组,先结合现有变电站、线路供区与布局以及网格单元的划分,把区域按照接线组的供电能力切块,明确具体区域供电线路与联络方式,为后续切改方案做准备。明确合理的典型接线供电范围过程中要充分尊重现状情况，切勿大拆大建。

5.1.2　强化主干路径

在接线供电区域明确的基础上开展主干强化工作，强化主干工作分为三个步骤：一是明确主干路径，依据典型接线组规模，综合考虑现状电网供区、道路通道情况、区域建设发展、负荷集中挂接区域等方面因素，明确线路的主干路径走向；二是提升主干线路装备水平，规范主干导线选型，消除卡脖子问题，对于主干线与分支线严格按照差异化标准进行设备选择，对沿线环网箱（室）设备进行排查与规范，消除电缆分支箱接入主干线路的情况；三是提升主干线路自动化水平，按照配电自动化建设原则，对主干线沿线开关设备、环网箱（室）进行自动化改造，提升主干线自动化水平与故障隔离能力。

5.1.3　优化分支接入

在分支线标准化物料选择的基础上合理控制分支线的层级、接入容量及挂接用户数。依据相关技术导则，分支线路不宜超过 3 级，分支开关应采用断路器或一、二次融合开关，确保分支或用户故障不影响主干线运行，1 号分支开关采用断路器，一级分支线推荐选择大于 150mm^2，接入容量宜控制在 3000kVA 以内，长度宜控制在 1km 以内。

5.1.4　规范配电变压器接入

配电变压器直接 T 接在主干上，一旦发生故障将影响主干供电，尤其是用户专用配电变压器开关等设备及运维状态较差，造成越级跳闸事故，进一步增加了线路风险点停电的概率，同时扩大了停电范围和时长。一般采取以下策略进行配电变压器接入优化改造：

（1）新建分支线路，将挂接在主干线路的配电变压器改接至分支线路，由分支线路经分支开关保护接入主干，如图 5-1 和图 5-2 所示。

（2）新建环网箱接入。新建用户或已直接挂接在主干上的用户接入新建环网箱，由环网箱接入主干。此方式适宜局部段或局部点乃至某个杆塔集中接入多台配电变压器的情况。环网箱接入主干线方式可采用 T 接或Π接，需结合主干分段需求、用户供电可靠性需求综合考虑，如图 5-3 所示。

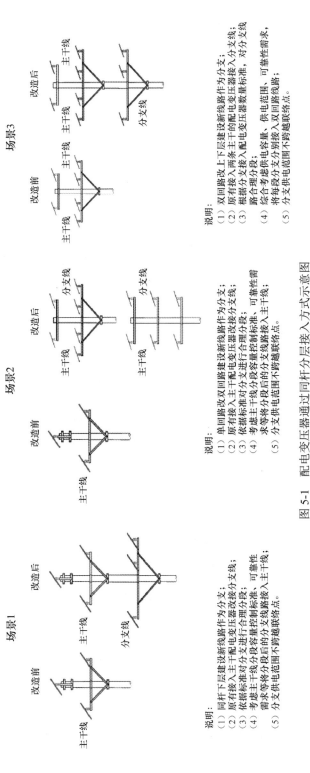

场景 1

改造前　改造后

主干线　主干线　分支线

说明：
（1）同杆下层建设新线路作为分支；
（2）原有接入主干配电变压器改接分段；
（3）依据标准对分支进行合理控制分段；
（4）考虑主干线分段后的分支容量控制标准，可靠性需求将等将分支路接入主干线；
（5）分支供电范围不跨越联络点。

场景 2

改造前　改造后

主干线　主干线　分支线　分支线　主干线

说明：
（1）单回路改双回路建设新线路作为分支；
（2）原有接入主干配电变压器改接分段；
（3）依据标准对分支进行合理分段；
（4）考虑主干线分段后的分支容量控制标准，可靠性需求将等将分支路接入主干线；
（5）分支供电范围不跨越联络点。

场景 3

改造前　改造后

主干线　主干线　主干线　主干线　分支线

说明：
（1）双回路改上下层建设新线路作为分支；
（2）原有接入两条主干配电变压器接入分支线，对分支线路进行分段；
（3）根据接入变压器数量标准，对分支线路合理分段；
（4）综合考虑供电容量、供电范围、可靠性需求，将每段分支线路分别接入双回路线路；
（5）分支供电范围不跨越联络点。

图 5-1　配电变压器通过同杆分层接入方式示意图

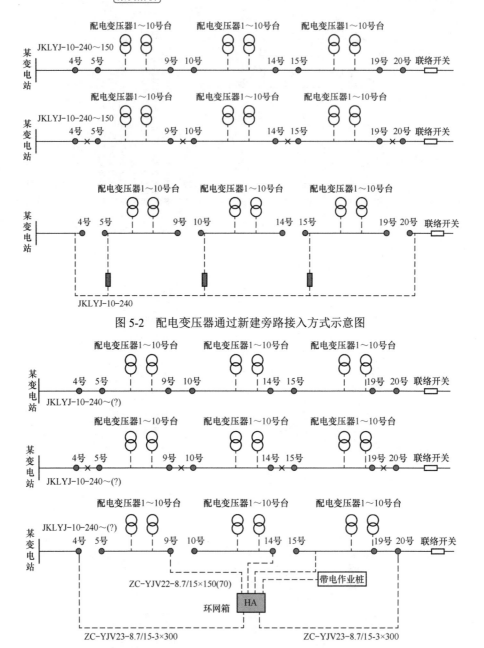

图 5-2 配电变压器通过新建旁路接入方式示意图

图 5-3 配电变压器通过环网箱接入方式示意图

（3）整合用户小容量专用变压器。对临近多个小容量用户配电变压器，可采取新建标准化公用变压器整合，满足用户供电需求，减少挂接配电变压器数量。通过新建公用变压器整合小容量专用变压器示意如图 5-4 所示。

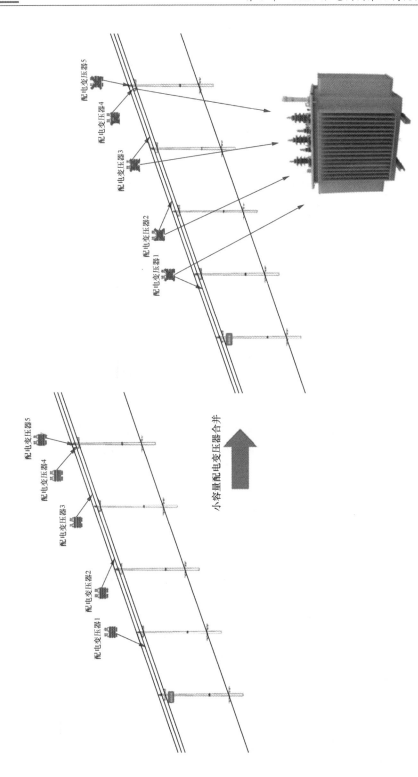

图 5-4   通过新建公用变压器整合小容量专用变压器示意图

5.2　网　架　结　构　选　择

5.2.1　多分段单辐射接线方式

架空多分段单辐射接线是由一座变电站中压母线供出单条线路，线路未与其他线路进行联络，这种接线方式供电可靠性较差，如果靠近线路末端发生故障，影响面小，靠近电源端发生故障则影响面大。辐射状接线可通过扩容改造机会增加另一电源进行改进，联络开关可常开运行，形成互供，支线之间再设法增加互供。辐射状接线方式示意如图 5-5 所示。

架空多分段单辐射主干线路一般要求分 3～4 段，每段线路配电变压器装接容量应控制在 2.5～3MVA。

优点：接线简单清晰、运行方便、建设投资少，由于不存在线路故障后的负荷转移，可以不考虑线路的备用容量，

图 5-5　辐射状接线方式示意图

每条线路可 70%负载运行，即正常最大供电负荷不超过该线路安全载流量。

缺点：当线路或设备故障、检修时，用户停电范围大，系统供电可靠性较差。

适用范围：主要适用于负荷密度较低、用户负荷重要性一般、变电站布点稀疏的地区。

5.2.2　多分段单联络接线方式

架空多分段单联络是通过一个联络开关，将来自不同变电站的中压母线或相同变电站不同中压母线的两条馈线连接起来。该接线方式在目前城市配电网中广泛使用，单条线路分段数、分段内用户数量及容量各地区差异较大。多分段单联络接线方式示意如图 5-6 所示。

图 5-6　多分段单联络接线方式示意图

在这种接线模式中，线路的备用容量为 50%，即正常运行时，每回线路最

大负荷只能达到该架空线允许载流量的 1/2。若系统中一回线路出现故障时，可将联络开关闭合，从另一回线路送电，使相应供电线路达到满载运行。

优点：为简化保护，单联络接线方式一般采用开环方式运行。这种接线的优点是在保障一定的可靠性前提下，运行比较灵活。线路故障或电源故障时，在线路负荷允许的条件下，通过切换操作可以使故障段恢复供电。

缺点：对比多分段单辐射接线，多分段单联络接线方式线路投资大幅度增加。

适用范围：多分段单联络接线模式适用于以架空线路为主的城市区域、县城区及农村重要用户区域。

5.2.3　多分段适度联络接线方式

多分段适度联络方式在目前架空配电网中也有较为普遍的应用，除线路末端联络外，各分段内还与周边 10kV 线路形成联络，架空线路联络点的数量根据电源情况和负载大小确定，一般不超过三个联络点，联络点设置在主干线上，且每个分段设置一个联络点。联络线可以就地引接，但相互联络的两回线需要源于不同的变电站或同一变电站的不同母线。

多分段适度联络接线方式线路利用率根据分段联络数量以及实际运行环境有所差异，以三分段三联络为例，其正常方式下理论最高负载率可以达到 65%以上，但实际运行时还会受到供区负荷水平、上级变电站供电能力等因素影响。多分段多联络接线方式示意如图 5-7 所示。

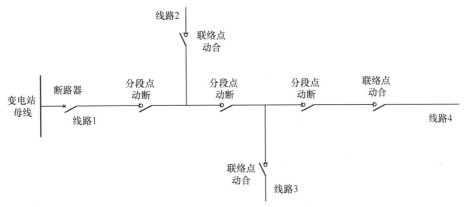

图 5-7　多分段多联络接线方式示意图

优点：当任何一段出现故障时，不影响其他段正常供电，有效减小故障范围，提高了电网安全可靠性以及运行灵活性，提高了线路的负载率。

缺点：多分段适度联络接线方式需要在线路间建立联络线，增加线路投资，且对配电网运行管理要求较高。

适用范围：多分段适度联络接线方式城市适用于城市区域及县城核心区。

5.2.4 电缆单环网接线方式

电缆单环网一般为变电站不同主变压器低压侧分别馈出一回中压电缆线路，经由若干环网室（箱）后形成单环结构作为主干网，两回线路可优先来自不同的高压电源，不具备条件时尽可能地来自同一高压电源的不同母线；配电室由环网室（箱）出线供电，采用辐射式和单环网形成次级网络，与主干网共同构成电缆单环网。单环网接线方式示意如图 5-8 所示。

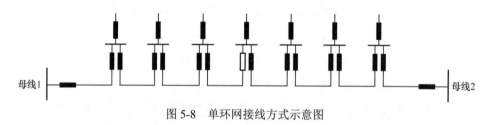

图 5-8　单环网接线方式示意图

优点：对于供电可靠性方面，可以较好地保证不间断地向用户供电；对于运行经济性方面，可合理地利用导线；对于运行灵活性方面，可以更好地在各种情况下运行。

缺点：继电保护设置要求高，整定较复杂，对操作人员素质要求高。

适用范围：电缆单环网适用于城市区域、县城核心区及景观要求较高区域。

5.2.5 电缆双环网接线方式

电缆双环网接线方式是近年来随着负荷密度不断提高，部分电缆化程度较高的城市电网逐渐形成的新的接线方式，部分城市考虑采用两组单环网并列运行形成双环接线方式，有些地区则考虑在并列运行的双环网间再形成联络，其目的均为提高配电网供电能力同时，进一步提高电网供电可靠性以及非正常方式下不同供电分区间负荷转移能力。双环网接线方式示意如图 5-9 所示。

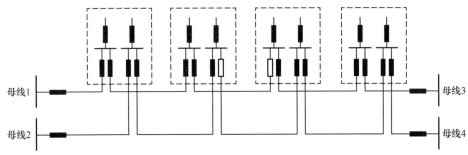

图 5-9　双环网接线方式示意图

优点：供电灵活性和可靠性高，能最大限度地确保向用户连续供电，满足重要用户双电源供电要求。

缺点：投资较高，比单环网投资增加一倍。

适用范围：适用在城市中心区繁华地段、双电源供电的重要用户或供电可靠性要求较高的配电网络。

5.2.6　架空单联络与单环网混合接线方式

新疆部分电网以架空网架为主，存在建设投资有限、电力廊道紧张，自动化运维管理经验缺乏、电网智能化发展迟滞等诸多困难，考虑老城区供电可靠性需求较高、用户接入方式多样化、现状架空单联络网架基本建成的现实特点，提升配电网供电可靠性、规范用户接入以及满足智能电网建设角度出发，结合电网实际情况提出架空单环网接线方式作为城区中压配电网目标网架典型接线方式。

1. 架空单环网

在架空单联络接线方式上演变而来，主干线线路采用截面积为 240mm^2 的绝缘线，环网箱（室）类比电缆单环网方式接入主干架空线路，以环网箱（室）作为分支与用户接入节点，一组典型接线内接入环网箱（室）数量以及单座环网箱（室）容量控制参照电缆单环网标准执行；配电自动化方式采用集中式 FA（自动化系统），通信方式采用光纤通信，环网箱（室）配置三遥 DTU（开闭所终端设备）作为终端，同步加装电操机构，电流互感器 TA 变比选择 600/5。架空单环网接线方式示意如图 5-10 所示。

适用范围：新疆城市建成区根据供电可靠性需求以及空间位置，在尽可能发挥存量资产利用效率前提下，将现有架空多分段单联络、单辐射方式逐步改造为架空单环网接线方式，规范用户与分支接入，全面提升配电网供电可靠性与运行灵活性，促进电网高质量发展。

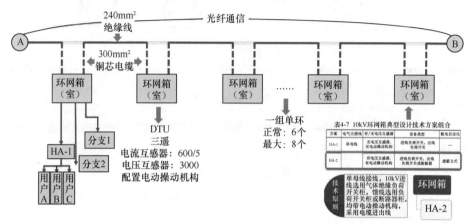

图 5-10　架空单环网接线方式示意图

2. 架空单联络与单环网混合接线

考虑到局部地区电网建设条件、可靠性需求以及建设改造投资效益等方面因素，经多方论证选择架空单联络与单环网混合式接线，即主干线采用截面积为 240mm² 绝缘线，通信方式采用光纤通信，配电自动化为集中式 FA，环网内部分段采用架空单环网方式，部分段采用架空多分段单联络方式，对于采用架空多分段单联络方式线路段的柱上分段、联络、分支开关加装 FTU（馈线终端设备）。架空单联络与单环网混合接线方式示意如图 5-11 所示。

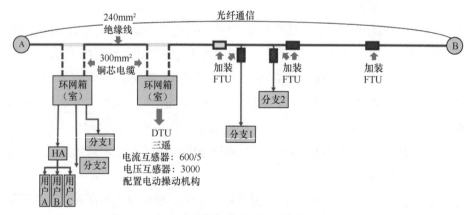

图 5-11　架空单联络与单环网混合接线方式示意图

适用范围：混合式接线方式主要应用于城市边缘不具备环网箱室建设条件地区，以及过渡过程中局部现状已经装设 FTU 架空线路区域，后续结合设备全寿命周期逐步改造至架空单环网方式。

5.2.7　小结

中压配电网目标网架应按照因地制宜、精准施策的原则进行制定，网架的选择应与智能电网相配合，进一步提高线路的供电可靠性。一般在饱和负荷预测的基础上，充分考虑现状电网布局、电力需求发展、廊道资源条件，以上级电网规划为边界条件构建，网架应满足结构规范、运行灵活，非正常方式下负荷转移能力等要求。对存量区域典型接线方式选取时，应重点考虑当地电网现状、工程实施难度、投资效益等因素；对增量区域典型接线方式选择时，应重点考虑远景变电站布点、廊道资源、用户负荷分布等因素。下文从"明确供区—强化主干—优化分支—规范配电变压器接入"四个方面以案例形式说明网架建设改造分步实施策略。

5.3　明 确 供 电 区 域

5.3.1　问题分析

供电区域交叉问题主要存在于未开展网格化单元制规划的区域，具体表现为线路供电负荷跨越供电分区、供电网格（单元）边界、线路供电范围交叉或迂回等，此类问题造成运维管理不便、停电范围扩大。

5.3.2　改造策略

对于跨网格、跨单元供电的线路，结合现有变电站、线路供区与布局以及网格单元的划分，把区域按照接线组的供电能力切块，明确具体区域供电线路与联络方式，为后续切改方案做准备。

对于交叉供电接线组进行标注，结合现有变电站、线路供区与布局以及网格单元的划分，把区域按照接线组的供电能力切块，明确具体区域供电线路与联络方式，形成标准接线组，为供电网格（单元）进行独立供电。

5.3.3 典型案例

1. 跨网格单元供电

（1）电网基本概况。GX 网格区域面积为 17.24km²，用地性质以居住、商业、工业、教育科研用地为主，属于城市核心区，以建设区为主。目前该网格内由 28 条 10kV 线路供电，该网格区域最大负荷为 51.28MW，预计目标年网格区域内最大负荷将达到 188.91MW。

（2）存在问题。GX 网格未采用"网格单元制"理念进行改造，其中 GX01 线末端存在跨网格供电（1 号、2 号环网箱为 GX 网格供电，3 号、4 号环网箱为 YH 网格供电）且联络线路 SJ01 线存在运行缺陷。

（3）改造方案。110kV SJ 变电站新出 SJ01 线至原 GX01-2 号环网箱，使 SJ01 线与 GX01 线形成一组联络。

将原 GX01 线 3、4、5 号环网箱改接至 SJ02 线，原 SJ02-1 号环网箱新出线至 SJ03-1 号环网箱，使 SJ02 线与 SJ03 线形成一组联络。跨网格线路改造前地理接线如图 5-12 所示。跨网格线路改造后地理接线如图 5-13 所示。

改造完成后，SJ01 线与 GX01 线为 GX 网格供电，SJ02 线与 SJ03 线为 YH 网格供电，既优化了网架结构、明确了线路供区，又解决了跨网格供电问题与运行缺陷线路。

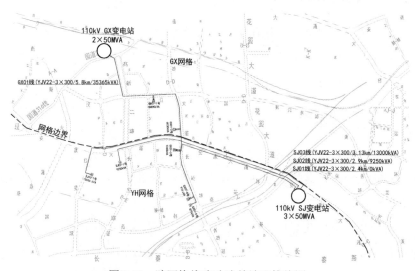

图 5-12 跨网格线路改造前地理接线图

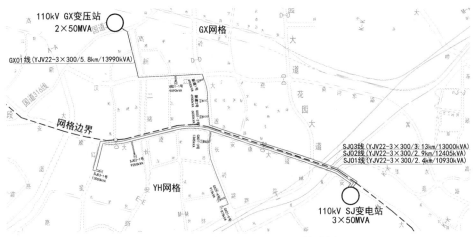

图 5-13　跨网格线路改造后地理接线图

2. 线路供区不清晰

（1）电网基本概况。10kV PT01 线位于 B 类供电区域，接线模式为单环网，投运于 2018 年，供电半径为 3.55km。主干线型号为 YJV22-3×300、JKLGYJ-240，挂接配电变压器 23 台，总容量为 13230kVA。线路分为 3 段，最大负载率为 44.45%。

10kV PT02 线位于 B 类供电区域，接线模式为单环网，投运于 2018 年，供电半径为 2.75km。主干线型号为 YJV22-3×300、JKLGYJ-240，挂接配电变压器 44 台，总容量为 15425kVA。线路分为 4 段，最大负载率为 35.55%。

10kV DL01 线位于 B 类供电区域，接线模式为单环网，投运于 2017 年，线路供电半径 3.5km。主干线型号为 YJV22-3×300，挂接配电变压器 27 台，总容量为 16090kVA。线路分为 4 段，最大负载率为 47.85%。

10kV DL02 线位于 B 类供电区域，接线模式为单环网，投运于 2017 年，线路供电半径为 3.49km。主干线型号为 YJLV22-3×300，挂接配电变压器 58 台，总容量为 17715kVA。线路分为 3 段，2021 年线路最大负载率为 53.38%。

（2）存在问题。PT01 线与 DL02 线形成联络，PT02 线与 DL01 线形成联络，其中 PT01 线与 PT02 线、DL01 线与 DL02 线同路径供电且交叉供电情况严重，应根据线路负荷情况，进行负荷切改，明确线路供区。

（3）改造方案。将 PT02 线 3 号、DL02 线 3 号环网箱切改至 PT01 线，将 PT01 线 2 号环网箱（PT01-2-1 号、PT01-2-2 号）、PT01-3 号、PT01-4

号环网箱切改至 PT02 线。

新建 DL02 线 1 号、2 号环网箱,将原 DL02 线 1 号、DL01 线 2 号环网箱北侧负荷改切至新建环网箱;将原 DL02 线 1、2、3 号环网箱改切至 DL01 线。

改造完成后,PT01 线与 DL02 线为一组供电组供道路北侧,PT02 线与 DL01 线为一组供电组供道路南侧,优化了网架结构,明确了线路供区。交叉供电线路改造前地理接线如图 5-14 所示。交叉供电线路改造后地理接线如图 5-15 所示。

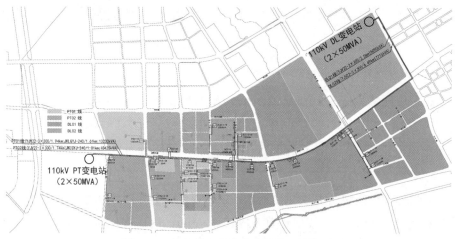

图 5-14 交叉供电线路改造前地理接线图

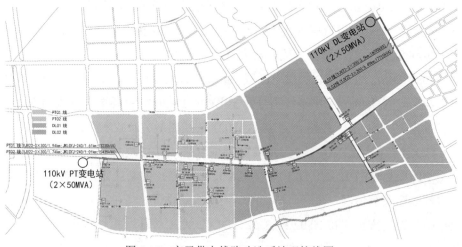

图 5-15 交叉供电线路改造后地理接线图

5.4　强 化 主 干 网 架

5.4.1　问题分析

1.　主干路径不明确

分支主干不明确线路主要存在于老城区，在电网建设中未考虑远期负荷发展情况，随着线路供区内负荷增长，盲目采用就近原则，随意接入新用户负荷，导致线路整体负荷集中于单一分支线路，由于分支线路线径较小且大部分分支未设置联络，影响后续负荷接入，浪费电网资源，影响供电可靠性。

2.　单辐射型

线路单辐射问题一般存在于 C 类及以下区域中压配电网中，未形成联络的线路不满足所在区域配电网定位标准、用户供电可靠性需求以及配电网灵活运行需要。该类问题一般存在于区域或配电网建设初期，该阶段电网资源较少、负荷较低，随着城市建设及电网发展应首先解决该类问题。

3.　复杂联络

复杂联络主要存在于城市建成区内，造成网架结构复杂的主要为以下两种情况：

（1）不同电缆单（双）环网间存在联络。该情况主要存在于老城区，在配电网建设过程中联络搭接随意，造成典型接线与典型接线间联络冗余、复杂。

（2）架空线路联络数大于 3。区域内 5 条以上线路相互联络形成一张网，联络关系复杂。

4.　无效联络

单联络线路联络点位于线路前端，方式调整时无法实现线路负荷分段灵活转供。应调整或增设线路联络点。

5.　主干分段不合理

分段不合理线路主要存在于老城区负荷密集区域，该供区线路未根据用户数量、通道环境及架空线路长度合理设置分段开关，分段内接入用户过多，在检修或故障情况下不利于缩小停电区段范围，应合理增设分段开关。

5.4.2　改造策略

1. 主干路径不明确

按照典型接线标准，通过对现状实际情况、道路通道情况、区域建设发展等方面因素的综合考虑，明确主供线路的主干线路路径，更换线径较小线路，重新构建线路联络。

2. 单辐射型

采用原有单辐射线路之间建立联络或者新建馈线与其联络方式（不同变电站线路或者相同变电站不同母线线路），解决现状线路单辐射问题，将现状单辐射线路调整至单环网或者单联络接线方式。

3. 复杂联络

复杂的电缆网络结构，过渡初期将主要环网柜调整形成主联络环网点，其他环网柜作为次要联络环网点暂时不做调整。后期随着区域内各目标环逐步成型，对次要联络环网点逐步进行解环以形成标准单环网或双环网。

充分利用现有的配电网资源、廊道，尽可能少改动线路路径。在地理条件受限的情况下，后续新建环网柜可作为终端接入主干环网柜，不必一定环入主环。现有的多分段多联络架空线路随着区域市政规划的推进逐步改入地，调整为单环网结构。区域内架空电缆混合线路需结合区内架空改入地项目进行网架的再优化，调整为单环网或双环网结构。

4. 无效联络

无效联络包括线路首端联络、联络线截面积小于主干线截面积（卡脖子）、架空线路同杆联络、同母线联络、同分段联络等。其中卡脖子、同母线联络问题分别可以通过主干线路改造、出线间隔调换解决，较易实现。首段联络、架空线路同杆联络主要为联络选取不合理，应根据目标网架结合现有配电网、电力通道资源重构网架。

5. 主干分段不合理

中压架空线路分段数控制在 2~5 段，每段分段容量控制在 1600~3300kVA。对于分段不合理线路，通过调整用户接入，新增分段开关等方式，优化线路分段，分段内接入用户过多，在检修或故障情况下不利于缩小停电区段范围，应合理增设分段开关。

5.4.3   典型案例

1. 主干路径不明确

（1）电网基本概况。10kV ZS01 线位于 B 类供电区域，接线模式为单联络，投运于 2004 年，线路供电半径为 1.65km。主干导线型号为 JKLYJ-150，挂接配电变压器 30 台，总容量为 13585kVA。线路分为 2 段，最大负载率为 53.38%。

10kV TS01 线位于 B 类供电区域，接线模式为单联络，投运于 2004 年，线路供电半径为 2.0km。主干导线型号为 JKLYJ-150，挂接配电变压器 34 台，总容量为 12698kVA。线路分为 2 段，最大负载率为 56.15%。

（2）存在问题。ZS01 线负荷主要挂接在 01 支线 01 分支上，其中主干挂接配电变压器 6 台，容量为 3045kVA；ZS01 线 01 支线挂接配电变压器 6 台，容量为 3795kVA，ZS01 线 01 支线 01 分支挂接配电变压器 18 台，容量为 6745kVA，线路主干与分支负荷分配不合理，导致 01 支线为大分支线路。图 5-16 为分支主干不明确线路改造前地理接线图。

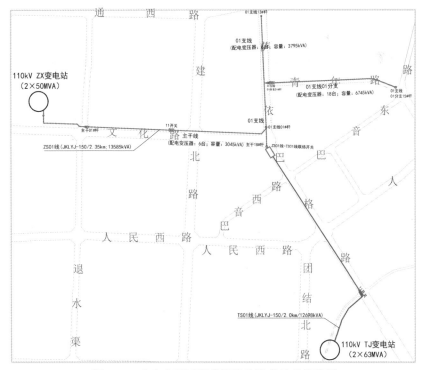

图 5-16   分支主干不明确线路改造前地理接线图

ZS01 线与 TS01 线主干联络点位于 ZS01 线主干末端，01 支线前端，当 01 支线（01 支线 01 分支）出现故障时，后端用户无法实现负荷转移，将造成大量用户停电，影响供电可靠性。ZS01 线配电变压器容量与配电变压器台数统计见表 5-1。

表 5-1　　　　　　　ZS01 线配电变压器容量与配电变压器台数统计表

类别	ZS01 线主干	ZS01 线 01 支线	ZS01 线 01 支线 01 分支
杆塔号	1～18 号	1～13 号	1～15 号
装接配电变压器台数（台）	6	6	18
装接配电变压器容量（kVA）	3045	3795	6745

（3）改造方案。将 ZS01 线 01 支线调整为主线，解开 ZS01 线与 TS01 线 18 号杆处联络。将 ZS01 线 01 支线后端负荷切改至 TS01 线，使 ZS01 线与 TS01 线形成一组联络，沿途新建 2 座环网箱改接主线 T 接配电变压器。图 5-17 为分支主干不明确线路改造后地理接线图。

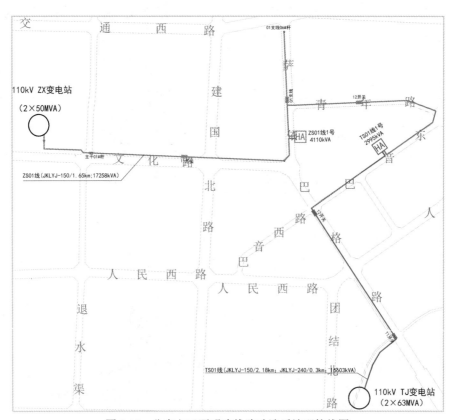

图 5-17　分支主干不明确线路改造后地理接线图

改造完成后，明确了线路主干路径，解决了 ZS01 线 01 支线大分支问题，同时将首端联络优化为末端联络，提升了线路供电可靠性。

2. 单辐射线路

（1）电网基本概况。QA01 线位于 A 类供电区域，接线模式为单辐射，投运于 2014 年，线路供电半径为 1.07km。主干导线型号为 YJV22-3×400，挂接配电变压器 18 台，总容量为 7950kVA。线路分为 1 段，最大负载率为 36.89%。图 5-18 为辐射线路改造前地理接线图。

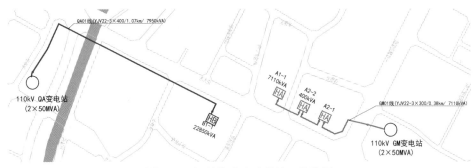

图 5-18　辐射线路改造前地理接线图

GM01 线位于 B 类供电区域，接线模式为单辐射，投运于 2014 年，线路供电半径为 0.38km。主干导线型号为 YJV22-3×300，挂接配电变压器 21 台，总容量为 7110kVA。线路分为 3 段，最大负载率为 43.64%。

（2）存在问题。SY01 线与 GM01 线为单辐射线路，故障或检修时不能将负荷转移出去。

（3）改造方案。QA01 线 B1-1 环网箱新出电缆至 GM01 线 A1-1 环网箱，使 QA01 线与 GM01 线形成一组单环网。图 5-19 为辐射线路改造后地理接线图。

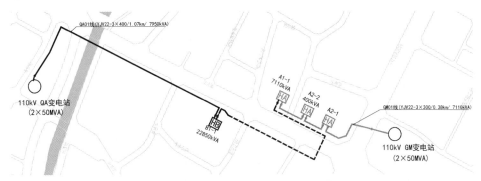

图 5-19　辐射线路改造后地理接线图

3. 复杂联络线路

（1）电网基本概况。10kV CX01 线位于 B 类供电区域，接线模式为单环网，投运于 2019 年，线路供电半径为 1.62km。主干导线型号为 YJV22-3×300，挂接配电变压器 17 台，总容量为 13130kVA。线路分为 5 段，最大负载率为 47.12%。图 5-20 为复杂联络线路改造前地理接线图。

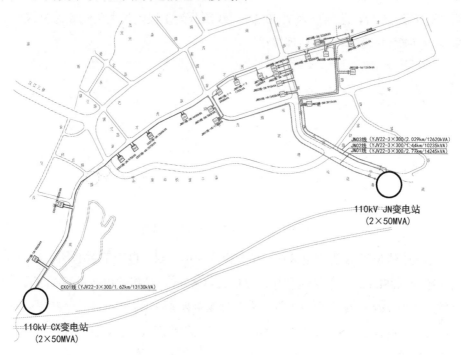

图 5-20　复杂联络线路改造前地理接线图

10kV JN01 线位于 B 类供电区域，接线模式为两联络，投运于 2012 年，线路供电半径为 2.77km。主干导线型号为 YJV22-3×300，挂接配电变压器 26 台，总容量为 14245kVA。线路分为 3 段，最大负载率为 57.28%。

10kV JN02 线位于 B 类供电区域，接线模式为两联络，投运于 2012 年，线路供电半径为 1.44km。主干导线型号为 YJV22-3×300，挂接配电变压器 19 台，总容量为 10235kVA。线路分为 5 段，最大负载率为 62.66%。

10kV JN03 线位于 B 类供电区域，接线模式为两联络，投运于 2012 年，线路供电半径为 2.03km。主干导线型号为 YJV22-3×300，挂接配电变压器 23 台，总容量为 12620kVA。线路分为 4 段，最大负载率为 58.29%。

（2）存在问题。JN01 线与 JN02 线、CX01 线联络，JN02 线与 JN03 线联络，JN03 线又与区外线路 DN 线联络，整片区域联络复杂，线路交叉供电情况严重。

（3）改造方案。110kV CX 变电站新出 CX02 线至 JN01 线-1-1 号环网箱,将 JN01 线 1-1 号、JN01 线 1-2 号、JN01 线 1-3 号环网箱切改至 JN02 线，使 CX02 线与 JN02 线形成一组单环网。

拆除 JN01 线 1 号环网箱与 JN01 线-1-1 号环网箱连接电缆，使 JN01 线与 CX01 线形成一组单环网。

拆除 JN02 线 4 号环网箱与 JN03 线 4 号环网箱之间连接电缆，使 JN03 线与 DN 线形成一组单环网。

图 5-21 为复杂联络线路改造后地理接线图。

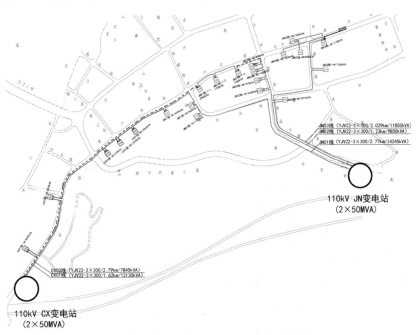

图 5-21　复杂联络线路改造后地理接线图

4. 无效联络线路

（1）电网基本概况。HP01 线位于 A 类供电区域，接线模式为单环网，投运于 2009 年，线路供电半径为 2.04km。主干导线型号为 YJV22-3×300，挂接配电变压器 12 台，总容量为 6805kVA。线路分为 3 段，最大负载率为 42.35%。图 5-22 为无效联络改造前地理接线图。

图 5-22　无效联络改造前地理接线图

TY01 线位于 A 类供电区域，接线模式为单环网，投运于 2012 年，线路供电半径为 1.05km。主干导线型号为 YJV22-3×400，挂接配电变压器 9 台，总容量为 4090kVA。线路分为 5 段，最大负载率为 41.78%。

（2）存在问题。如图 5-22 所示，TY01 线 1 号环网箱容量为 1130kVA，TY01线 1 号环网箱后端容量为 4015kVA，TY01 线与 HP01 线联络点位置在 TY01 线1 号环网箱，若 TY01 线 1 号环网箱之后发生故障，无法有效转供后端负荷，供电可靠性较差，不满足该地区建设标准。

（3）改造方案。根据现场踏勘现状道路有电力通道，可通过该路径重新构建联络。具体工程方案如下：将 HP01-7 号分支箱、TY01-3 号分支箱和 TY01-4 号分支箱更换为环网箱，从 TY01-5 号环网箱新建电缆至 HP01-8 号环网箱，使 HP01线与 TY01 线形成联络。图 5-23 为无效联络改造后地理接线图。

5. 主干分段不合理

（1）电网基本概况。10kV ZX01 线位于 B 类供电区域，接线模式为单联络，投运于 2015 年，线路供电半径为 2.88km。主干导线型号为 JKLYJ-150，挂接配电变压器 45 台，总容量为 13350kVA。线路分为 6 段，最大负载率为 53.16%。

图 5-24 为分段不合理线路改造前地理接线图。

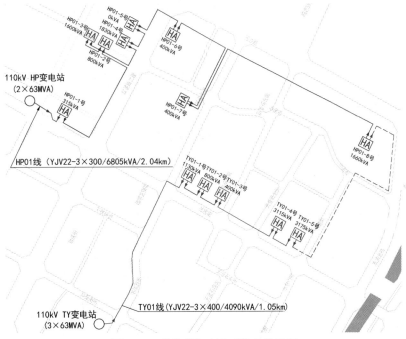

图 5-23　无效联络改造后地理接线图

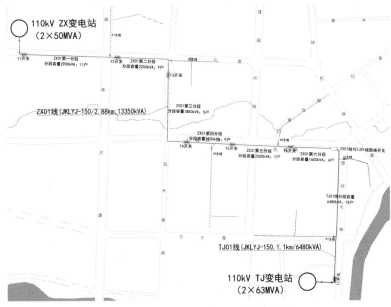

图 5-24　分段不合理线路改造前地理接线图

10kV TJ01 线位于 B 类供电区域，接线模式为单联络，投运于 2015 年，线路供电半径为 1.1km。主干导线型号为 JKLYJ-150，挂接配电变压器 18 台，总容量为 6480kVA。线路分为 1 段，最大负载率为 37.42%。

（2）存在问题。如图 5-24 所示，ZX01 线分段数为 6 段，分段数较多且线路装接容量较大为 13350kVA；TJ01 线共分 1 段，分段容量大且分段内用户较多，故障或检修时停电范围大。分段情况见表 5-2。

表 5-2　　　　　　　　　　ZX01 线分段容量统计表

线路名称	分段数	第一分段	第二分段	第三分段	第四分段	第五分段	第六分段
ZX01 线	6 段	2900kVA	2250kVA	1850kVA	3200kVA	2550kVA	1600kVA
		11 户	9 户	5 户	9 户	7 户	4 户
TJ01 线	1 段	6480kVA	—	—	—	—	—
		18 户	—	—	—	—	—

（3）改造方案。如图 5-25 所示，TJ01 线新建 1 台分段开关，将原 ZX01 线与 TJ01 线联络开关调整为 TJ01 线分段开关，将 ZX01 线第五分段（2550kVA）与第六分段（1600kVA）切改至 TJ01 线，将原 ZX01 线 15 开关调整为联络开关。

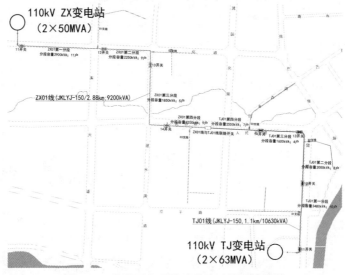

图 5-25　分段不合理线路改造后地理接线图

项目实施后，ZX01 线与 TJ01 线分段数均为 4 段，解决了 ZX01 线分段数较多，线路装接容量较大问题与 TJ01 线分段容量大，分段内用户较多问题。

5.5　优化分支接入

5.5.1　问题分析

分支接入不规范线路主要集中在以架空线路为主的老城区、农牧区，早期建设标准较低，分支线路建设不规范，主要体现在分支线无保护接入主干线，分支接入用户数较多、容量较大等方面，一旦分支发生故障，将出现大面积停电现象，造成较大停电影响。

5.5.2　改造策略

首先应规范分支线路接入，改造无保护接入主干线的分支线路；其次需要控制分支用户、容量，合理增设分支分段开关，缩小停电范围，降低停电影响。

5.5.3　典型案例

（1）电网基本概况。10kV SN01 线位于 B 类供电区域，接线模式为单联络，投运于 2011 年，线路供电半径为 4.3km。主干导线型号为 JKLYJ-150，挂接配电变压器 74 台，总容量为 26142kVA。线路分为 3 段，最大负载率为 66.82%。

（2）存在问题。SN01 线 1 支线容量 5813kVA，接入用户 41 户，为大分支线路且直接 T 接主干线，分支接入无保护，一旦分支发生故障，将出现大面积停电现象，造成较大停电影响。分支接入不规范现场如图 5-26 所示。分支接入不规范线路改造前地理接线如图 5-27 所示。

图 5-26　分支接入不规范现场

图 5-27　分支接入不规范线路改造前地理接线图

（3）改造方案。SN01 线 1 支线新建分支开关 1 台，由于该分支线路附近无其他电源点，无法对该分支负荷进行均衡，故新增分支分段开关 1 台，合理控制分段容量与用户数，进一步缩小停电范围。分支接入不规范线路改造后地理接线如图 5-28 所示。

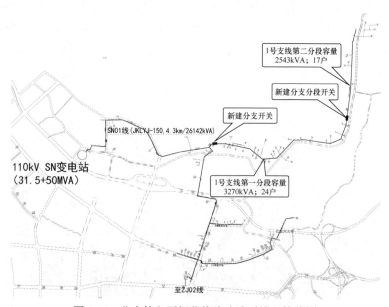

图 5-28　分支接入不规范线路改造后地理接线图

5.6　规范配电变压器接入

配电变压器接入不合理主要为配电变压器无保护直接 T 主干线，一旦配电变压器出现故障，将导致主干停电，造成较大停电影响。对于直接搭接在主干线上的配电变压器，查看其接入点处是否建设有开关设备，如无开关类设备，应根据实际情况予以改造。

5.6.1　问题分析

配电变压器接入不规范主要集中在以架空线路为主的老城区、农牧区，早期建设标准较低，部分配电变压器无保护直 T 主干线，一旦发生故障将影响主干线路供电，造成停电面积扩大，后续需规范优化配电变压器接入方式，避免配电变压器故障导致主干停电。

5.6.2　改造策略

1. 新建分支线路

依据 5.1.4 规范配电变压器接入中方法一（新建分支线）。

2. 新建环网箱

依据 5.1.4 规范配电变压器接入中方法二（新建环网箱）。

5.6.3　典型案例

1. 电网基本概况

10kV KY01 线位于 B 类供电区域，接线方式为单联络，投运于 2006 年，供电半径为 1.13km，导线型号为 JKLYJ-185，挂接配电变压器 27 台，挂接总容量 11365kVA，线路分为 2 段，最大负载率为 61.24%。图 5-29 为配电变压器接入不规范现场图。

10kV TJ01 线位于 B 类供电区域，接线方式为单联络，投运于 2006 年，供电半径为 1.68km，导线型号为 JKLYJ-185，挂接配电变压器 18 台，挂接总容量 10420kVA，线路分为 2 段，最大负载率为 58.65%。

图 5-29　配电变压器接入不规范现场图

2. 存在问题

如图 5-30 所示，KY01 线存在 5 台配电变压器无保护接入主干线，TJ01 线 9 台配电变压器、2 个分支线路无保护接入主干线等问题，一旦配电变压器出现故障，将导致主干停电，造成较大停电影响。

图 5-30　配电变压器接入不规范线路改造前地理接线图（新建分支）

3. 改造方案

（1）KY01 线马路对面新建分支线路，将 KY01 线 5 台无保护接入主干线配电变压器改接至新建分支线路。

（2）TJ01 线新建环网箱 3 座，将 TJ01 线 9 台无保护接入主干配电变压器以及 2 个无保护接入主干分支改接至新建环网箱。

配电变压器接入不规范线路改造后地理接线如图 5-31～图 5-33 所示。

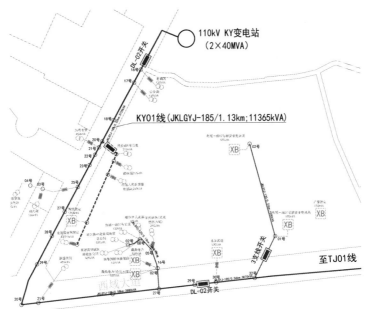

图 5-31　配电变压器接入不规范线路改造后地理接线图（新建分支）

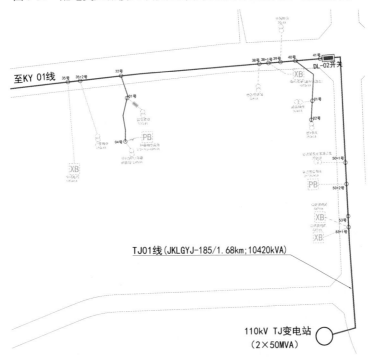

图 5-32　配电变压器接入不规范线路改造前地理接线图（新建环网箱）

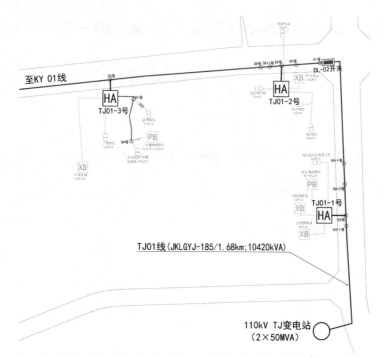

图 5-33　配电变压器接入不规范线路改造后地理接线图（新建环网箱）

第6章 配电线路及设备水平提升

提升配电网装备水平要以智能化为方向，按照"成熟可靠、技术先进、节能环保"的原则，全面提升配电网装备水平。因地制宜选择合适的设备可以大幅提高设备可靠性，延长使用寿命，方便设备维护。根据现场实际情况，制定改造策略，实施老旧线路、环网箱、分支箱、配电变压器等改造，实现中低压线路绝缘化，降低故障发生率，提高供电安全性。本章将从配电设备选型、本体状态提升、智能化水平提升三个方面提高配电线路及设备装备水平。

6.1 配电线路及设备选型

6.1.1 10kV 配电线路

1. 10kV 架空线路

中压电网建设应纳入城市改造和建设的统一规划，城市部分主干道路应有满足规范要求的电力架空线路走廊，且与其他路政、市政设施保持足够的电气安全距离（中压线路电气安全距离在 0.7m 以上）。

中压配电网应有较强的适应性并具备一定的供电能力，架空网主干线截面积宜综合饱和负荷状况、线路全寿命周期一次选定，规划终期需要发展成为主干线的联络线、支线宜按照主干线标准建设。导线截面积选择应系列化，同一规划区的主干线导线截面积不宜超过 3 种，10kV 架空线路导线截面积的选择可参照表 6-1 的规定选择。

表 6-1 中压架空线路导线截面积选择表

电压等级		绝缘导线截面积（mm^2）	区域
10kV	主干线	240	A、B、C 类
	支线、分支线	150、70	

电压等级		绝缘导线截面积（mm²）	区域
10kV	主干线	240、150	D、E类
	支线/分支线	150/70	

2. 10kV 电缆线路

电缆线路的设计应符合 GB 50217《电力工程电缆设计规范》的要求，型号及电缆的截面积应根据经济电流密度、敷设方式来进行选型，同时还应考虑电缆在不同的敷设方式下载流的衰减等因素。电缆截面积的选择应考虑设施标准化，各供电区域中压电缆截面积一般可参考表 6-2。

表 6-2　　　　　　　　中压电缆线路导线截面积选择表

区域	主干线（含联络线）（mm²）	支线（mm²）	分支线（mm²）
A、B、C	300（400）	150	70
D、E	240（150）	150	70

注　以上为铜芯电缆。

10kV 电力电缆线路一般采用交联聚乙烯绝缘电缆，芯数选用三芯，电缆型号、名称及其适用范围见表 6-3。

表 6-3　　　　　　　　10kV 电缆型号、名称及其适用范围

名称		适用范围
铜芯		
ZC-YJV22-8.7/15	交联聚乙烯绝缘钢带铠装聚氯乙烯护套电力电缆	敷设在室内外，隧道内需固定在托架上，排管中或电缆沟内以及松散土壤中直埋，能承受一定牵引拉力但可承受一定机械外力作用

10kV 电缆导体最小截面积的选择，应同时满足规划载流量和可能通过的最大短路电流时热稳定的要求。10kV 常用电缆可根据 10kV 交联电缆载流量，结合不同环境温度、不同管材热阻系数、不同土壤热阻系数及多根电缆并行敷设等各种载流量校正系数来综合计算。多根电缆并联时，各电缆应等长，并采用相同材质、相同截面的导体。

6.1.2　10kV 配电变压器

1. 柱上变压器

柱上变压器应按"标准化、序列化"的原则建设，变压器布置靠近负荷中心，根据负荷需要新建柱上变压器选取 400、200kVA，10kV 侧采用跌落式熔断器开关，柱上变压器宜选用 S20 型及以上系列节能型油浸全密封变压器，柱上变压器建设形式与设备选型如下：

（1）柱上变压器建设形式。新增柱上变压器应深入负荷中心，并具备合理的供电范围，有效控制供电半径，变压器容量选择应适度超前于负荷需求，并综合考虑配电网经济运行水平，年最大负载率不超过 80%。

柱上变压器安装方式及技术要求应严格执行最新典型设计中 ZA-1-ZX-D1-02-01 正装方式，安装位置为线路正下方，以下几种情况不宜安装柱上变压器：线路转角、分支杆、设有 1～10kV 接户线或电缆头的电杆、设有柱上开关设备的电杆、低压接户线较多的电杆、位于交叉路口的电杆、人员密集地段的电杆、严重污秽地段等不宜装设柱上变压器，柱上变压器不应直接挂接于 10kV 主干线下方，应通过支线过渡挂接。

（2）柱上变压器选型。变压器宜选用 GB 20052《电力变压器能效限定值及能效等级》规定的能效二级及以上、全密封、油浸式变压器，柱上变压器接线组别采用 Dyn11 形式。

城区或供电半径较小地区的变压器额定变比采用 10.5kV×2.5%/0.4kV，郊区或供电半径较大布置在线路末端的变压器额定变比采用 10kV±5（2×2.5）%/0.4kV，变压器冷却方式为自冷式，柱上变压器容量按表 6-4 选择。

表 6-4　　　　　　　　　10kV 柱上变压器容量推荐表

供电区域类型	三相柱上变压器容量（kVA）
A、B、C 类	≤400（400、200kVA）
D、E 类	≤400（400、200、100kVA）

柱上变压器的经济运行水平，其高峰负载率应为 60%～80%，对于不存在周期和季节性过载，且年平均负载率低于 35%或空载时间较长（如路灯、居民等）的配电台区应优先选用非晶合金变压器。对于存在周期性或季节性负荷变化幅度较大的农村等配电台区宜优先选用调容配电变压器。

2. 配电室

配电室进线应满足用户供电需求，配电室内宜设置 2 台或 4 台变压器，单座配电室变压器数量不超过 4 台。变压器选用高效节能型油浸式变压器或干式变压器，配电室建设形式与设备选型如下：

（1）配电室建设形式。配电室方案可参照执行 2016 版《国家电网公司配电网工程典型设计 10kV 配电站房分册》PB-1～PB-5 方案，如其他业扩或用户出资建设项目可针对供电方案单独进行方案设计。配电室宜为单层建筑，下设电缆沟或电缆夹层。10kV 和 0.4kV 设备一般按照单列布置。

10kV 配电室的电气主接线应根据配电室的规划容量，线路、变压器连接元件总数、设备选型等条件确定。配电室的 10kV 侧宜采用单母线、单母线分段或两个独立的单母线接线，0.4kV 侧宜采用单母分段或单母线接线，配电室一般独立建设。受条件所限必须进楼时，可设置在地下一层，但不宜设置在最底层。其配电变压器宜选用干式，并采取屏蔽、减振、防潮措施。

（2）配电室设备选型。10kV 侧可选用的开关设备宜采用金属铠装移开式和环网柜。进线与馈线选用断路器柜，根据绝缘介质，可选用空气绝缘、气体绝缘柜、固体绝缘。10kV 母线应按母线分段数设置电压监测点，如有计量需求，宜配置专用计量柜。

低压侧开关柜可选用固定式、固定分隔式或抽屉式柜型。低压进线和联络开关应选用框架式断路器，宜配置瞬时脱扣、短延时脱扣、长延时脱扣三段保护，一般不设置失压脱扣。配电进线总柜（箱）应配置 T1 级电涌保护器，有通信需求宜配置 RS485 通信接口。出线开关选用框架断路器或塑壳断路器，宜配置分励脱扣器。配电室电气接线见表 6-5。

表 6-5 配电室电气接线表

电气主接线	10kV 进出线回路数	变压器类型	适用范围
单母线	2 回进线，2 回馈线	油浸式 2×630	A、B、C
		干式 2×800	A、B、C
单母线分段	2 进，2～12 回馈线	油浸式 2×630	A+、A、B
		干式 2×800	A+、A、B
		干式 4×800	A+、A

注 推荐单母线分段（带联络），干式 2×800 型式；单母线分段（带联络），油浸式 2×630 型式（参照《国家电网有限公司配电网工程典型设计 10kV 配电站房分册》）。

变压器应选用高效节能、环保（低损耗低噪声）、二级能效及以上产品，额定变比采用 10（10.5）kV±5（2×2.5）%/0.4kV（不考虑煤矿、高压电机等特殊要求的配电系统），接线组别宜采用 Dyn11。独立户内配电室可采用油浸式变压器并设置专用变压器室；大楼建筑物非独立式或地下配电室应采用干式变压器。单台油浸式变压器容量不宜超过 630kVA，单台干式变压器容量不宜超 1250kVA。非独立式配电室，可考虑在变压器下面加装减震装置，变压器出线处加装软铜排，以减少低频噪声。变压器应具备抗突发短路能力，能够通过突发短路试验。

配电室无功补偿以三相低压侧集中补偿为主，低压侧配置电容器柜，低压电容器采用自愈式干式电容器，要求免维护、无污染、环保，电容器柜应采用小容量分组自动跟补方式。电容器组的容量可为变压器容量的 10%～30%。当存在单相（220V）负载，且存在三相负荷不平衡的情况，应配置单相混合补偿配置。10kV 配电柜主要设备选择结果见表 6-6。

表 6-6　　　　　　　　　　10kV 配电柜主要设备选择结果表

设备名称	型式及主要参数	备注
环网柜/中置柜	进、馈线回路：630A，20kA	
电流互感器	变压器回路：100/5A	可根据实际情况选择
避雷器	17/45kV	可选 12/41kV
主母线	630A	

注　参照《国家电网有限公司配电网工程典型设计　10kV 配电站房分册》。

3. 箱式变电站

箱式变电站适用于住宅小区、城市公用变压器、繁华闹市、施工电源等，用户可根据不同的使用条件、负荷等级选择箱式变电站，根据产品结构不同及采用元器件的不同，分为欧式箱式变电站和美式箱式变电站两种，箱式变电站建设形式与设备选型如下：

（1）箱式变电站建设形式。箱式变电站方案宜执行 16 版典型设计 XA-2 方案，各类供电区域优先考虑欧式箱式变电站建设。欧式箱式变电站应以有保护、有自动化配置进行建设，箱式变电站均按无人值守设计。箱式变电站（欧式）平面布置采用目字型。目字型结构两侧设置高、低压室中间设置变压器室。

箱式变电站 10kV 进出线应加装接地及短路故障指示器，有条件时还可实现远传功能。箱式变电站的设备应采用全绝缘、全封闭、防内部故障电弧外泄、防凝露等技术，外壳具有耐候、防腐蚀等性能，并与周围环境相协调。箱式变的高压侧和低压侧均应装门，门上应有把手、锁、暗门，门的开启角不得小于 90°，在确认两个及以上非同源的无电压讯号指示时，且所有指示均已同时发生对应变化，方能对带电部分进行检修。高低压侧门打开后，应符合安全规程要求，确保操作检修的安全。

（2）箱式变电站设备选型。公用箱式变压器容量控制在 630kVA 及以下。10kV 电压等级设备短路电流水平为 20kA。0.4kV 电压等级设备短路电流水平不宜小于 30kA。10kV 箱式变电站（欧式）10kV 侧采用单母线接线方式，高压侧进（馈）线均采用断路器柜。如用户专用变压器，需配置专用高压计量柜，并设置电压监测点。

变压器宜选用 GB 20052《电力变压器能效限定值及能效等级》规定的能效二级及以上、全密封、油浸式变压器，接线组别宜采用 Dyn11。10kV 箱式变电站（欧式）0.4kV 侧采用单母线接线。低压侧采用空气断路器、挂接开关或低压柜组屏，空气断路器应根据使用环境配热磁脱扣或电子脱扣。低压进线侧宜装设 T1 级带 RS485 通信接口电涌保护器。箱式变电站补偿方式参照本书中配电室的补偿方式。箱式变电站选型见表 6-7。

表 6-7　　　　　　　　　　　　箱式变电站选型表

类别	欧式箱式变电站
变压器容量（kVA）	400、630（S13 及以上节能型油浸式变压器）
电气主接线和进出线回路数	高压侧：单母线接线方式、1～2 回进线，1 回馈线。 低压侧：4～6 回馈线
10kV 设备短路电流水平（kA）	20kA（用户出资建设可选用不小于 16kA）
无功补偿	可按 10%～30%变压器容量补偿，并按无功需量自动投切
主要设备选择	高压侧：气体绝缘或固体绝缘断路器柜。 节能型变压器：低损耗、全密封、油浸式。 低压侧：空气断路
适用范围	A、B、C

6.1.3　10kV 配电开关

1. 柱上开关

柱上开关主要装于 10kV 架空配电线路中户外电杆上，在城郊及农村配电网中，用于分断、闭合、承载线路负荷电流及故障电流的机械开关设备，柱上开关一般由带传感器的开关本体+FTU（馈线自动化终端）组成。柱上开关建设形式与设备选型如下：

（1）柱上开关建设形式。线路分段、联络开关宜选择负荷开关，长线路后段（超出变电站过电流保护范围）、较大分支线路首端及用户分界点处可选择断路器，且需要预留自动化接口。电力系统中的一次设备与二次设备接口不匹配，不同生产厂家生产的一次设备与二次设备不能兼容，后期设备无法扩展增加某一些功能等问题，推荐使用一、二次融合智能柱上开关。柱上开关杆头布置参照执行 2016 版《国家电网公司配电网工程典型设计　10kV 架空线路分册》15 章节柱上设备进行安装。

柱上断路器、柱上负荷开关应设防雷装置；经常开路又带电的柱上断路器、柱上负荷开关两侧均应设防雷装置；保护配电柱上断路器、负荷开关等柱上设备的避雷器的接地导体（线），应与设备外壳相连，接地装置的接地电阻不应大于 10Ω。柱上开关附属接地系统参照执行 2016 版《国家电网公司配电网工程典型设计　10kV 架空线路分册》15 章节柱上设备。

（2）柱上开关设备选型。柱上开关的遮断容量应与上级 10kV 母线相协调，采用负荷开关额定短时耐受电流不小于 25kA，采用断路器额定短路开断电流不小于 25kA，并根据配电自动化规划配置或预留自动化功能，对于联络柱上开关，应加装双向计量装置。

柱上负荷开关采用真空或 SF₆ 灭弧，弹簧或电磁操动机构，气体绝缘的操动机构内置于封闭气箱内，SF₆ 年泄漏率不大于 0.05%，壳体防护等级不低于 IP67，外绝缘采用瓷或复合绝缘，额定电流为 630A，额定短时耐受电流不小于 20kA/4s，短路关合能力为 E3 级。

柱上断路器采用真空灭弧，弹簧或电磁操动机构，外绝缘采用瓷或复合绝缘。额定电流为 630A，额定短路开断电流不小于 20kA，额定机械操作寿命不低于 10000 次，壳体防护等级不低于 IP67，推荐使用一次、二次融合断路器，用于分段及联络时，采用双向式安装，用于分支开关时，采用单向式安装。

柱上开关宜采用全封闭绝缘结构，采用电动操动机构，具备电动并可手动操作功能，操作电压 DC 24V/DC 48V，采用外置或内置 TV、设置熔断器保护和内置 TA 形式，开关本体配置 26 芯航空插座。

2. 开关站

开关站一般用于 10kV 电力的接受与分配，设有中压配电进出线、对功率进行再分配的配电装置，相当于变电站母线的延伸，可用于解决变电站进出线间隔有限或进出线走廊受限，并在区域中起到电源支撑的作用。开关站建设形式与设备选型如下：

（1）开关站的建设形式。开关站方案宜参照执行 2016 版《国家电网公司配电网工程典型设计 10kV 配电站房分册》KB-1 及 KB-2 方案，开关站定义为变电站母线的延伸，适用于各类供电区域有配出需求，但 10kV 间隔不足或无法扩建间隔的情况。开关站的建设按无人值守设计。

10kV 开关站的净高度一般不小于 3.6m，若有管道通风设备或电缆沟，还需增加通风管道或电缆沟的高度。开关站内一次电缆沟与二次电缆不共沟敷设，如共沟敷设，应设有物理隔离。

（2）开关站设备选型。开关站的 10kV 侧一次接线为单母线分段、两个独立的单母线接线，柜体按单列或双列布置，10kV 母线及设备短路电流水平不小于 25kA。开关站的进线配置 2 回或 4 回，馈线配置可控制在 6～12 回，10kV 采用金属铠装移开式或气体绝缘金属封闭式开关柜。

开关站保护及分、合闸操作电压采用 DC 110V 或 DC 220V，设置直流电源柜 1～2 面（含蓄电池、充电整流设备等），参考尺寸为 800mm×600mm×2260mm，采用开关电源模块和阀控式铅酸蓄电池组，蓄电池容量按不小于 2h 事故放电时间考虑，为保护、通信、远动、五防等设备提供电源。

开关站馈线及分段柜配置保护，进线根据需要配置保护。母联开关应具有备用电源自投功能和后加速保护跳闸功能。选用微机型保护测控一体化装置，并预留通信接口。装置功能及技术要求参照 GB/T 14285《继电保护和安全自动装置技术规程》。

开关站不推荐配置 DTU 等配电自动化设备，站内通过配置远动通信装置实现各保护测控一体化装置信息的汇总上传，替代配电自动化设备实现配电自动化主站对站内中压电网设备的各种远方监测、控制。开关站电气主接线选择见表 6-8。开关柜选型见表 6-9。10kV 开关柜主要设备选择结果见表 6-10。

表 6-8 开关站电气主接线选择表

电气主接线	进出线回路数	适用范围
单母线分段（带联络）、两个独立的单母线	2 进（4 进），6～12 回馈线	A、B、C 类区域

注 推荐单母分段接线形式（参照《国家电网有限公司配电网工程典型设计 10kV 配电站房分册》）。

表 6-9 开关柜选型表

电气主接线	设备选型	适用范围
单母线分段（带联络）、两个独立的单母线	金属铠装移开式或气体绝缘金属封闭式	A、B、C 类区域

注 参照《国家电网有限公司配电网工程典型设计 10kV 配电站房分册》。

表 6-10 10kV 开关柜主要设备选择结果表

设备名称	型式及主要参数	备注
真空断路器	630（1250）A，25kA	
电流互感器	进线及分段回路： 1）600/5A。 2）1000/5A	二次额定电流可选 5A 或 1A
电压互感器	1）$10kV/\sqrt{3}:0.1kV/\sqrt{3}:0.1kV/3$。 2）$10kV/\sqrt{3}:0.1kV/\sqrt{3}:0.1kV/3:0.1kV/3$。 3）10kV/0.1kV/0.1	三种可选
避雷器	17/45kV	可选 12/41kV
主母线	1250A	
站用变压器	干式 30kVA，10.5±5%/0.4kV，$U_k\%=4$	可选

注 参照《国家电网有限公司配电网工程典型设计 10kV 配电站房分册》。

3. 环网箱

环网箱主要作用是联络环网线路，提高线路的供电可靠性，一般布置在用电密集的城区里，环网箱每个间隔都带有独立的开关，可以灵活地控制用户和下一级环网柜的开断，而且占地面积小，主要用在工矿企业、住宅小区、港口和高层建筑等 10kV 配电系统中。环网箱建设形式与设备选型如下：

（1）环网箱的建设形式。环网箱方案宜参照执行 2016 版《国家电网公司配电网工程典型设计 10kV 配电站房分册》HA-1 及 HA-2 方案，环网箱采用户外单列布置，环网箱一般适用于 A、B、C 类的全电缆或架空与电缆混合型供电区域，站址选择应接近负荷中心，利于用户接入。新疆地区 HA-1 方案可适用于终端型接入，HA-2 方案可进行组网。

环网箱如需要进行组网，则须预留 DTU 安装位置。适用于组网的环网箱内电源 TV 容量配置大于 3kVA，满足 DTU 供电需求。环网箱内的环网柜应具备"五防"闭锁功能，出线侧带电显示装置宜与接地开关实现电气联锁。电缆网中分段联络设施优先采用环网室形式，当布点确实困难，可采用环网箱形式。

（2）环网箱的设备选型。环网箱电气接线见表 6-11。10kV 断路器柜主要设备选择结果见表 6-12。

表 6-11　　　　　　　　　　　环网箱电气接线表

电气主接电线	有/无电压互感器	设备选型	配电自动化	适用范围
单母线	有电压互感器，有电动操动机构	进、出线断路器	遮蔽立式	A、B、C

注　如接入环网的环网箱应同步建设（预留）自动化安装及位置（常年湿度大于 70%的区域应考虑加装除湿器）（参照《国家电网有限公司配电网工程典型设计　10kV 配电站房分册》）。

表 6-12　　　　　　　　　10kV 断路器柜主要设备选择结果表

设备名称	形式及主要参数	备注
断路器	630A，20kA	
电流互感器	馈线测量回路：进 600/5A	馈线可根据实际情况选择
避雷器	17/45kV	可选 12/41kV
主母线	630A	

注　参照《国家电网有限公司配电网工程典型设计　10kV 配电站房分册》。

环网箱 10kV 侧开关设备以断路器柜为主，根据绝缘介质，可选用气体绝缘、固体绝缘。环网柜柜门关闭时防护等级应在 IP41 或以上，柜门打开时防护等级达到 IP2X 或以上，电动操动机构及二次回路封闭装置的防护等级不应低于 IP55。

环网箱内开关柜应采用共箱型环网柜或单元式环网柜，一次接线形式为单母线，10kV 母线及设备短路电流水平不小于 25kA。环网箱的设备应采用全绝缘、全封闭、防内部故障电弧外泄、防凝露等技术，外壳具有耐候、防腐蚀等性能，并与周围环境相协调。常用型号为"二进二出、二进四出"，如有其他接入需求，可对馈线进行增减。

环网箱进线如选用断路器柜，则保护退出，馈线均选用断路器，对于环网箱馈线的重要用户分支、故障频发分支线路宜配置"二遥"动作型 DTU 和单独保护装置。

6.1.4　低压线路

低压配电网应有较强的适应性，主干线截面积应按远期规划一次选定，新建架空线路应采用绝缘导线，对环境与安全有特殊需求的地区可选用电缆线路。对原有裸导线线路，应加大绝缘化改造力度。

1. 低压线路主干线选择

低压电缆可采用排管、沟槽、直埋等敷设方式。穿越道路时，应采用抗压力保护管。线路应有明确的供电范围，供电距离应满足末端电压质量的要求。

一般区域低压架空线路可采用耐候铝芯交联聚乙烯绝缘导线，沿海及严重化工污秽区域可采用耐候铜芯交联聚乙烯绝缘导线，在大跨越和其他受力不能满足要求的线段可选用钢芯铝绞线。各类供电区域低压主干线路导线截面积可参考表 6-13 确定。

表 6-13　　　　　　　　　　低压主干线路导线截面积推荐表

线路形式	供电区域类型	主干线（mm²）
电缆线路	A、B、C 类	≥120
架空线路	A、B、C 类	≥120
	D、E 类	≥50

注　表中推荐的架空线路为铝芯，电缆线路为铜芯。

2. 接户线与进户线导线截面积的选取

采用低压铜芯电缆架空进线时，单相接户电缆导线截面积不宜小于 $10mm^2$；三相小容量接户电缆导线截面积不宜小于 $16mm^2$；三相大容量接户电缆导线截面积宜采用 $35mm^2$；多表位计量箱接户电缆导线截面积不宜小于 $50mm^2$。

采用架空绝缘导线进线时，单相接户线导线截面积宜采用 16（25）mm^2；三相小容量接户线导线截面积宜采用 $35mm^2$；三相大容量接户线导线截面积宜采用 $50mm^2$。接户线导线截面积可参考表 6-14 选取。

表 6-14　　　　　　　　　　　接户线导线选择表

导线类型	导线型号	计量箱表位数量				
		1	4	6	9	12
		导线规格（mm²）				
绝缘导线	JKLYJ	16	35	35	50	70
架空电缆	YJV	10	16	35	50	70

6.2　配电线路及设备选型提升

对线路及设备选型不标准、线路及设备选型与新型电力系统建设脱节等问题（如线路"卡脖子"，柱上开关、开关站、环网箱等不满足自动化需求），选取典型案例进行说明建设改造策略。

（1）架空线路。架空线路导线型号的选择应满足负荷自然增长和用户负荷接入的需求，主干线截面积宜综合饱和负荷状况、资产全寿命周期一次选定，导线截面积选择应系列化、标准化，同一规划区的主干线导线截面积不宜超过3种。

（2）电缆线路。电缆建设改造应适应市政规划发展，在A+、A类供电区域及B、C类重要供电区域、走廊狭窄，架空线路难以通过而不能满足供电需求的地区、易受热带风暴侵袭的沿海地区、对供电可靠性要求较高并具备条件的经济开发区经过重点风景旅游区的区段，根据配电网结构或运行安全的特殊需要，进行电缆线路建设改造。

（3）配电变压器。A+、A、B、C类供电区域变压器容量选取按照规划远期负荷，一次性建设改造到位；D、E类供电区域容量选取按照规划3～5年发展裕度，依据"小容量、密布点、短半径"和"先布点、后增容"的原则。

6.2.1　问题分析

1. 配电线路

如图6-1所示，10kV XY线主干为JKLYJ-240，50号杆至51号杆为JKLYJ-150线路，导致10kV XY线存在卡脖子问题，影响线路供电能力。

2. 配电变压器

未选取GB 20052《电力变压器能效限定值及能效等级》规定能效二级及以上、全密封、油浸式变压器，投运变压器为S7型高损耗变压器。配电变压器选型不标准现场如图6-2所示。

3. 配电开关

一次设备与二次设备接口不匹配，不同生产厂家生产的一次设备与二次设备不能兼容，后期设备无法扩展增加某一些功能等问题；部分大分支线路，重要用户分支采用跌落式熔断器，供电可靠性较低。配电开关选型不标准现场如

图 6-3 所示。

图 6-1　配电线路选型不标准现场图

图 6-2　配电变压器选型不标准现场图

　　推荐使用一、二次融合智能柱上开关。柱上开关宜采用全封闭绝缘结构，采用电动操动机构，具备电动并可手动操作功能。

图 6-3　配电开关选型不标准现场图

6.2.2　改造策略

对于卡脖子线路，根据线路运行负荷情况，优先对负载较大线路进行更换，其次对暂无供电影响，但制约后期供区负荷发展线路进行更换。

对于 S9 级以下高损变压器，若存在临近多个小容量变压器，可采用新建公变整合，在满足用户供电需求同时减少线路挂接配电变压器数量，提升供电可靠性，对大容量高损变压器，依据典设要求选取对应设备进行更换。

对于一次设备与二次设备接口不匹配、不兼容或不具备智能化改造的配电变压器开关，依据典设要求选取对应设备进行更换。

6.2.3　典型案例

1. 架空线路改造案例

（1）电网基本概况。10kV MZ01 线位于 B 类供电区域，接线方式为单联络，投运于 2009 年，供电半径为 4.16km，导线型号为 JKLYJ-240，挂接配电变压器 33 台，挂接总容量为 9750kVA，线路分为 2 段，最大负载率为 67.21%。

10kV BD01 线位于 B 类供电区域，接线方式为单联络，投运于 2009 年，供电半径为 5.52km，导线型号为 JKLYJ-240，挂接配电变压器为 28 台，挂接总容量 8000kVA，线路分为 4 段，最大负载率为 64.17%。

（2）存在问题。10kV MZ01 线 39～40 号杆线径为 YJV_{22}-3×120 电缆 0.15km，

线路供电存在卡脖子问题,影响MZ01线供电能力,并且不能完全转移联络线路BD01线负荷,导致该区域供电可靠性较低,随着区域负荷增长,不能满足用户用电需求。

（3）改造方案。如图 6-4 所示,10kV MZ01 线 39～40 号杆线径为 YJV22-3×120 电缆 0.15km,线路供电存在卡脖子问题,本次计划对 10kV MZ01 线 39～40 号杆进行线径更换,解决此问题,改造前线路地理接线如图 6-4 所示。

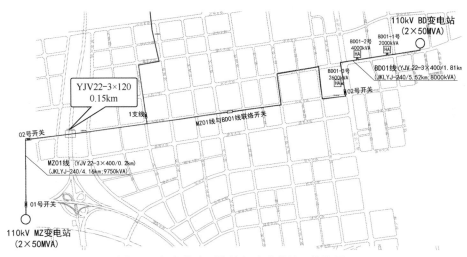

图 6-4　架空线路更换线径改造前地理接线图

具体工程方案如下：将 10kV MZ01 线 39～40 号杆线路更换为 YJV22-3×300 线路,改造后线路地理接线如图 6-5 所示。

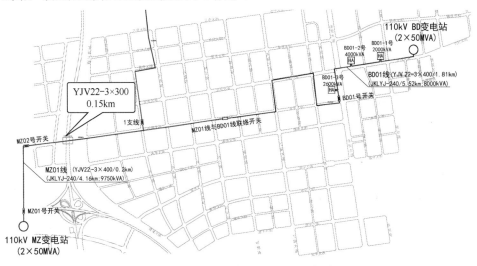

图 6-5　架空线路更换线径改造后地理接线图

2. 电缆线路改造案例

（1）电网基本概况。10kV TR 线位于 B 类供电区域，接线方式为单环网，投运于 2016 年，供电半径为 1.36km，导线型号为 YJV22-3×300，挂接配电变压器 25 台，挂接总容量 11100kVA，线路分为 4 段，最大负载率为 49.72%。

10kV WJ 线位于 B 类供电区域，接线方式为单环网，投运于 2016 年，供电半径为 2.59km，导线型号为 YJV22-3×300，挂接配电变压器 18 台，挂接总容量 10455kVA，线路分为 3 段，最大负载率为 54.28%。

（2）存在问题。10kV WJ 线 02～03 号环网箱之间线路型号为 YJV22-3×300 电缆 0.35km，线路供电存在卡脖子问题，影响 WJ 线供电能力，并且不能完全转移联络线路 TR 线负荷，导致该区域供电可靠性较低，随着区域负荷增长，不能满足用户用电需求。

（3）改造方案。如图 6-6 所示，10kV WJ 线 02 号环网箱出现至 03 号环网箱线路型号为 YJV22-3×300 电缆 0.35km，线路供电存在卡脖子问题，本次计划对 10kV WJ 线 02～03 号环网箱之间电缆线路进行更换，解决此问题，改造前线路地理接线如图 6-6 所示。

3. 配电变压器改造案例

（1）电网基本概况。10kV WL 线 15 号杆配电变压器现有 S9-200 变压器 1 台（侧装），接入用户 92 户，其中电采暖 5 户，计划煤改电用户 14 户；最大供电半径 400m。冬季最大负荷为 128.58kW，最大负载率为 64.29%；户均容量为 2kVA/户。

（2）存在问题。

1）10kV WL 线 15 号杆配电变压器最大负载率已经达 64.29%，新增煤改电用户 14 户，现有公用配电变压器容量无法满足新增负荷用电需求。

2）台区低压导线为 LGJ-35，长度为 0.8km，存在安全隐患。

3）台区变压器为 S9-200 变压器，高损耗型变压器且变压器为侧装。

（3）改造案例。将 S9-200 型变压器拆除，更换为 S20-400 节能型变压器，满足新增电采暖用电负荷增长需求，同时更换台区裸导线，提高线路绝缘化率，提高供电安全性。

改造前后现场如图 6-7 所示。

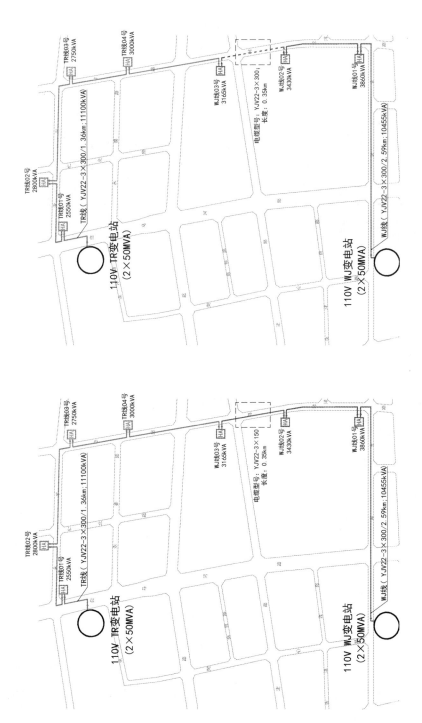

图 6-6　电缆线路更换线径改造前后地理接线图

图 6-7　改造前后现场图

6.3　配电线路及设备本体状态提升

线路及设备型问题主要为 D 类及以上区域配电网主要问题，该问题主要为联络线截面积小于主干线截面积（卡脖子）。线路及设备型问题主要存在于老旧设备，随着城市建设及电网发展完善网架结构，对原有的老旧设备进行升级改造，满足供电需求。

6.3.1　问题分析

1. 配电线路

10kV 线路本体状态差主要为线路绝缘皮脱落、断股等，如图 6-8 所示。绝缘皮脱落可能导致线路短路且存在安全隐患，线路断股影响线路载流量、引发电晕、降低线路机械性能。

2. 配电变压器

配电变压器本体状态差主要体现在设备老旧与设备存在隐患缺陷等，如图 6-9 所示。老旧、缺陷变压器存量大，造成电网线损过高，供电可靠性较低且存在安全隐患。如果不及时进行升级改造，将对用户的安全造成不利影响。及时对老旧变压器进行升级改造，排除老旧变压器中存在的隐患，是保障电网安全可靠运行的重要一环。

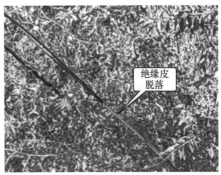

图 6-8　配电线路本体状态差现场图

图 6-9　配电变压器本体状态差现场图

3．配电开关

配电开关本体状态差主要体现在断路器卡涩、外壳锈蚀、绝缘性能降低等，如图 6-10 所示，对电网运行存在安全隐患，需要更换。

图 6-10　配电开关本体状态差现场图

6.3.2 改造策略

对于设备本体状态差线路以及设备，已存在安全隐患，影响供电可靠性情况，依据典设要求选取对应设备进行更换。

6.3.3 典型案例

1. 配电开关改造案例

（1）电网基本概况。10kV QX01 线位于 B 类供电区域，接线方式为单环网，投运于 2016 年，供电半径为 2.27km，导线型号为 YJV22-3×400，挂接配电变压器 38 台，挂接总容量 11500kVA，线路分为 4 段，最大负载率为 57.32%。

10kV ZL01 线位于 B 类供电区域，接线方式为单环网，投运于 2016 年，供电半径为 1.58km，导线型号为 YJV22-3×400，挂接配电变压器 27 台，挂接总容量 9600kVA，线路分为 3 段，最大负载率为 48.14%。缺陷分支箱现场如图 6-11 所示。

图 6-11　缺陷分支箱现场图

（2）存在问题。10kV QX01 线 1 号分支箱已运行 15 年，外壳有裂纹锈蚀，引线连接部位接触不良，导致该分支箱故障频繁。

（3）改造方案。10kV QX01 线 1 号分支箱老旧，故障频繁，将该分支箱更换为环网箱，提升供电可靠性。更换分支箱改造前后地理接线如图 6-12 所示。

图 6-12　更换分支箱改造前后地理接线图

131

2. 配电变压器改造案例

（1）电网基本概况。BST 村 10kV JG 线 52 号杆配电变压器台区容量 200kVA；台区现有低压主干线型号均为 JKLGYJ-120mm²，共计 380m；现有户数共计 78 户，户均容量为 2.55kVA；最大负荷为 167kW，负载率为 83.5%。配电变压器改造前后现场如图 6-13 所示。

图 6-13　配电变压器改造前后现场图

（2）存在问题。

1）BST 村 10kV JG 线 52 号杆配电变压器台区容量偏小，无法满足新增负荷用电需求。

2）BST 村 10kV JG 线 52 号杆配电变压器台区老旧，供电可靠性差且存在安全隐患。

3）低压主干线老化，绝缘皮脱落，可能导致线路短路且存在安全隐患。

（3）改造案例。拆除 BST 村 10kV JG 线 52 号杆配电变压器台区，新建 400kVA 变压器 1 台，新建 JKLGYJ-120mm² 架空线路 380m。

6.4　配电线路及设备智能化水平提升

6.4.1　问题分析

因为主站建设不完善、设备建设标准不高等原因，导致电网目前配电自动化水平较低，部分已配备自动化区域，自动化有效覆盖率较低，不能实现对配电网设备运行状态和潮流的实时监控与配网调度集约化、规范化管理等，无法对配网故障快速定位/隔离与非故障段恢复供电。环网箱现场如图 6-14 所示。

图 6-14　环网箱现场图

6.4.2　改造策略

对于具备自动化改造设备，通过配备自动化终端实现自动化覆盖，对于空间狭小，进出线为负荷开关等不具备自动化改造条件设备，按照典设要求选取对应设备进行更换。提高预警能力和信息化水平。

6.4.3　典型案例

（1）电网基本概况。10kV ZL02 线位于 B 类供电区域，接线方式为单环网，投运于 2016 年，供电半径为 2.21km，导线型号为 YJV22-3×400，挂接配电变压器 29 台，挂接总容量 11070kVA，线路分为 4 段，最大负载率为 53.64%。

10kV KG01 线位于 B 类供电区域，接线方式为单环网，投运于 2016 年，供电半径为 1.87km，导线型号为 YJV22-3×400，挂接配电变压器 34 台，挂接总容量 10550kVA，线路分为 3 段，最大负载率为 48.11%。

（2）存在问题。10kV KG01 线 1、2 号环网箱进出线均为负荷开关且箱体空间较小，无法配备自动化终端（DTU）。改造前现场如图 6-15 所示。

（3）改造方案。10kV KG01 线 1、2 号环网箱进出线均为负荷开关且箱体空间较小，无法配电变压器自动化终端，本次改造将其更换为一、二次融合环网箱，提升智能化有效覆盖率，提高供电可靠性。改造后现场如图 6-16 所示。更换环网箱改造前后地理接线如图 6-17 所示。

图 6-15　改造前现场照片

图 6-16　改造后现场图

图 6-17　更换环网箱改造前后地理接线图

第7章 配电网供电能力与效率提升

配电网供电能力与效益主要体现在主网与配网的协调统一、合理的电源点布局、灵活高效的负荷转供、分布式电源高效消纳、高电网资源利用率等方面，本节将从提升供电能力、提高运行效益、消纳分布式电源三个维度展开配电网供电能力与效益的提升。

7.1 提升供电能力

配电网供电能力对于优化电网结构，指导配电网规划和建设具有重大影响，配电系统供电能力是评价电网性能的重要指标之一，可以衡量电网的最大负荷承载能力。供电能力提升主要体现在线路重过载、线路 N-1 等。

7.1.1 问题分析

1. 中压线路重过载与轻载

中压线路的年最大负载率达到 70%以上且持续时间超过 1h 线路为重载线路，线路重过载原因主要有以下几点：随着社会经济的发展，电力负荷不断增加，导致电力系统中的线路承载电流也随之增加；线路在设计时没有考虑到未来的电力负荷增加，导致线路承载能力不足；线路故障会导致电力系统中其他线路承载电流增加，从而导致线路重载。

线路承载电流过大会导致线路过热、电压降低、设备损坏，从而影响线路的寿命、电力系统的稳定性和正常运行。

中压线路的年最大负载率达到 20%以下且持续时间超过 1h 线路为轻载线路，线路轻载原因主要是配电网配电变压器容量与地区预期负荷的比值差距较大，超前建设导致线路轻载。线路轻载会对配电网经济运行产生不利影响。

2. 线路 N-1

为保证电网稳定，保障用户得到质量要求的连续供电，因此需要电网具备在线路发生故障时，非故障可通过继电保护自动装置、自动化手段或现场人工倒闸尽快恢复供电的能力。因为不同供电区域对线路能否通过 N-1 需求不同，从而差异化制定线路 N-1 通过指标，具体情况见表 7-1。

表 7-1　　　　　　　　　　　　同供区线路 N-1 通过率

供电类型	A+	A	B	C	D
线路 N-1 通过率	100%	大于 95%	大于 90%	大于 75%	大于 40%

3. 配电变压器重过载

配电变压器最大负载率超过 80%，且持续 2h 为重过载配电变压器，配电变压器重过载主要原因为配电变压器供电用户负荷增大、配电变压器容量较小，除此之外还有可能是配电变压器运行管理不善导致的，其中尤以配电变压器三相不平衡为主要原因。配电变压器重过载导致线路发热、变压器寿命缩短、停电风险增加。

7.1.2　解决策略

线路重载：加强对线路及配电变压器检测和管理及时发现重过载线路；升级改造线路线径与配电变压器容量，提高其承载力；优化负荷分配，充分利用电网现有资源。

1. 过渡年

（1）根据客户数量、通道环境及架空线路长度合理设置分段开关。过渡年中压线路每段负荷控制在 1500kW 以内（参考容量控制在 4000～6000kVA，配电变压器数量不超过 15 台）。

（2）环网箱供出负荷控制在 1.2MW 左右（参考装接配电变压器容量控制在 4000～6000kVA）。

（3）综合考虑联络线路的转供能力，合理调整分段开关安装位置，控制分段内负荷；对于无联络线路，优先在末端、负荷较大的分段内增设联络。

2. 目标年

考虑远期变电站 10kV 线路通过"N-1"校验及设备利用率，综合计算单回线路安全电流，一方面需考虑线路经济运行负荷，另一方面需考虑变电站的负载能力，单回线路的供电负荷控制在 3～4MW。

线路 N-1：对于线路 N-1 不达标区域，可以通过强化网架结构，加强合理联络，有效控制联络线路负荷等方法，提升线路 N-1 通过率。

配电变压器重载：针对重、过载配电变压器，应首先考虑通过对现有配电台区供电范围进行合理分区和负荷调整予以解决。对无法解决的配电变压器应优先安排进行新增配电变压器布点，根据负荷增长情况适时进行增容改造。

7.1.3 典型案例

1. 线路重过载

（1）电网基本概况。10kVA 1 路位于 B 类供电区域，接线方式为单环网，投运于 2012 年，供电半径为 2.08km，导线型号为 YJV22-3×400，挂接配电变压器 37 台，挂接总容量 21235kVA，线路分为 3 段，最大负载率为 81.01%。

10kVA 2 路位于 B 类供电区域，接线方式为单辐射，投运于 2008 年，供电半径为 0.27km，导线型号为 YJV22-3×400，挂接配电变压器 8 台，挂接总容量 6230kVA，线路分为 1 段，最大负载率为 38.73%。

（2）存在问题。如图 7-1 所示，10kVA 2 路为重载线路且不能通过线路 N-1 校验，最大负载率为 81.01%，70%以上负载率持续时间约为 2592h，占去年全年运行时间的比值为 29.59%；挂接容量超过 2 万 kVA 为线路重载主要原因。计划通过变电站新出线路形成一组电缆单环网。

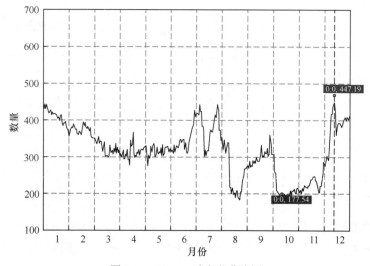

图 7-1　10kVA 2 路负荷曲线图

（3）典型案例。110kV B 站新出一回电缆线路沿规划路至 A1-4 号环网箱，将 A1-2 号、A1-3 号、A1-4 号环网箱切改至 B1 路，使 A1 路与 B1 路形成一组单环网，同时 A1-2 号环网箱出线至 A1-3 号环网箱并撤出 A1-1 号至 A1-3 号电缆，B1 路与 A1 路联络点设置在 A1-2 环网箱。改造前、后线路地理接线图如图 7-2 和图 7-3 所示。

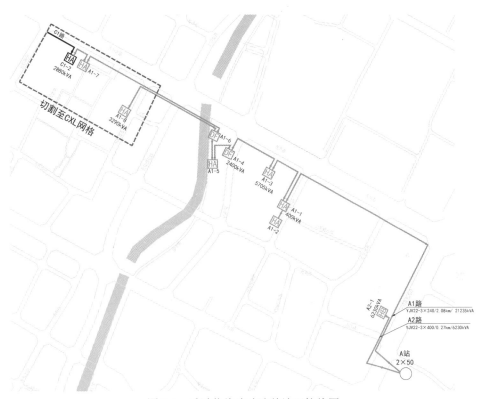

图 7-2　重过载线路改造前地理接线图

2．线路 N-1

（1）电网基本概况。10kV DJ 二线位于 B 类供电区域，接线模式为单辐射，投运于 2018 年，线路供电半径为 2.2km，导线型号为 YJV22-3×300，挂接配电变压器 8 台，总容量为 2000kVA，线路分段 1 段，最大负载率为 17.68%。

10kV DL 线位于 B 类供电区域，接线模式为单辐射，投运于 2016 年，线路供电半径为 3.27km，导线型号为 YJV22-3×300，挂接配电变压器 86 台，总容量为21240kVA，线路分段7段，最大负载率为67.8%。

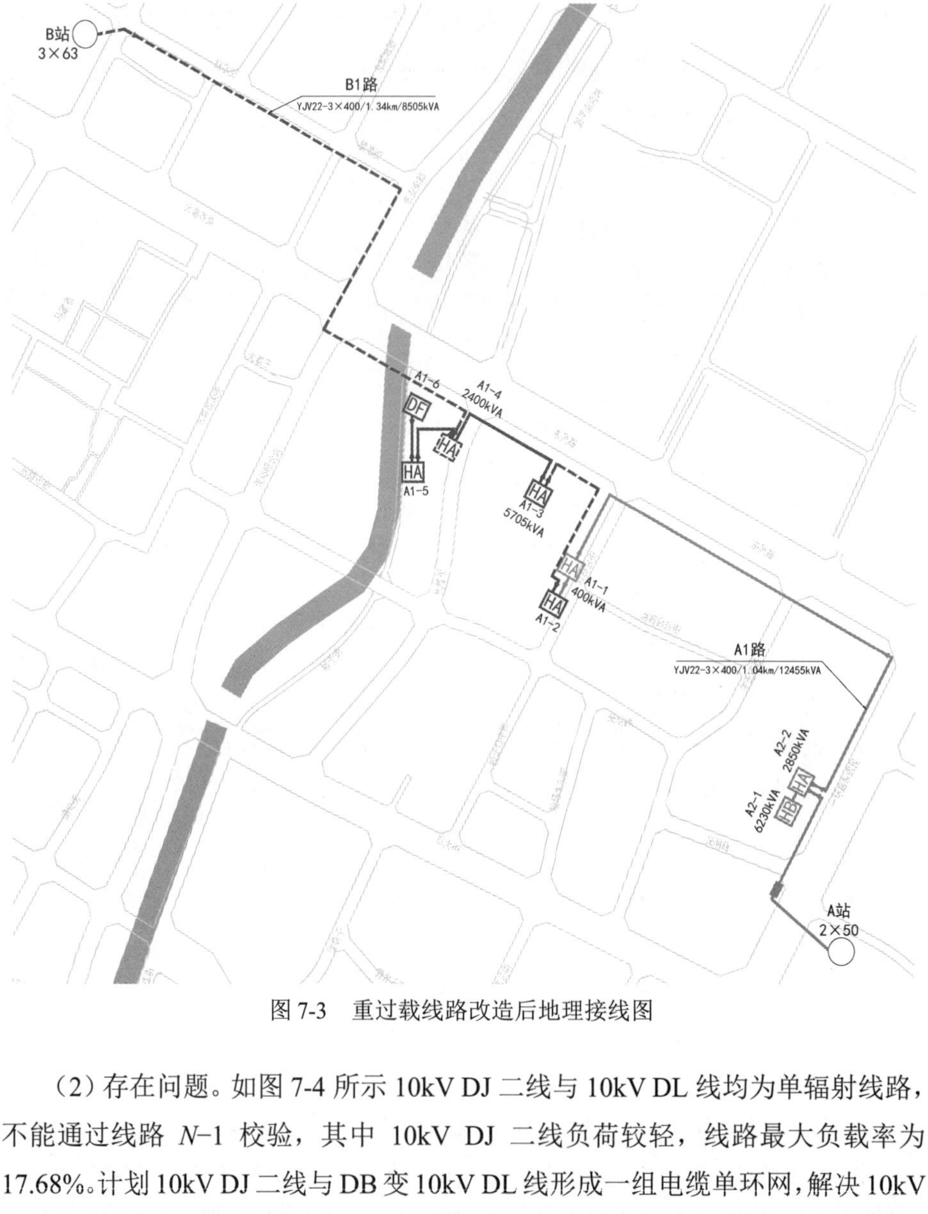

图7-3　重过载线路改造后地理接线图

（2）存在问题。如图7-4所示10kV DJ 二线与10kV DL 线均为单辐射线路，不能通过线路 N-1 校验，其中 10kV DJ 二线负荷较轻，线路最大负载率为17.68%。计划10kV DJ 二线与DB变10kV DL 线形成一组电缆单环网，解决10kV DJ 二线与10kV DL 不能通过 N-1 问题，并均衡线路负荷。

（3）改造方案。从 DJ 二线 DJ1 号环网箱新出一回电缆线路规划路至 DB9 号环网箱，将 DL 线 DB7 号、DB8 号、DB9 号（DB9-1 号）环网箱改接至 DL 线、使 DJ 二线与 DL 线形成一组单环网。改造后线路地理接线图如图7-5 所示。

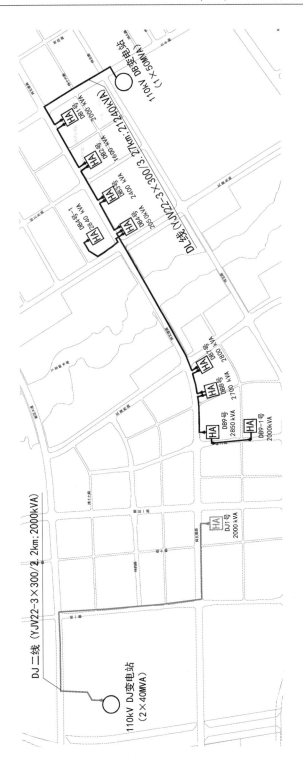

图 7-4　不满足 N-1 线路改造前地理示意图

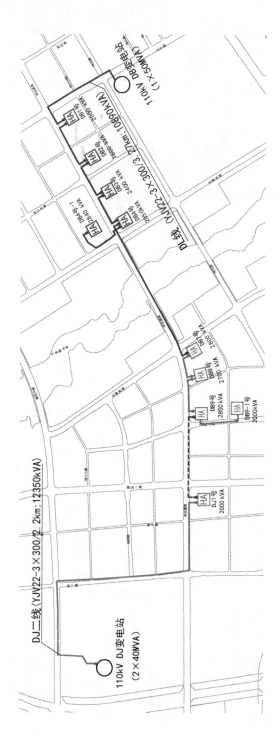

图 7-5　不满足 N-1 线路改造后地理接线图

3．配电变压器重过载

（1）电网基本概况。CJ 村现状有 6 台配电变压器，配电变压器容量为 590kVA，供电户数为 476 户，户均容量为 1.24kVA/户。

（2）存在问题。如图 7-6 所示，CJ 村存在过载配电变压器 2 台，分别为 CJ 村 1 号公用变压器、2 号公用变压器。低电压户数 8 户，低压用户均由过载配电变压器供电，三相不平衡配电变压器 1 台为 CJ 村 6 号公用变压器。

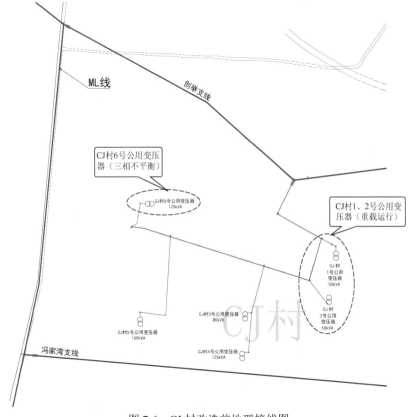

图 7-6　CJ 村改造前地理接线图

（3）改造方案。如图 7-7 所示，由 ML 线创举支线 05-1 号新增一台变压器布点，型号为 S13-M-100/10，容量为 100kVA，来缓解 CJ 村 1 号公用变压器过载供电压力，同时解决创举村 1 号公用变压器供电台区低电压问题；由 ML 线冯家湾支线 07 号新增一台变压器布点，型号为 S13-M-100/10，容量为 100kVA，来缓解创举村 2 号公用变压器过载供电压力，同时解决 CJ 村 1 号公用变压器供电台区。通过平衡负荷解决 CJ 村 6 号公用变压器三相不平衡问题。

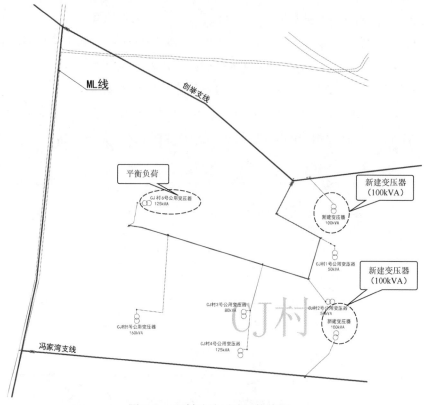

图 7-7　CJ 村改造后地理接线图

7.2　提高运行效益

配网低效线路分布与城市化发展的进程密切相关，从运行效率问题成因来看，生产和生活用电不均衡的特性是引起线路轻载问题的主要原因，因此需要针对各市县不同的空间分布特征，提出差异化的措施优化配电网发展建设，支撑项目投资决策，解决轻载问题，提升电网运行效益。

7.2.1　问题分析

1. 中压线路轻载

最大负载率低于 20% 线路为轻载线路，线路轻载主要原因为电网超前建设，线路供区用户较少，线路负荷分配不均衡等，导致电网资源未得到充分利用，造成资源浪费现象。

2. 专线改公网

对于变电站专线数量,应当严格控制,以节约廊道和间隔资源,提高电网利用效率。部分用户专线负荷长期处于低水平的情况,宜从技术经济角度分析专线间隔调整方案的可行性。

7.2.2　解决策略

线路轻载:将负荷较重线路部分负荷改接至轻载线路或合并轻载线路均衡线路负荷,解决轻载问题。

专线改公网:对于变电站中压间隔资源紧张,亟须解决重过载公用线路的情况,与客户友好协商后,结合负荷增长情况,可选择专线改接已有公用环网柜、变电站附近新建环网柜合并专线间隔等解决方案。

7.2.3　典型案例

1. 线路轻载

(1)电网基本概况。10kV HW01 线位于 B 类供电区域,接线模式为两联络,投运于 2012 年,线路供电半径为 2.9km,导线型号为 YJV22-3×400、JKLYJ-240,挂接配电变压器 28 台,总容量为 10035kVA,线路分段 4 段,最大负载率为42.98%。10kV DJ 二线负荷曲线如图 7-8 所示。

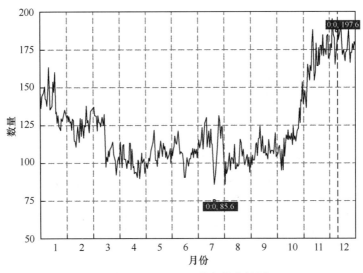

图 7-8　10kV DJ 二线负荷曲线图

10kV HW02 线位于 B 类供电区域，接线模式为单联络，投运于 2012 年，线路供电半径为 1.08km，导线型号为 YJV22-3×400、JKLYJ-240，挂接配电变压器 4 台，总容量为 1600kVA，线路分段 2 段，最大负载率为 15.51%。

10kV XS01 线位于 B 类供电区域，接线模式为单联络，投运于 2012 年，线路供电半径为 2.83km，导线型号为 YJV22-3×400、JKLYJ-240，挂接配电变压器 34 台，总容量为 10350kVA，线路分段 6 段，最大负载率为 57.17%。

（2）存在问题。如图 7-9 所示，10kV HW02 线为轻载线路，最大负载率为 15.51%。负载率低于 20%持续时间约为 2304h，占去年全年运行时间的比值为 26.3%；线路轻载主要原因为挂接用户少，负荷低（线路装接容量 3000kVA，供电用户 9 户），计划将 10kV HW02 线负荷改接至 10kVHW01 线。

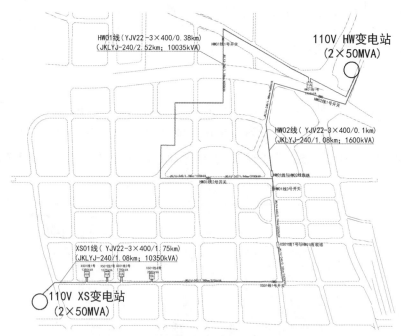

图 7-9　轻载线路改造前地理示意图

（3）改造方案。将 10kV HW02 线负荷改接至 10kV HW01 线 1 号环网箱，解决线路轻载问题，提升线路利用率，并腾出 110kV HW 变电站一个 10kV 间隔，缓解变电站间隔资源不足问题。改造后线路地理接线如 7-10 所示。

2. 专线改公网

（1）电网基本概况。10kV YT01 线位于 A 类供电区域，接线方式为单联络，投运于 2002 年，供电半径为 0.69km，导线型号为 JKLYJ-240，挂接配电变压器 17 台，挂接总容量 4335kVA，线路分为 1 段，最大负载率为 32.48%。

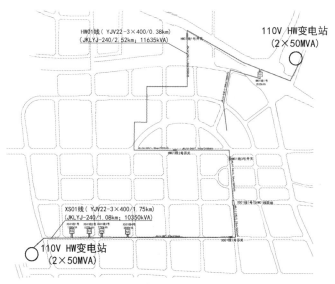

图 7-10　轻载线路改造后地理接线图

10kV CM01 线位于 A 类供电区域，接线方式为单联络，投运于 2000 年，供电半径为 1.48km，导线型号为 JKLYJ-240，挂接配电变压器 23 台，挂接总容量 9075kVA，线路分为 3 段，最大负载率为 61.19%。

10kV CM02 线位于 A 类供电区域，接线方式为单辐射，投运于 2005 年，供电半径为 1.29km，导线型号为 YJV22-3×400，挂接配电变压器 16 台，挂接总容量 7000kVA，线路分为 1 段，最大负载率为 21.27%。

（2）存在问题。10kV CM02 线为用户专线线路，最大负载率为 21.27%，为单辐射线路，供电可靠性差；为提升电网资源利用率且满足城市景观发展需求，现将该专线转为公网线路，并对 10kV YT01 线、10kV CM01 线实施架空落地改造，同时均衡线路负荷。项目实施后可使用户负荷有效转移，提升了供电可靠性，并腾出一个 10kV 线路间隔，为后期区域发展建设及用户用电接入提供条件。

（3）改造方案。将 YT01 线与 CM01 线架空线路落地改造，新建 8 座环网箱，将原架空线路用户全部接入新建环网箱，联络保持不变，同时将 1 户专线（CM02 线）用户接入 CM01 线 3、4 号环网箱，腾出 10kV 线路间隔。专线用户改造前后地理接线如图 7-11 所示。

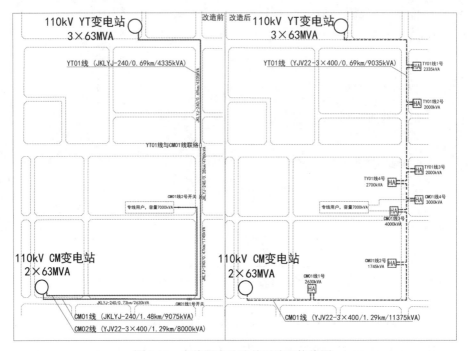

图 7-11　专线用户改造前后地理接线图

7.3　分布式电源接入与消纳

7.3.1　总体思路

分布式电源接入与消纳指在电力系统中大规模接入和有效利用分布式电源（如太阳能、风能、小型水电等）的过程。随着可再生能源的发展和应用，高比例分布式电源接入对于实现清洁能源和可持续发展至关重要。然而，有效地接入和消纳这些分布式电源也面临一些挑战。

因此建设多元融合智慧能源站以推动技术创新、加强电力系统规划和建设、优化市场机制、提升管理水平等措施，以促进高比例分布式电源的有效接入和消纳，实现清洁、可持续的能源供应。

在"五站合一"的基础上建设多元融合智慧能源站，具体体现在以下6个方面：

（1）建设站级源网荷储集成监控和协调控制系统。多元融合的智慧能源站统筹协调站内源（冷热电三联供、光伏发电）、网（智能变电站）、荷（电动汽车、数据中心）、储（电化学储能电站）各类主体，汇聚站外整个 220kV 供区内优质互动资源，建设站级的集成监控和协调控制系统，以站为主体接受省级源网荷储系统调度，展现故障紧急支撑、站内资源复用、灵活潮流控制、用户集群响应、光伏即插即用等应用场景。

（2）唤醒汇聚 220kV 供区内的灵活性资源。有序调整运行方式，割接周边负荷。如变电站周边机场、织造、运输、橡塑、电子、地产等规模以上用户以及众多分布式光伏用户，都是潜在的优质互动资源。智慧能源站综合本身的源网荷储资源，实现供区内灵活性资源的群调群控，可发展为天然的资源聚合商。

（3）开展多能源流的高效协同优化。分析供区内电源侧风光水火多能互补的时域特性，以区域能源多时空尺度供需预测为基础，开展 HC 变供区内的分区分层综合能源系统建设，建立以智慧能源站为核心、多个综合能源系统自律协同的区域能源互联网。以清洁、经济、高效的能源利用为目标，制定供区内多能源的协调运行与优化控制策略，打造一站式的综合能源系统样板。

（4）开展能源大数据商业应用示范。充分发挥站内数据中心子站的数据集成能力和数据分析计算能力，结合地区无线专网的接入条件，以能源大数据为基础拓展综合供能、用能咨询、设备托管、能源金融方面的综合能源服务新业态，积累综合能源技术和管理经验，提升区域综合能源服务话语权，强化区域能源用户粘性。

（5）开展基于用户体验的灵活资源优化配置。充分考虑源荷储层面各类主体的用户参与市场调节的需求与动力，开展变电站供区范围内的源网荷储灵活资源量化评价，建立基于用户体验的灵活资源潜力特征画像。从时空分布特性、运行特性、经济性等角度，构建参与系统削峰填谷、故障后安全稳定控制、清洁能源消纳等不同类型灵活资源管理的典型应用场景。开展考虑灵活资源高渗透的配电网多场景灵活规划，实现灵活资源深度挖掘和优化配置。

（6）面向资产增值的灵活电力电子资源潜力汇聚。考虑能源站范围内日益增多的电动汽车充电桩、分布式新能源、工业变频装置、用户侧储能等用户侧高附加值设备，充分利用其潜在四象限响应能力的电力电子变换装置的多角度调节潜力，通过 ICT（信息与通信技术）和边缘计算技术以及共享经济模式实现汇聚利用，服务区域电网降损增效和品质改善，实现大规模用户设备的资产增值。

7.3.2 建设目标

智慧能源站是公司发展新基建的实践举措。中央部署的"新基建"为公司加快电网发展、推动转型升级、培育增长动能提供了重要机遇。智慧能源站所融合的数据中心站和电动汽车充电站契合公司新基建领导小组"布局一批、开发一批、服务一批充电桩项目"和"示范应用一批新型数字基础设施"的具体要求,为"新基建"在浙江的发展凝心聚力。

智慧能源站是多元融合理念的集中展示。一方面智慧能源站中包含源(冷热电三联供)、网(智能变电站)、荷(电动汽车)、储(电化学储能电站)各类主体,有丰富的融合场景,可以集中展示例如源源互补、源网协调、网荷互动、网储互调、源荷共调、荷储互转等应用。另一方面智慧能源站定位"五个中心",是区域能源互联的能源流动、信息汇集、价值增值高地。契合于能量链、信息链和价值链的融合。

智慧能源站是电网基础设施资源高效利用的范例。变电站站址空间资源是公司最重要的资源之一,盘活存量和增量变电站资源,强化资源的综合利用,可实现地方经济发展和公司效益提升双赢的局面。多站融合的智慧能源站对220kV改造变电站腾空土地的再利用为空间资源综合利用开创了新的模式。

智慧能源站是科技创新成果的试验场和孵化池。围绕智慧能源站规划设计、集成运营、商业拓展等环节的关键问题,部署系列科技项目研究,一是通过"基于源网荷联动的电气热综合能源集成系统的协同规划"研究规划层面的智慧能源站的多元融合;二是通过"智能变电站向智慧能源站转型的关键技术和商业模式研究"研究运营层面的协同优化;三是通过"'多站融合'智慧能源站系统集成分析关键技术研究与决策运行支撑平台开发"研究系统集成层面的应用提升。通过科技创新有效支撑示范工程的落地,将智慧能源站与多元融合的高弹性电网紧密对接,构建可复制可推广的"多元融合智慧能源站"浙江样板,打造浙江高弹性电网的示范窗口。

7.3.3 典型案例

1. 现状基本概况

HC"五站合一"智慧能源站综合了智能变电站、储能电站、数据中心站、电动汽车充换电站和分布式能源站。

智能变电站已完成整体改造，采用国家电网有限公司 220-A1-2（10）通用设计方案，220kV 配电装置采用半户内 GIS 布置。本期 220kV 主变压器 2 台，远景 3 台，每台主变压器容量为 24 万 kVA。220kV 出线本期 4 回，远景 6 回，采用架空出线，110kV 出线本期 11 回，远景 14 回，全部电缆出线，10kV 出线本期 16 回，远景 24 回。

储能电站一方面作为数据中心后备电源节约备用发电机组投资，提高数据中心供电可靠性，支撑绿色数据中心建设，另一方面通过参与电网调节提高电网运行灵活性。本期配置储能电站 4MW/8MW 时，远期可扩展至 12MW/24MW 时。同时布置一体化移动式储能电源车 2 辆，每辆容量为 250kW/500kW 时，布置于充电站地块，设置独立充电桩。

数据中心站对内满足公司数字化转型需要为基于公司内部数据信息资源的多元化应用提供支撑，缓解公司乃至省公司层面机房资源的紧张局面；对外可承接智慧城市建设对数字基础设施的需求，分流周边上海、杭州地区外溢的数据中心需求。本期配置 443 面机柜，远景预留可扩展至 1271 面机柜的空间，设计终期能效指标 PUE（电源使用效率）为 1.35，达到同区域先进水平。

电动汽车充电站有效服务 HC 变周边 320 国道、常台高速马家浜下口等交通要道的电动汽车充电需求，配套以休息室、餐厅、服务终端等设施，构建"微综合体"，拓展成为公司营销业务和综合能源业务的宣传窗口。本期建设快速充电桩 16 个，并采用光伏一体化车棚，光伏装机容量 51kW。

分布式能源站通过三联供系统满足数据中心电、冷负荷需求，通过能源的梯级利用和协同供给，降低数据中心能耗和用能成本，支撑绿色数字中心建设，提升智慧能源站供能系统的安全性和可靠性。本期配置 1 台 600kW 级燃气内燃发电机组和 1 台 650kW 烟气溴化锂制冷机组。

2. 项目整体建设规划

HC 多元融合智慧能源站整体建设规划架构如图 7-12 所示。

HC 多元融合智慧能源站建设主要从变电站侧智慧能源站综合管控系统建设及供区侧资源监视控制改造建设两个方面着手。

变电站侧智慧能源站综合管控系统以 220kV 变电站作为信息枢纽，作为 220kV 以下供区范围的负荷、储能、新能源等多类型资源设备的聚合管理及协调调度系统，与 HC 变多站融合管控系统、供区 110kV 站内资源、供区电网侧资源、

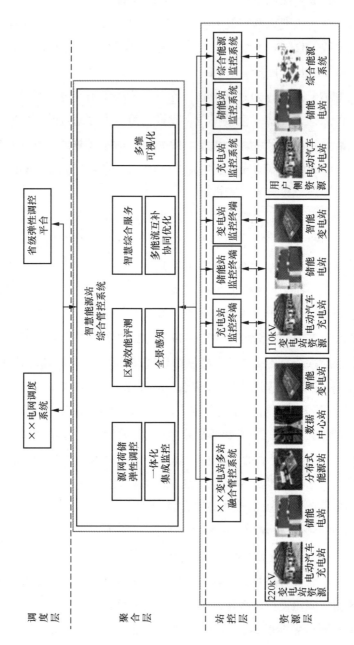

图 7-12 HC 多元融合智慧能源站整体建设规划架构图

供区用户侧资源的监控终端或监控子系统进行信息交互，实现智慧能源站供区范围各类资源运行信息的一体化集成监控和全景感知。接收地区电网调度系统及省级弹性调控平台等业务系统的调控指令，结合多能流互补优化、源网荷储弹性调控等多种实际运行需求，统筹协调站内及站外源网荷储各类主体，以清洁、经济、高效的能源利用为目标，制定供区内多能源的协调运行与优化控制策略。

智慧能源站管辖范围内供区 110kV 站内资源、供区电网侧资源、供区用户侧资源等各种类型资源的协调管控的实现需要以各类资源运行信息的采集监视和运行状态的控制为基础。要将 110kV 站内资源、供区电网侧资源、供区用户侧资源等各种类型资源纳入协调优化调控体系，需对智慧能源站供区侧试点控制区域进行相关改造，通过加装监控终端、站控侧系统信息互联等方式，从数据流层面实现智慧能源站调控资源的互联。

3. 智慧能源站综合管控系统建设

（1）功能需求。

一体化集成监控：基于一体化建模、即插即用等技术实现多元融合智慧能源站站内及供区范围内各类资源运行状态的一体化集成监控，实时监测站内及站外源（冷热电三联供、光伏发电）、网（智能变电站）、荷（电动汽车、数据中心）、储（电化学储能电站）各类主体的运行信息，实现多种能源的互联贯通，并将多种数据进行深度融合。

全景感知：基于智慧能源站调控范围内各类资源主体的实时监控数据，实现智能能源站调控范围各类资源的供能能力和用能负荷预测。综合考虑智慧能源站调控范围各类资源历史运行状态、当前运行状态、预测未来运行状态等数据，对智慧能源站调控范围多能耦合系统的运行态势和运行风险进行评估，深度掌握智慧能源站调控范围多能耦合系统运行稳定性情况，为多能流自律协同优化和源网荷储弹性调控等应用服务提供支撑。

多能源流自律协同优化：以保障智慧能源站调控范围多能耦合的综合能源系统供电需求、供冷需求等各类供能需求为前提，以降低用能成本、提高综合能效等为目标，对智慧能源站调控范围内的综合能源系统进行多能流自律协同优化调度。综合能源系统是一个包括电、热、冷等多种能源的多能流系统，结构和相互作用机理比较复杂，运行方式也会更多样化。根据智慧能源站调控范围内的综合能源系统运行现状，可以对系统中的电冷热进行综合优化，也可以将电和冷热解耦，以便进一步提升优化速度和降低控制难度。

源网荷储弹性调控：研究分析智慧能源站站内及站外源网荷储各类元素对电网运行稳定性及电网弹性的影响程度，结合源网荷储各类元素本身的运行特征和调节特征，从均衡能力、调节能力、扰动能力等多个层面分析站内及站外供区范围内源（冷热电三联供、光伏发电）、网（智能变电站）、荷（电动汽车、数据中心）、储（电化学储能电站）各类主体对电网弹性的影响。将站内及供区范围内的各类分散的灵活性资源聚合管理参与电网弹性调控，增加收益，延缓电网投资。

智慧运行控制：HC变智慧能源站供区范围内资源种类丰富，具备源（冷热电三联供、光伏发电）、网（智能变电站）、荷（电动汽车、数据中心）、储（电化学储能电站）等多元类型资源，需要基于分层分布控制理论，研究精细化的智慧运行控制方法，实现各类主体资源的有效运行控制，为各类应用场景的落地实现提供支撑。

区域效能评测：基于智慧能源站系统各类设备运行状态的运行监控数据，对智慧能源站站内及供区范围内各类应用场景下的区域效能情况进行分析评测，支持各类评测数据的可查询、追溯，支持各类数据的同比环比对比分析，支持各类评测数据的可视化展示和报表输出。

多维可视化：基于数据可视化技术，实现智慧能源站综合能源系统实时数据可视化、场景化等功能，直观呈现智慧能源站综合能源系统全貌。能够对系统运行信息、统计信息等进行可视化展示，支持各类画面浏览，支持智慧能源站综合能源系统实时数据及历史数据的查询浏览。

（2）网络部署需求。多元融合智慧能源站综合管控平台部署架构如图 7-13所示。

多元融合智慧能源站综合管控平台计划部署于 HC 变智慧能源站内部。HC变多站融合系统运行数据及光伏、储能、充电桩等资源运行数据由三区接入，供区 110kV 变电站及电网侧资源运行数据由一区接入。用户侧资源支持直接采集其运行信息，已接入地区电网营销系统的用户信息可由营销系统获取。多元融合智慧能源站综合管控平台通过一区调度数据网与地调进行数据交互，获取地区电网调控指令。通过三区调度数据网与省级弹性调控平台进行数据交互，获取需求响应指令，并将多站融合智慧能源站系统运行数据按需上传。

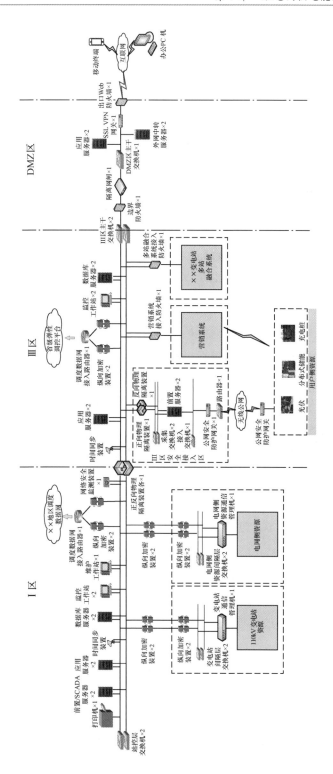

图 7-13　部署架构

（3）系统技术指标要求。

接入规模：应能支持大于 300 个监控终端的接入和监控；接入规模应能满足所辖电网要求。

模拟量采集精度：交流电流：±0.5%。交流电压：±0.5%。功率：±2.5%。直流电流：1.0%。测量时间常数：≤20ms。

系统分析计算规模：支持服务并发数大于 30；数据处理及存储规模；支持数据存储周期超过 5 年。

响应时间：平均响应时间应小于 5s。画面数据刷新周期：1～10s。动态数据处理周期：≤3s。

系统可靠性：平均无故障时间大于 50000h；年可用率大于 99.99%。

（4）硬件配置要求。基本要求：系统硬件应选用符合国际标准的、国内知名厂家的主流硬件设备，并采用机架式安装，关键设备应配置双路独立电源，满足性能稳定、维护方便和灵活可扩展的要求。

服务器配置要求：服务器用于完成数据采集、数据存储、计算分析、服务提供等功能，其硬件要求如下：服务器应确保能够长期稳定运行，满足系统可靠性要求；硬盘容量能够满足历史数据保存三年以上，且数据库中的量测总数不小于10000点，存盘间隔 5min；服务器网口应满足各种横向与纵向系统接口的接入；满足工业企业配电房的运行环境要求；服务器机箱要求采用上柜安装方式。

通信设备配置要求：通信设备应满足各种横向与纵向系统接口的接入要求；应满足系统各项技术指标要求，确保分布自治综合控制系统与横向系统，纵向系统信息交互稳定可靠；通信设备配置应留有足够的备用端口；通信设备配置要求采用上柜安装方式。

安全防护设备配置要求：二次安全防护设备包括防火墙、公网安全防护设备等；系统各安全区之间、系统的互联及安全防护必须满足《电力监控系统安全防护规定》（国家发展改革委 2014 年 14 号）、《电力监控系统安全防护总体方案》（国能安全〔2015〕36 号）、《国家电网电力监控系统安全防护技术规范》的要求。

机柜及其他设备配置要求：机柜应包含电源排插、空气开关、接地等所有附件；柜体统一整齐，组柜合理，方便维护和散热，不拥挤，留有一定的扩充空间。

（5）软件配置要求。

1）基本要求：智慧能源站综合管控系统软件采用分层、模块化结构，通过应用中间件屏蔽底层操作，可在异构平台上实现分布式应用，具备跨软件以及跨硬件平台功能。软件模块满足 IEC 61968/IEC 61970CIM 标准，接口应满足国家标准、行业标准或国际标准。

2）操作系统：所选操作系统应为具有开放性、高可靠性和安全、通用、成熟的产品，根据分布自治综合控制系统的重要性以及系统规模，服务器采用安全加固 Linux 操作系统，以保证自动化系统运行的稳定、可靠、安全。

3）程序开发工具。分布自治综合控制系统应具备以下开发工具：语言，如 C、C++、Java 等；各种应用库；程序调试工具及编程支持工具。

（6）安全防护要求。按照《电力监控系统安全防护规定》（国家发改委 2014 年第 14 号令）及其配套文件要求，和国家电网有限公司"分区分域、安全接入、动态感知、全面防护"的安全策略，按照"同步规划、同步建设、同步使用"的原则同步落实国网 HC 变多元融合智慧能源站综合管控平台安全防护措施，保障系统的网络安全。主要设备包括防火墙、正（反）隔离装置、纵向加密、新一代安全接入装置。充分考虑调节指令交互的安全性，基于 IEC 62351《变电站二次系统安全加固方案》、国家能源局 36 号文《电力监控系统安全防护总体方案》、Q/GDW 1775《互联网环境下的数据安全传输技术规范》等安全规范和要求，从交互协议、信息加密、身份认证、抗重放、应用交互过程等方面构建网络安全防护体系。

多元融合智慧能源站综合管控平台安全架构包含网络安全、主机安全、应用安全、数据安全、安全加固、系统备份、边界安全等。

网络安全方面，多元融合智慧能源站综合管控系统遵循横向隔离，纵向认证的安全防护原则，根据用户现场情况采用光纤专网或无线公网进行数据接入，变电站及电网侧资源通过光纤专网接入本系统一区，通信链路上部署纵向加密装置进行安全防护。对于通过无线公网通道进行数据交互的用户侧资源，在接入点部署子站侧公网安全防护网关，实现数据的安全加密，通过主站侧公网安全防护网关解密后接入。对于同属于三区的营销及多站融合系统通过防火墙接入的方式进行数据交互。通过 DMZ 区接入外部互联网，为用户提供可视化人机界面及移动终端 APP 等服务。

此外，在外部系统与业务服务器之间进行路由控制应建立安全的访问路径，避免将重要网段部署在网络边界处且直接连接外部信息系统，重要网段与其他网段之间采取可靠的技术隔离手段，按照对业务服务的重要次序来指定带宽分配优先级别，保证在网络发生拥堵的时候优先保护重要主机。

在网络边界部署访问控制设备，启用访问控制功能；按用户和系统之间的允许访问规则，决定允许或拒绝用户对受控系统进行资源访问，控制颗粒度为单个用户。应能够对非授权设备私自联到内部网络的行为进行检查，准确定出位置，并对其进行有效阻断；能够对内部网络用户私自联到外部网络的行为进行检查，准确定出位置，并对其进行有效阻断。

多元融合智慧能源站综合管控平台采用两种或两种以上组合的鉴别技术对管理用户进行身份鉴别；审计范围应覆盖到服务器和重要客户端上的每个操作系统用户和数据库用户。应能够检测到对重要服务器进行入侵的行为，能够记录入侵的源 IP、攻击的类型、攻击的目的、攻击的时间，并在发生严重入侵事件时提供报警；操作系统应遵循最小安装的原则，仅安装需要的组件和应用程序；对重要服务器进行监视，包括各种资源的使用情况。

4. 供区侧设备改造

（1）工程建设范围。

1）规模以上用户：规模以上用户部署数据采集终端，将企业内部的光伏发电及负荷数据汇总上传，现场部署公网安全隔离网关，通过 4G 无线或有线宽带的方式与智慧能源系统通信。采用 104 规约通信。

2）分布式光伏用户：分布式光伏用户部署数据采集装置，通过公网安全网关设备，采用 4G 无线通信的方式与智慧能源站系统通信。采用 Modbus 或者 104 规约与智慧能源站系统通信。

3）分体式空调用户：在供区企业分体式空调侧安装一个智能插座，通过智能插座实现对空调的启动、关闭、温度调节及运行电流/电压等的采集；在拥有分体式空调区域部署 1～2 台通信网关，通过 LoRa 无线的方式接入智能插座，通过无线通信接入后台；部署 1 台管理工控机，用于对通信网关、智能插座的前置通信及空调档案管理；与智慧能源站系统对接；后台管理系统将调节命令发送给通信网关，通信网关再把调节命令发送给智能插座，由智能插座实现对空调的控制；后台系统经过公网安全隔离网关，通过无线 4G 方式与智慧能源站系统通信，实现供区企业分体式空调负荷远程调控和数据采集；通信规约采用 Modbus 规约。

　　4）集中式冷热用户：对供区企业中央空调系统各增加一套冷热监控终端、传感器以及水泵和风机控制单元等执行设备。冷热监控终端实现数据的采集及分析功能，能够进行供冷的自趋优控制，并接受智慧能源站系统的调度指令，进行整体监控；冷热监控终端通过公网安全网关，采用 4G 无线方式与智慧能源站系统通信。规约采用 Modbus 协议。

　　5）储能用户：在用户侧储能处部署数据采集终端，经过公网安全隔离网关，采用 4G 无线的方式上传数据。通信采用 Modbus 或 104 规约通信。

　　6）充电桩用户：充电桩通过公网安全隔离网关，采用 4G 无线方式与智慧能源站系统进行通信，通信采用 Modbus 或 104 规约通信。

　　7）变电站监控建设方案：智慧能源站综合管控系统通过光纤通道接收110kV 变电站后台系统转发的变电站实时数据；接收变电站新建能源管理中心系统转发的高低压配用电设备运行信息。如果变电站内部参与调控的资源的运行信息采集较全面，能够满足业务需求，则无需新增配电监控终端。

　　（2）典型规模用户监控建设方案。

　　1）企业专用变压器监控建设方案。以工业企业为典型代表的规模以上用户，如果具备企业专用 110kV 变电站，则智慧能源站综合管控系统通过光纤通道接收其 110kV 变电站后台系统转发的变电站实时数据。

　　2）配用电数据采集方案。

　　a．采集目的：收集当前企业用能等数据与后期结项验收时数据进行对比分析，为项目指标考核对比分析提供数据支撑；收集企业用能等关键数据，为自趋优控制、降低综合能耗、提升能源综合利用效率等课题研究提供基础数据；收集企业用能等关键数据，为智慧能源站综合管控系统的相关功能运转提供数据支撑。

　　b．采集方案：如果企业具备自己的用户能量管理系统，则智慧能源站综合管控系统可直接与企业的用户能量管理系统进行信息交互，获取企业内部生产车间高低压馈线开关电量、功率、电压、电流等用电实时信息；如果企业不具备自己的用户能量管理系统，但已被纳入的需求响应资源库，则智慧能源站综合管控系统可以与电网的营销系统进行数据交互，获取该企业参与调控的属性、参数及运行信息等数据；如果企业尚未纳入需求响应资源库，具备自己的用户能量管理系统，则可在企业参与调控的设备或者企业关口处增加配电监控终端、冷热监控终端等监控设备，实现相关资源设备运行信息的采集和运行状态控制。

（3）冷热监控建设方案。以工业企业为典型的规模以上用户，如果具备中央空调系统、溴化锂制冷系统、冰蓄冷空调系统、集中供热站系统等设备资源，可根据现场情况新增冷热监控终端，实现中央空调系统、溴化锂制冷系统、冰蓄冷空调系统、集中供热站系统的运行监视、节能控制及需求响应。

该冷热监控终端的功能需求主要包括：

1）数据采集及分析。完全依靠人工的手工抄表，存在时间偏差、不精准、数据量少、数据整理难度大等问题，因此针对系统中运行的主要数据，将采用实时采集方案，对冷热系统运行数据、环境数据进行采集，并通过实时的数据采集进行数据分析。

2）节能智能控制。中央空调系统往往是根据建筑当地的气象资料（最高/低气温）和建筑物的特点而设计，主机、水泵都有一定余量，在不同季节、不同时段时，空调系统全年部分负荷运行的时间约90%以上。且常规中央空调系统一般都不采用集中控制系统，系统的运行管理复杂。且空调主机和附属设备均采用定流量、定温度运行模式。只要空调主机启动，循环水泵、冷却水泵都在工频状态下运行，系统整体能耗也势必较高。

因此，冷热监控终端的设计将包含冷热系统节能优化目标，其设计以高效的冷量制取和高效的冷量输送为目标。

（4）与智能能源站综合管控系统的通信及调度响应。冷热监控终端可接受智能能源站综合管控系统的调度指令，实现多能互动、削峰等指标。智能能源站综合管控系统能够获得冷热系统运行的基本数据，进行分析并做出调度指令，冷热监控终端能够对子站的指令进行响应。

与智能能源站综合管控系统通信内容包含冷热系统供回水温度、瞬时耗电量、瞬时热量、运行设备数量及其他控制指令的下发。

5. 通信建设方案

（1）与省调源网荷储调度系统的通信。通过三区调度数据网与省级弹性调控平台进行数据交互，获取需求响应指令，并将多站融合智慧能源站系统运行数据按需上传。

（2）与地区调度系统的通信。通过一区调度数据网与地调进行数据交互，获取地区电网调控指令。

（3）与地区营销系统的通信。通过三区调度数据网与地区营销系统进行数据交互，获取地区需求响应资源的运行信息。

（4）与变电站后台监控系统的通信。通过无线专网或一区调度数据网与变电站后台监控系统进行数据交互，获取变电站及内部电网侧调控资源的运行信息。

（5）与典型企业用户能量管理系统的通信。通过无线公网经安全接入区与企业的用户能量管理系统进行信息交互，获取企业内部生产车间高低压馈线开关电量、功率、电压、电流等用电实时信息。

（6）与分布式光伏系统的通信。对于属于电网侧资源的分布式光伏系统，通过无线专网或一区调度数据网与变电站后台监控系统进行数据交互，获取分布式光伏系统的运行信息。

对于属于用户侧资源的分布式光伏系统，通过无线公网经安全接入区与分布式光伏系统监控系统进行信息交互，获取分布式光伏系统的运行信息。

（7）与中央空调冷热监控终端的通信。通过无线公网经安全接入区与中央空调冷热监控终端进行信息交互，获取企业内部中央空调系统开关电量、功率、电压、电流等用电实时信息。

（8）与储能系统的通信。对于属于电网侧资源的储能系统，通过无线专网或一区调度数据网与变电站后台监控系统进行数据交互，获取储能系统的运行信息。

对于属于用户侧资源的储能系统，通过无线公网经安全接入区与储能系统监控系统进行信息交互，获取储能系统的运行信息。

上述接口中，通过光纤接入通信的两侧系统均需要部署光纤通信模块（光电转换器）。

第8章　农村高跳线路治理

8.1　总　体　思　路

8.1.1　改造思路

在当前中国社会飞速发展的大背景下，电力系统的供电可靠性是一项重要技术指标，是对供电系统持续供电能力的直观描述，直接关系到供电服务质量的高低，频繁停电对于社会生产和百姓生活具有非常重大的影响，但是配电网的运行环境非常复杂，经常会面临各种威胁和干扰，如设备运行、网架方面的原因、客户自身原因、自然环境原因等，这些都可能导致高故障线路的出现，极大地影响客户的用电体验，只有保证供电系统正常运行，才能建设安全、稳定的用电环境。

改造时首先需要对各类故障产生的因素进行识别和分析，例如网架结构不合理、运行状况差、设备老化、外力破坏、人为因素等。需要针对不同的因素，制定不同的改造措施，构建科学合理的故障控制体系，有效减少故障发生率，提高故障处理速度，确保电力供应的可靠稳定，提高客户用电的信心和满意度。

8.1.2　改造原则

整治高跳线路为了将故障时户数控制在公司运维管理承受范围内，为实现资金投入与供电可靠性的平衡，在优化改造中各设备与网架结构应遵循以下原则：

（1）柱上开关。

1）主线分段应安装智能柱上开关。

2）支线上智能柱上开关安装，支线挂接配电变压器数量大于3～10台的应在 1 号杆处安装智能柱上开关。其他已安装在支线上的普通柱上开关应加装在线监测装置。

（2）主干线分段。主干线分段应结合导线型号计算分段容量，下面以架空线路型号 JKLYJ-150 为例。

1）线路负载：6146MW(6728MW/457A-5564MW/378A)×70%=4302MW。

2）分段开关（3 个）：4320MW/3=1440MW（为 1500MW 左右）。

3）挂接容量：1500MW×2=3000kVA。

以架空线路型号 JKLYJ-120 为例。

1）线路负载：8428MW（9230MW/627A-7625MW/518A）×70%=5900MW。

2）分段开关（3 个）：5900MW/3=1967MW（为 2000MW 左右）。

3）挂接容量：2000MW×2=4000kVA。

（3）在线监测装置。在线监测装置安装应在以下位置进行安装：

1）主线路的变电站第 1 个开关的负荷侧（后端）安装。

2）主干线安装距离间隔为 1～3km 或 20～30 基杆。

3）普通开关后安装远传型故障指示器。

（4）保护配置。

1）变电站出线保护。

a．变电站出线开关过电流Ⅱ段保护配合，动作电流可按照 6 倍的后端最大负荷电流整定。

b．变电站出线开关过电流Ⅲ段保护配合，一般按照 4 倍的后端最大负荷电流整定。

2）线路保护。

a．一级智能开关。与变电站出线开关保护相配合，如变电站开关过电流保护时间为 0.7s/重合闸 3s（0.55s/0.4s/0.25s、重合闸 3s），智能开关过电流保护时间可设定为 0.15s。

b．二级智能开关。与一级智能开关保护相配合，但过电流保护时间不宜设定为 0。

c．重合闸。与变电站出线开关重合闸相配合。如变电站开关重合闸时间为 1s，一级智能开关重合闸时间可设定为 3～4s，二级智能开关可按照 2～3s 的级差配置。

（5）变压器熔丝选择。100kVA 以下变压器，一次按 2～3 倍额定电流选择；100kVA 以上变压器，一次按 1.5～2 倍额定电流选择。二次按二次额定电流选择。

（6）定期、不定期巡视的注意范围。

1）架空线路、电缆及附属电器设备。

2）柱上变压器、柱上开关、环网单元、配电室、箱式变压器等电器设备。

3）防雷与接地装置、配电自动化终端等设备。

4）架空线路内的树木、违章建筑及悬挂、各类广告牌、路灯、堆积物、周围的挖沟、取土、修路开山放炮及其他影响安全运行的施工作业等。

5）各类相关的运行、警示标识及相关设施。

特殊巡视的主要范围如下：

1）存在外力破坏可能或在恶劣气象条件下影响安全运行的线路及设备。

2）设备缺陷近期有发展和有重大严重缺陷、异常情况的线路及设备。

3）重要保电任务期间的线路及设备。

4）新投运、大修、改造投运后线路及设备。

8.2　10kV 高跳线路综合改造案例

8.2.1　现状基本情况

JX 四线投运于 2006 年，2021 年线路最大电流为 122.68A，属于单辐射线路，线路全长为 39.67km，最大负荷为 2.12MW，平均负荷为 1.33MW，平均线损为 2.45%。

JX 四线路主干线路装设柱上断路器 4 台，支线上装设支线断路器 8 台，用户装设断路器 6 台。其中主线智能开关 2 台，分支智能开关 4 台，开关设备智能化率 50%。线路主要通信方式为无线通信。

（1）主干线。JX 四线路主干线全长 12.65km，型号为 JKLYJ-240。线路挂接配电变压器共计 122 台，总容量为 13590kVA，其中公用变压器 61 台，容量为 9145kVA；专用变压器为 61 台，容量为 4445kVA。JX 四线 1077 地理接线如图 8-1 所示，主干线情况见表 8-1。

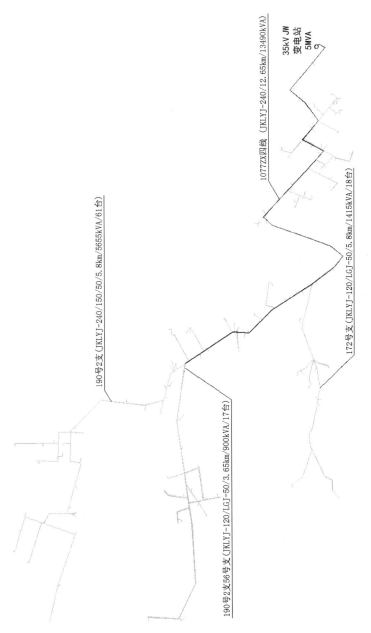

图 8-1　JX 四线线路现状地理接线图

表 8-1　　　　　　　　　　　JX 四线 1077 主干线情况

序号	主线分段	挂接方式	配电变压器台数、分支线数	容量（kVA）	分段容量（kVA）
1	变电站至 21 号杆开关	挂接主线	1	100	100
		分支线	—	—	
2	21 号杆开关至 64 号杆开关	挂接主线	4	450	4380
		分支线	2	3930	
3	64 号杆开关至 107 号杆开关	挂接主线	6	1430	3120
		分支线	3	1690	
4	107 号杆开关至 187 号杆开关	挂接主线	—	—	1975
		分支线	2	1975	
5	187 号杆开关至线路末端	挂接主线	2	250	5955
		分支线	1	5705	

（2）分支线。JX 四线路有支线路 8 条，其中 6 条支线上挂接台区数在 10 台以内，2 条支线挂接台区数在 10 台以上，分别如下。

1：JX 四线路 190 号 2 支线，分支长度为 7.26km，挂接配电变压器 61 台，总容量为 5655kVA，占线路总容量的 41.61%。

2：JX 四线路 172 号 1 支线，分支长度为 5.8km，挂接配电变压器 18 台，总容量为 1415kVA。

JX 四线 1077 分支线情况见表 8-2。

表 8-2　　　　　　　　　　　JX 四线 1077 分支线情况

序号	线路名称	支线、分支线配电变压器及容量情况						导线型号
		总台数	总容量（kVA）	公用变压器台数	公用变压器容量（kVA）	专用变压器台数	专用变压器容量（kVA）	
1	JX 四线路 190 号 2 支线	61	5655	32	2740	29	2915	1～32 号支线为 JKLYJ-240 导线，32～47 号支线为 LGJ-50 导线，47～147 号支线 JKLYJ-150 导线
2	JX 四线路 172 号 1 支线	18	1415	2	150	16	1265	JKLYJ-185
3	JX 四线路 053 号 1 线	10	3630	4	2200	6	1430	JKLYJ-185
4	JX 四线路 065 号 1 线	6	650	5	450	1	200	JKLYJ-185

续表

序号	线路名称	支线、分支线配电变压器及容量情况					导线型号
		总台数	总容量（kVA）	公用变压器台数	公用变压器容量（kVA）	专用变压器台数	专用变压器容量（kVA）	
5	JX 四线路 097 号 1 线	5	700	3	450	2	250	JKLYJ-185
6	JX 四线路 111 号 1 线	6	560	3	260	3	200	1~27 号 1 支 1 号 1 支 12 号，JKLYJ-120；27 号 1 支 1 号 1 支 12 号-末端，LGJ-50
7	JX 四线路 084 号 1 线	3	300	2	250	1	50	JKLYJ-185
8	JX 四线路 057 号 1 线	2	300	0	0	2	300	JKLYJ-185

（3）智能电网。对 JX 四线路共配置 8 台柱上断路器，采用电流时间型级差保护。断路器继电保护定值配置如图 8-2 所示，保护定值情况一览表见表 8-3。

表 8-3　　　　　　　　　　断路器继电保护定值情况一览表

序号	开关位置	厂家名称	I 段保护定值	II 段保护定值	重合闸时间	变比	备注
1	线路出线开关	—	365.7A/0.8s	3110.3A/0.2s	—	1/1	—
2	021 号杆	珠海××	332.5A/0.6s	2392.5A/0s	10s	600/1	智能开关
3	064 号杆	北京××	302A/0.45s	退出	13s	1/1	普通开关
4	107 号杆	珠海××	274A/0.35s	退出	16s	600/1	智能开关
5	172 号杆分支	西安××	250A/0.2s	1708A/0s	19s	1/1	智能开关
6	187 号杆	智能控制器	250A/0.3s	退出	19s	1/1	普通开关
7	190 号 2 线 26 号杆	珠海××	227A/0.2s	退出	22s	600/1	智能开关
8	190 号 2 线 56 号 1 支 22 号杆	珠海××	205A/0.15s	1000A/0s	25s	600/1	智能开关
9	190 号 2 线 116 号 1 支 20 号杆	西安××	205A/0.15s	800A/0s	25s	1/1	智能开关

（4）柱上开关与故障指示器。JX 四线路现有分段柱上断路器 4 台，支线共有柱上断路器 8 台，用户柱上断路器 6 台，主线上安装故障指示器 8 套，支线上按安装故障指示器 2 套。开关配置位置一览表见表 8-4。

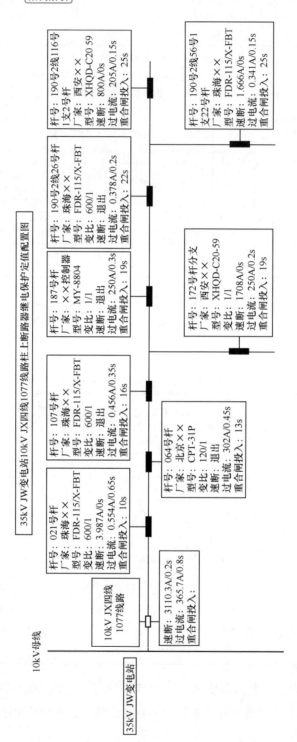

图 8-2 断路器继电保护定值配置图

表 8-4　　　　　　　　　　　　　开关与故障指示器配置位置一览表

表序号	设备类型	设备作用	位置
1	断路器（智能开关）	主线分段	21 号杆
2	断路器（智能开关）	主线分段	64 号杆
3	断路器（智能开关）	主线分段	107 号杆
4	断路器（普通开关）	主线分段	187 号杆
5	断路器（普通开关）	支线分段	原 055 号 1 线 86 号 1 支 27 号 1 支 1 号 1 支 Y1 号杆
6	断路器（智能开关）	支线分段	190 号 2 线 26 号杆
7	断路器（智能开关）	支线分段	190 号 2 线 56 号 1 支 22 号杆
8	断路器（普通开关）	支线分段	190 号 2 线 62 号杆
9	断路器（智能开关）	支线分段	190 号 2 线 116 号杆 1 支 2 号杆
10	断路器（普通开关）	用户分界	57 号 1 线 4 号杆
11	断路器（普通开关）	用户分界	172 号 1 支 1 号 2 支 28 号杆
12	断路器（普通开关）	用户分界	原 055 号 1 线 86 号 1 支 27 号 1 支 1 号 1 支 Y50 号杆
13	断路器（普通开关）	用户分界	原 055 号 1 线 86 号 1 支 27 号 1 支 1 号 1 支 Y58 号杆
14	断路器（普通开关）	用户分界	原 055 号 1 线 86 号 1 支 27 号 1 支 1 号 1 支 Y76 号杆
15	断路器（普通开关）	用户分界	190 号 2 线 28 号杆
16	断路器（智能开关）	分支开关	172 号 1 支 1 号杆
17	故障指示器	故障定位	05 号杆
18	故障指示器	故障定位	40 号杆
19	故障指示器	故障定位	65 号 1 线
20	故障指示器	故障定位	96 号杆
21	故障指示器	故障定位	111 号 1 支 2 号 2 支 1 号杆
22	故障指示器	故障定位	155 号杆
23	故障指示器	故障定位	179 号杆
24	故障指示器	故障定位	183 号杆
25	故障指示器	故障定位	199 号杆
26	故障指示器	故障定位	225 号杆

8.2.2　故障运行分析

1. 线路故障

JX 四线路 2021 年发生跳闸事故 12 次，总停电时间为 54.52h，影响用户共计 721 户，产生时户数 3723.32，线路供电可靠率为 99.6836%。日常巡检发现的树障问题如图 8-3 和图 8-4 所示。

169

图 8-3 树障日常巡视图

图 8-4 设备巡视图

12 次故障停电中，因专用变压器用户导致的故障次数 3 次，产生时户数 131.91；设备原因导致的故障次数 1 次，产生时户数 95.22；外力破坏导致的故障次数 2 次，产生时户数 149.16；自然因素导致的故障次数 6 次，产生时户数 3347.03。故障明细表见表 8-5。

表 8-5　　　　　　　　　　　　线路故障明细表

序号	线路名称	跳闸设备	持续时间（h）	停电时户数	停电用户数	跳闸原因概述	用户原因	外力破坏	自然因素	设备原因
1	JX四线路	190 号 2 线 63 号杆断路器	1.94	79.54	41	线路190号2线75号1支35号1支Y8号杆专用变压器用户计量受到鸟害引起190号2线63号断路器跳闸			1	
2	JX四线路	189 号杆断路器	1.38	95.22	69	线路190号2线22号杆36号配电变压器配电箱烧坏引起189号杆断路器跳闸				1
3	JX四线路	190 号 2 线 116 号 1 支 2 号杆断路器	2.37	26.07	11	线路190号2线116号1支35号1支Y14号杆专用变压器用户计量箱故障，导致190号2线116号1支2号杆断路器跳闸	1			
4	JX四线路	190 号 2 线 53 号杆断路器	1.58	66.36	42	线路190号2线56号1支33号杆至34号杆之间枯树倒在线路上发生短路，引起190号2线53号杆断路器跳闸		1		
5	JX四线路	064 号杆断路器	1.45	137.75	95	线路107号杆断路器受到鸟害引起064号杆断路器跳闸			1	
6	JX四线路	106 号杆断路器	17.53	1349.81	77	暴雨引起111号1线上专用变压器用户跌落熔断器烧坏，导致106号杆断路器跳闸			1	
7	JX四线路	190 号 2 线 56 号 1 支 20 号杆、190 号 2 线 63 号杆断路器	10.53	431.73	41	大风大雨引起树障触碰线路，导致190号2线56号1支20号杆、190号2线63号断路器跳闸			1	
8	1078JX四线	190 号 2 线 56 号 1 支 20 号杆断路器	0.28	4.76	17	线路190号2线56号1支20号杆专用变压器用户计量故障引起，导致190号2线56号1支20号杆断路器跳闸	1			
9	1079JX四线	106 号杆断路器	1.33	101.08	76	（原线路）扎乡三线1075线路055号1线089号杆专用变压器用户变压器烧坏，导致106号杆断路器跳闸	1			

续表

序号	线路名称	跳闸设备	持续时间	停电时户数	停电用户数	跳闸原因概述	用户原因	外力破坏	自然因素	设备原因
10	1080JX四线	190号杆断路器	1.15	82.8	72	10kV JX四线路190号1线15号1支23号杆与24号杆之间水渠边上树被冲，倒在线路上，导致190号杆断路器跳闸		1		
11	1081JX四线	063号杆断路器	12.46	1121.4	90	大雨引起065号1线9号1支Y2号杆专用变压器用户计量故障，导致063号杆断路器跳闸			1	
12	1082JX四线	063号杆断路器	2.52	226.8	90	大雨引起065号杆64号公用变压器熔断器拉弧			1	

线路故障停电时户数超过 1000 户·时的情况有 2 次，均为大雨引发的故障停电。

（1）111 号 1 线未配置支线柱上开关，导致因暴雨引起的 6 号故障。111 号 1 线专用变压器用户跌落保险烧坏，越级跳闸导致主线 106 号杆柱上开关跳闸，停电持续 17.53h，故障停电时户数为 1349.81 户·时。故障位置如图 8-6 所示。

（2）65 号 1 线未配置支线柱上开关，导致因暴雨引起的 1 号故障。65 号 1 线 9 号 1 支 Y2 号杆专用变压器用户计量故障，越级跳闸导致主线 63 号杆柱上开关跳闸，停电持续 12.46h，故障停电时户数为 1121.4 户·时。故障位置如图 8-5 和图 8-6 所示。

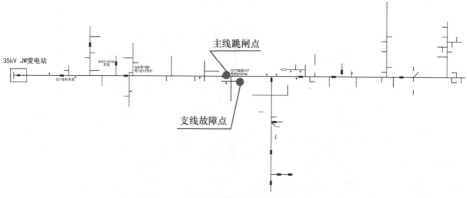

图 8-5 高时户数故障示意图（1）

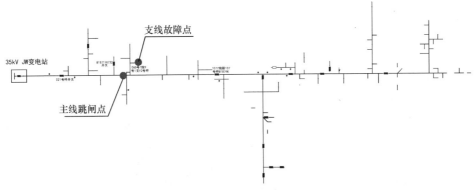

图 8-6　高时户数故障示意图（2）

2. 智能电网

智能柱上开关：智能柱上开关存在弹操和永磁机构，不同型号、不同厂家，考虑到灵敏度不同，级差保护配合不利，建议采用同一型号、同一厂家智能柱上开关。

过电流保护时间定值：线路保护级差配合，时间上应按照 0.15s 时间级差配置，支线智能柱上开关级差 0.15s，应按照下一级主线智能柱上开关时间级差配置。

限时速断保护时间定值：主线 2-5 柱上开关时间限时速断保护不应退出；重合闸级差配置可统一配置 3s。

3. 存在问题

（1）JX 四线主干线直接"T"接用户线路、专用变压器、公用变压器情况比较多，而且用户线路 T 接点大多数未设置分断设备，用户线路故障将影响到主干线运行。未配置支线柱上开关现场如图 8-7 所示。

（2）MY 县整体情况为树障较为严重，造成故障率较高，因为道路两侧柏树比较多，清理比较难。随着农配网的改造，因树障造成的故障情况减少了很多，但是时间长还是会有绝缘磨损现象，建议重新规划廊道。2021 年线路故障点及故障次数示意如图 8-8 所示。

（3）JX 四线为辐射线路，大支线建议可以延伸新建联络点，且分支级数过多，自动化配置不可靠，而且大分支线路中断路器超过三级的配合，主线路末端也可以通过延伸新建与就近线路联络。

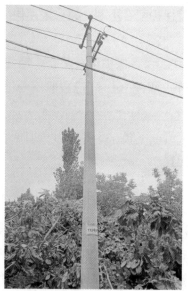

图 8-7 未配置支线柱上开关现场图

（4）现场情况核实得知，部分现有断路器在同杆架设高低线路的杆塔上，在方案中，可以结合现状低压台区分割，对断路器位置进行变更，避免在同杆架设高低线路的杆塔上加装开关。

（5）JX 四线 1～111 号杆 T 接变压器较多，而且存多处多级分支，小容量专用变压器整合可能暂时无法实现，建议可以优化分支结构，就近新建支线 T 接。

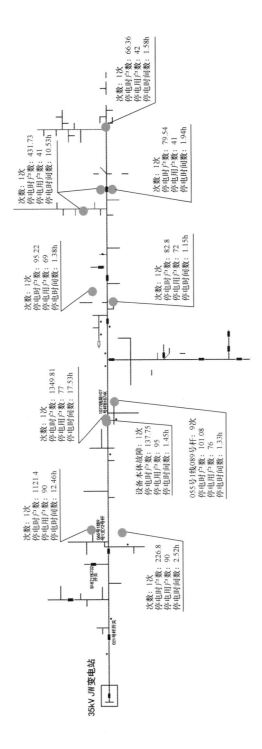

图 8-8　2021 年线路故障点及故障次数示意图

（6）MY 县春夏季风沙严重，新建的电网户外设备，外壳防护等级相应需要提高，避免风沙进入设备内部导致爬电、闪络。

8.2.3 典型案例

1. 线路设备改造

分段 I（主线 1~79 号杆）：线路 1~79 号杆现状挂接配电变压器 27 台，其中公用变压器 15 台，专用变压器 12 台，配电变压器总容量为 4360kVA。改造前地理接线图地理如图 8-9 所示。

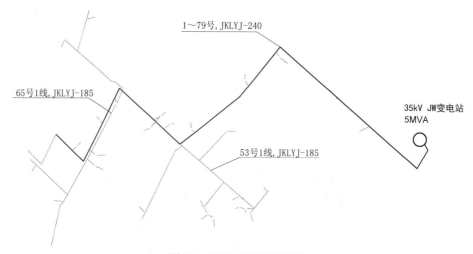

图 8-9　项目改造前地理图

主线改造：将 21 号杆上现有柱上智能开关移装至 12 号杆，作为线路首端柱上智能开关；64 号杆柱上开关为柱上普通开关，开关退出保护作为工作操作开关；于 77 号杆新建柱上智能开关 1 台，作为主线分段开关。新建柱上智能开关 1 台。

分支改造：于 53 号 1 线增设支线智能开关 1 台，并将 49 号 B1877B197 一台 T 接主线配电变压器接入 53 号 1 支线；于 65 号 1 线增设支线智能开关 1 台，将 69 号 B1877B064、73 号吾斯塘村委会和 79 号 B1877YB505 三台 T 接主线配电变压器接入分支线。

小容量配电变压器改造：将 053 号 1 线 12 号 B1877B061 配电变压器、053 号 1 线 15 号 1 支 Y3 号 B1877YB531-1 配电变压器和 053 号 1 线 16 号 1 支 Y2 号

B1877YB531 配电变压器进行配电变压器整合，新建 400kVA 配电变压器 1 台。

跌落式熔断器改造：053 号 1 线 8 号 1 支 6 号 1 支 1 号、B1877YB503 配电变压器、B1877YB501 配电变压器、057 号 1 线 Y1 号、B1877YB502 配电变压器、吾斯塘村委会和 B1877YB505 配电变压器新建跌落式熔断器 7 套。改造后地理接线如图 8-10 所示。

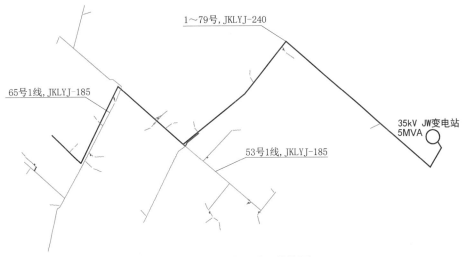

图 8-10　项目改造后地理接线图

分段 Ⅱ（主线 79～220 号杆）：79～220 号杆线路现状挂接配电变压器 36 台，其中公用变压器 12 台，专用变压器 24 台，配电变压器总容量为 3525VA；190 号 2 线 1～190 号 2 线 28 号杆线路现状挂接配电变压器 8 台，其中公用变压器有 4 台，专用变压器有 4 台，配电变压器总容量为 815VA。改造前地理接线如图 8-11 所示。

分支改造：于 95 号杆新建支线线路与原 97 号支线对接，将原 T 接至主干线的艾瑟啦食品专用变压器改接至 95 号新建支线，并于分支首端新建柱上智能开关 1 台；111 号 1 线支线首端新建柱上智能开关 1 台；将 190 号 2 线在 28 号杆处断开，此时 190 号 2 线 1 号杆至 190 号 2 线 28 号杆线路段形成新的分支线路，于分支首端新建柱上智能开关 1 台；于 123 号 1 线 1 号 2 至 12 号新建分支柱上分段智能开关 1 台；利用原 107 号柱上智能开关设备，于 191 号增设柱上智能开关。新建柱上智能开关 4 台，JKLYJ-70 架空绝缘线 0.1km。

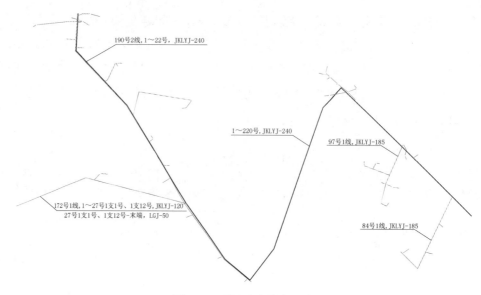

图 8-11　项目改造前地理图

跌落式熔断器改造：084 号支线、B1877YB506 配电变压器、艾瑟啦食品配变、B1871YB555 配电变压器等 24 台配电变压器新建跌落式熔断器共计 24 套。改造后地理接线如图 8-12 所示。

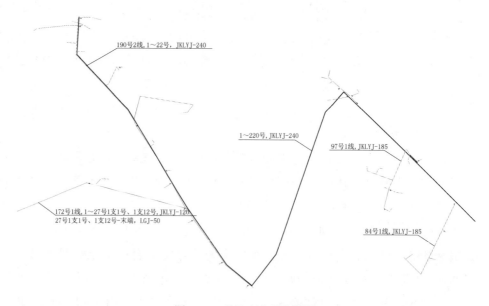

图 8-12　项目改造后地理图

分段Ⅲ（主线 190 号 2 线 28 号杆～190 号 2 线 117 号杆）：190 号 2 线 28 号～190 号 2 线 117 号线路现状挂接配电变压器 39 台，其中公用变压器 25 台，专用变压器 14 台，配电变压器总容量为 3420kVA。改造前地理接线如图 8-13 所示。

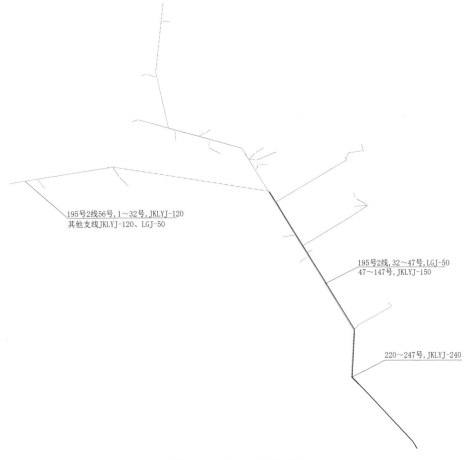

195号2线56号，1～32号，JKLYJ-120
其他支线JKLYJ-120、LGJ-50

195号2线，32～47号，LGJ-50
47～147号，JKLYJ-150

220～247号，JKLYJ-240

图 8-13　项目改造前地理图

主线改造：190 号 2 线 28 号与主干线 220 号对接，改造后原 190 号 2 线 28 号后的分支线路作为新的主干线运行；190 号 2 线 60 号至 190 号 2 线 90 号干线共 T 接配电变压器 9 台，从 190 号 2 线 59 号开始新建旁路至 190 号 2 线 61 号，新建旁路作为主干线路，原 190 号 2 线 69 号至 190 号 2 线 90 号作为分支线路运行，利用原 190 号 2 线 26 号柱上智能开关设备，在支线首端加装柱上智能开关。新建 JKLYJ-150 架空绝缘线路 1.8km。

分支改造：于 190 号 2 线 56 号支线首端新增柱上智能开关（利用 190 号 2 线 56 号 1 支 22 号柱上开关），190 号 2 线 56 号 1 支 32 号 1 支新增普通柱上断路器；190 号 2 线 118 号新增柱上智能开关。新建柱上智能开关 1 台，普通柱上开关 1 台。

跌落式熔断器改造：B1875YB689 配电变压器、B1875YB556 配电变压器、B1875YB166 配电变压器等 14 台配电变压器新建跌落式熔断器共计 14 套。改造后地理接线如图 8-14 所示。

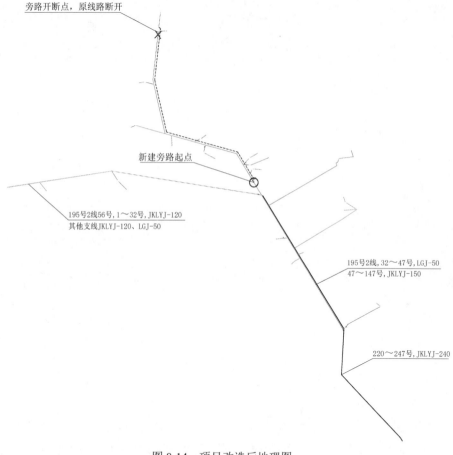

图 8-14　项目改造后地理图

分段Ⅳ（主线 190 号 2 线 116 号 1 支后段）：190 号 2 线 116 号 1 支后段后段线路上现状挂接配电变压器 12 台，其中公用变压器 5 台，专用变压器 7 台，配电变压器总容量为 1270kVA。改造前地理接线如图 8-15 所示。

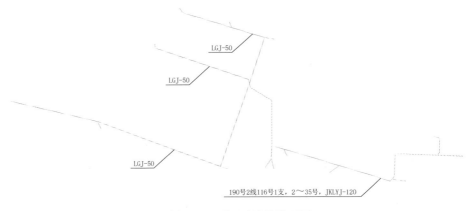

图 8-15 项目改造前地理图

小容量配电变压器改造：对农业农村局配电变压器、B1875YB5711 配电变压器和 B1875YB691 配电变压器进行配电变压器整合，新建 400kVA 配电变压器 1 台。

跌落式熔断器改造：B1875YB690 配电变压器、B1875YB576-1 配电变压器、190 号 2 线 116 号 1 支 35 号 2 支 Y12 号和 190 号 2 线 116 号 1 支 35 号新建跌落式熔断器 4 套。改造后地理接线如图 8-16 所示。

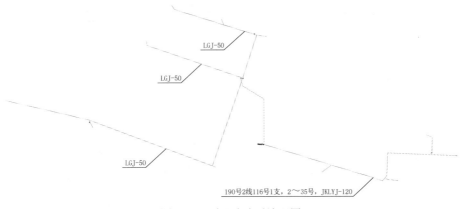

图 8-16 项目改造后地理图

2. 智能电网改造

（1）主线分段均安装智能柱上开关。

（2）支线上智能柱上开关安装，应考虑台区数量大于 3～10 台进行控制，可在 1 号杆处安装智能柱上开关。其他已安装在支线上的普通柱上开关应加装

181

在线监测装置。

（3）故障指示器：现状故障指示器安装不足，如190号2线、172号1线等长分支线未根据线路长度配置故障指示器，增加了寻找故障点的时间。主线路的变电站第1个开关的负荷侧（后端）安装；主干线上安装，原则距离间隔为1～3km或20～30基杆；普通开关后应安装远传型故障指示器。

3．熔断器加装改造

（1）专用变压器应安装公司投资熔断器，减少因用户投资断路器维护不到位引起主线跳闸的情况。

（2）100kVA以下，一次按2～3倍额定电流选择；100kVA以上，一次按1.5～2倍额定电流选择。二次按二次额定电流选择。

4．抢修时间

节点时间：控制按40小时/户考虑。

（1）JX四线路主干线末端至JW供电所路程12.65km，应满足故障到达现场承诺时限为40min；JX四线路190号2支线分支线末端至JW供电所路程约20km，应满足故障到达现场承诺时限为90min；JX四线路172号1支线分支线末端至JW供电所路程约13km，应满足故障到达现场承诺时限为40min；JX四线路053号1线分支线末端至JW供电所路程约2.5km，应满足故障到达现场承诺时限为40min。

（2）线路巡视时间按10台区计算，控制在60min以内完成。

（3）线路常规故障抢修控制在60min以内完成。

线路抢修距离一览表见表8-6。

表8-6　　　　　　　　　　　　线路抢修距离一览表

类型	线路名称	最远点杆塔	最远点路程（km）	到场时间（min）	巡视时间（min）	抢修时间（min）	总时间（min）
主干线	JX四线路190号2线	190号2线116号1支35号3支Y37号	20	90	60	60	210
支线1	JX四线路053号1线	53号1线1号	2.5	40	60	60	160
支线2	JX四线路172号2线	055号1线86号1支27号1支1号1支Y58号	13	40	70	60	170
支线3	JX四线路主干线	247号	12.65	40	60	60	160

5. 成效分析

建设改造完成后，JX 四线每段装接配电变压器数降低至 30 台左右，每段装接容量在 3170kVA 左右，停电时户数可以控制在 60 户·时以内，故障情况将得到有效改善，供电可靠性能够满足 D 类地区供电线路可靠性大于 99.726% 的要求，且满足国家电网有限公司对农村区域的供电可靠性要求。改造后故障到达示意如图 8-17 所示。

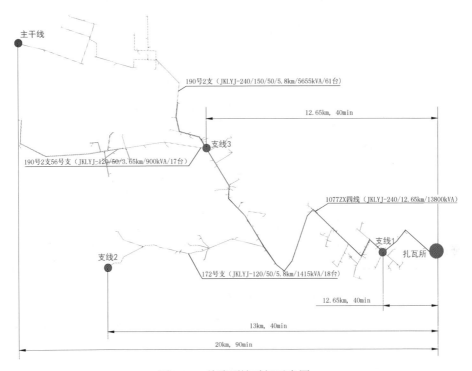

图 8-17　故障到达时间示意图

第9章 智能配电网建设与改造

9.1 总 体 思 路

9.1.1 改造思路

按照国家电网有限公司设备部制定了《国网设备部关于印发配电自动化实用化提升工作方案的通知》（设备配电〔2022〕131号），进一步巩固智能配电网建设成效，提升配电自动化实用化水平，更好地支撑配电网运行监测、运维检修、故障处置，提高配电网精益化运维和数字化管控能力，保障能源清洁低碳转型和电力安全可靠供应，助力构建新型配电系统。为适应新型能源互联网发展形势，落实新型电力系统数字技术支撑体系要求，深化"1135"配电管理理念，以进一步加快自动化建设为基础，以进一步提升实用化水平为重点，以进一步加强指标量化评价为抓手，全面推进配电自动化实用化提升。落实增量配网设备一、二次同步建设理念，推进配电自动化"四个同步"，即同步规划、同步设计、同步施工、同步投运，避免重复建设、重复改造、重复投资。对于存量设备，结合网架提升与设备改造，同步考虑配电自动化建设。

9.1.2 建设改造原则

建设改造原则如下：

（1）主站建设原则。

1）配电自动化主站应遵循《配电自动化系统主站功能规范》的要求，按照"地县一体化"构建新一代配电自动化主站系统，地州公司建设配电自动化主站，区县公司配置工作站；主站采用D5000系统可以支持配电网调控运行、故障研判、抢修指挥、状态检修、缺陷及隐患分析等业务，业务上支持规划、运检、营销、调度等全过程管理。

2）配电自动化主站应根据公司配电自动化标准体系要求，充分考虑自动化实施范围、建设规模、构建方式、故障处理模式和建设周期等因素，遵循统一规划、标准设计的原则进行有序建设，并保证应用接口标准化和功能的可扩展性。主站建设应考虑配套的机房、空调、电源等环境条件的建设，满足系统运行要求。

3）配电自动化主站建设应与一次、二次系统同步规划与设计，采用标准通用的软硬件平台，遵循标准性、可靠性、可用性、安全性、扩展性、先进性原则，考虑未来 5～15 年的发展需求，确定主站建设规模和功能。

4）配电自动化主站应根据配电网规模和应用需求进行差异化配置，依据实时信息量测算方法确定主站规模。

a．配网实时信息量在 10 万点以下，宜建设小型主站。

b．配网实时信息量在 10 万～50 万点，宜建设中型主站。

c．配网实时信息量在 50 万点以上，宜建设大型主站。

5）主站功能应结合配电自动化建设需求合理配置，在必备的基本功能基础上，根据配网运行管理需要与建设条件选配相关扩展功能。

（2）终端建设原则。

1）配电终端用于对环网单元、站所单元、柱上开关、配电变压器、线路等进行数据采集、监测或控制，具体功能规范应符合 Q/GDW 514《配电自动化终端/子站功能规范》的要求，同时满足高可靠、易安装、免维护、低功耗的要求，并提供标准通信接口。

2）应根据可靠性需求、网架结构和设备状况，合理选用配电终端类型，其中中压电缆网可选择集中式 FA（自动化系统）、光差、智能分布式等，中压架空网可选择集中式 FA、电压时序式、重合闸速断式等。

3）配电自动化终端装设位置选择应以一次网架和设备为基础，结合配电网接线方式、设备现状、负荷水平和不同供电区域的供电可靠性要求综合考虑，原则上关键分段开关、联络开关、重要分支首开关应配置配电自动化终端，同杆架设的多回线路，应在同一杆塔处，同步完成多回线路对应开关的改造。

4）配电自动化终端应根据线路情况及通信方式选择三遥或二遥终端设备，对于电缆线路中新建及改造开关站、环网室（箱）等配电设备，按照"三遥"

标准同步配置 DTU（开闭所终端设备）或 FTU（馈线终端设备）终端设备，对配电台区新建及改造部分，应同步加装柱上配电变压器智能终端（TTU）。

5）配电自动化终端选择参照表 9-1。

表 9-1　　　　　　　　　　　　配电自动化终端选择

供电区域	终端配置方式
A	根据具体情况选配三遥或二遥
B	以二遥为主，联络开关和特别重要的分段开关也可配置三遥
C	二遥，如确有必要经论证后可采用少量三遥
D	故障指示器，如确有必要经论证后可采用少量三遥或二遥
E	故障指示器、现场通信条件允许接入二遥

6）分段开关配电自动化改造应综合考虑分段开关之间的用户数量和线路长度，宜选取关键位置的分段开关开展配电自动化改造，架空典型接线中线路主干线上选取不少于 2 个关键分段开关进行改造；对于长度较长的线路，可在主干线上增设配电自动化开关。

7）联络开关配电自动化改造应根据设备在电网中所处位置不同差异化开展。其中，针对小区供电线路形成的多级电缆接线，可只改造小区首级开关站或配电房的中压开关柜、环网柜；对于二遥线路或二、三遥混合线路上未改造的联络开关，按三遥进行改造。

8）对于配电变压器数量大于 3 台或者容量大于 1000kVA 或长度大于 1km 的支线路，建议在分支线首段建设断路器作为分支开关，并进行配电自动化改造，其二/三遥属性与主线自动化开关二/三遥属性一致。同时根据配网级差保护情况，建议分支开关启用分级保护功能，并具备远程调定值和两遥上传功能。

（3）通信覆盖建设原则。

1）配电通信网宜与一次网架、配电自动化系统同步规划、同步设计、同步实施；对于采用光缆通信方式的，应与一次网架同步建设。当配电通信网采用EPON（以太网无源光网络）、GPON（吉比特无源光网络）或者以太网络等技术组网时，应使用独立纤芯。

2）无线通信包括无线公网和无线专网方式。无线公网宜采用专线 VPN、认证加密等接入方式，无线专网应采用国家无线电管理部门授权的无线频率进行组网，并采取双向鉴权认证、安全性激活等安全措施，两种方式都具备的情况下优先使用无线专网进行通信。

3）A 类及以上区域采用集中式馈线自动化方式，使用光纤专网通信方式。

4）B、C 类区域（市区、县城）已具备光纤敷设条件的电缆线路或对供电可靠性要求较高的架空线路采用集中式馈线自动化，使用光纤专网通信方式；其他 B、C 类区域线路，采用 4G（5G）无线公网的就地型馈线自动化方式或故障监测方式，实现故障的快速隔离、快速定位和电气量的采集。

5）D 类区域应采用 4G（5G）无线公网的就地型馈线自动化或故障监测方式实现故障的快速定位、电气量的采集和快速隔离，现场已具备光纤通信条件的应采用集中式馈线自动化。

6）E 类区域按照线路实际情况部分适当采用无线公网的就地型馈线自动化或故障监测方式实现故障的快速定位、电气量的采集和快速隔离，现场已具备光纤通信条件的应采用集中式馈线自动化。

7）网络结构采用骨干层和接入层二层网络结构。骨干层实现配电自动化主站到变电站通信节点之间的通信；接入层实现变电站通信节点到配电终端之间的通信。

9.2　建 设 改 造 策 略

按照电缆网以光纤为主，架空线路以无线为主的通信原则，推进配电自动化通信网建设。电缆线路及相关变电站在规划、建设过程中，坚持一、二次设备，通信设备同步规划、同步设计、同步建设、同步投运的"四同步"管理要求。优先结合公司无线专网开展涉控业务，同步论证无线公网作为补充手段的可行性。在公网覆盖不足、农网涉控区域加快开展北斗卫星短报文通信、远程专网遥控、精准定位授时等采集。

（1）主站构架。遵循国家电网有限公司"三区四层"数字化总体构架，全面实施配电自动化主站标准性、可靠性、可用性、安全性、扩展性、先进性补强，深化调度、运维等专业人员实用化应用，支撑配电网状态感知、数据融合、智能决策。

按照"1+N+X"系统架构，根据配电自动化系统主站功能规范，建设完善新一代配电自动化主站。"1"代表省级配电大四区云主站，功能面向供指中心（分中心）、各级配电生产人员，主要用于中低压全景监测、故障研判、主动抢修、负荷侧调控、运行状态管控；"N"代表地市供电公司新一代配电自动化 I 区主站，功能面向配调监控，主要用于中压配网调管范围内运行监控、故障隔离自愈、负荷转带等遥控操作；"X"代表县级公司配电自动化分布式下沉算力主站，主要用于供电服务分中心配电线路运行、设备状态监测及配电自动化终端运维。

主站层应具有配网自动化的基本功能、扩展功能以及将来逐步增加建设的电网高级应用功能。遵循 IEC 61968/IEC 61970 等标准，实现信息交互、数据共享与集成，以 AM/FM/GIS（配电网图资料系统）为统一的配电数据平台，实现配电 SCADA（数据采集与监视控制）系统、配电 GIS（地理信息系统）、配电 PMS（设备管理系统）一体化功能。通过全面共享 GIS 数据，满足配电调度、生产管理等业务的需要，支撑配电网的智能化管理和应用。

1）具备控制功能的中压配电终端接入生产控制大区，其他中压配电终端宜接入管理信息大区；低压配电终端接入管理信息大区。

2）配电运行监控应用应部署在生产控制大区，可从管理信息大区调取所需实时数据、历史数据及分析结果。

3）配电运行状态管控应用应部署在管理信息大区，可接收从生产控制大区推送的实时数据及分析结果。

4）生产控制大区与管理信息大区应基于统一支撑平台，可通过协同管控机制实现权限、责任区、告警定义等的分区维护、统一管理，并应保证管理信息大区不向生产控制大区发送权限修改、遥控等操作性指令。

5）互联网大区宜具备配电自动化系统的查询服务、工单服务等移动端业务应用。

6）外部系统应通过企业中台与配电自动化系统主站实现信息交互。

7）硬件应采用物理计算机或虚拟化资源，操作系统应采用国产安全加固操作系统等。主站系统硬件架构如图 9-1 所示。

配电自动化系统主站包括配电自动化主站生产控制大区以及配电自动化主站管理信息大区，生产控制大区应在地市部署；管理信息大区应在省级部署，存量地市级管理大区应向省级部署演进。

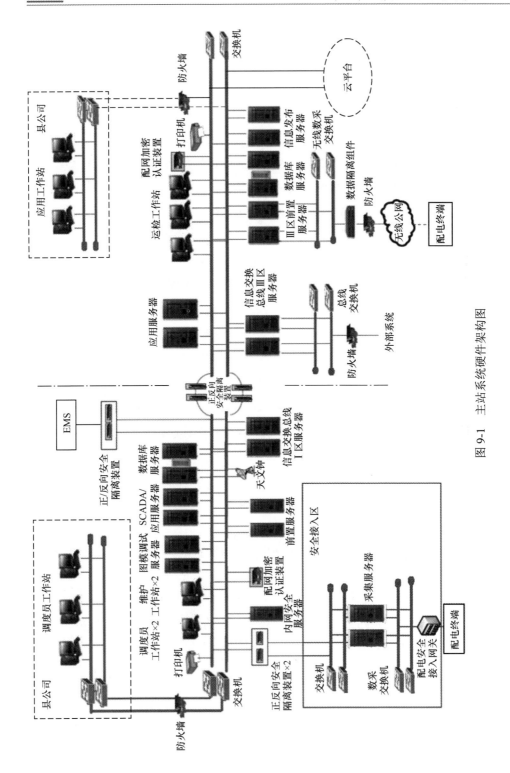

图 9-1　主站系统硬件架构图

（2）馈线自动化模式选型。

1）各单位应明确所管辖不同供电区域电缆线路、架空线路的目标网架:目标网架建成后，A+类供电区域具备上级变电站全停情况下全部负荷转移能力，A、B类供电区域具备上级变电站一段母线停电情况下全部负荷转移能力。

2）馈线自动化选型应按照因地制宜、差异化实施的原则，综合考虑供电可靠性要求、网架结构、一次设备、保护配置、通信条件以及运维管理水平，同一供电区域内选用一种或几种模式，模式种类不宜过多，针对每条线路制定具体方案，以保证各线路的馈线自动化功能完整实现。

3）所有线路均可选用"级差保护+集中型馈线自动化"故障处理模式，其中 A、B 类供电区域架空线路宜采用级差保护+集中型馈线自动化模式，C、D类供电区域架空线路宜采用就地型馈线自动化或级差保护，E 类供电区域架空线路宜采用级差保护+远传型故障指示器，实现配电线路故障区间的准确判断定位。电缆线路宜采用级差保护+集中型馈线自动化。

4）长线路或分段较多的线路，可选用快速断路器及快速动作的配电自动化终端，实现多级级差配合，精准隔离故障区间，减少故障查找时间。

5）对于高比例分布式光伏地区或柔性互联的配电线路，网源分界点宜配置网源分界断路器，各级开关宜考虑方向性保护功能应用，同时完善集中型馈线自动化故障区间定位原则。

6）配电线路完成自动化建设改造后，应同步投运馈线自动化功能，实现故障段线路自动隔离、非故障段线路自动恢复供电。

（3）级差保护配置。

1）配网级差保护一般按照变电站出线、支线首端、用户分界三级开关形成级差保护配合。

2）在采用弹簧操动机构断路器时，配网上下级保护延时级差（ΔT）宜为 0.15s，部分现场配合困难时，可牺牲一定的选择性，上下级保护延时级差（ΔT）可取 0.1s；在快速操动机构断路器时（如分闸时间稳定在 15ms 以内），配网上下级保护延时级差（ΔT）宜为 0.1s，此原则适用于短路故障的保护配合。

3）对于小电流接地系统单相接地故障，采用一、二次融合智能开关判断接地故障，末级接地故障判断确认延时宜不小于 6s，上下级保护延时级差（ΔT）

宜取 5s，可根据具体需求调整，但宜不小于 1s；对于山林、草原等火灾易发地区，末级接地故障判断确认延时可根据火灾防控要求整定。启用小电流接地故障保护出口的开关应与上述级差保护开关同步。

4）小电流接地系统接地故障判断时，根据定值管理水平，分界开关可同时投入基于暂态信息自适应接地故障判断功能、零序过电流保护功能，或只应用其中一种；一般情况下，分段开关只投入基于暂态信息接地故障判断功能，在具备较高定值整定和管理水平的前提下，可在分段开关启用零序过电流保护，用以提高对两相短路接地故障保护灵敏度，但应注意过电流定值不宜过小（应大于 10A），防止发生区外误动，建议主干线零序过电流保护只投信号，支线上可投跳闸。

5）10kV 配网级差保护采用远后备方式，即级差保护或断路器拒动时由电源侧相邻的保护切除故障；变电站出线断路器线路保护应作级差保护开关的远后备保护，负责可靠切除故障；出站首个开关不应设置保护出口（出站 0.5km 范围内的开关）。

6）一级支线路首端开关设置限时速断为变电站出线保护减 0.15s；对有多个分段的分支线路，参考上级分段开关级差保护设置级差减 0.15s。

7）出线间隔、一级支线开关应配置过电流保护与变电站出线开关、变压器熔丝形成级差配合，实现支线故障就地隔离。

（4）终端配置。

1）配电自动化终端用于对环网单元、站所单元、柱上开关、配电变压器、线路等进行数据采集、监测或控制，具体功能规范应符合 Q/GDW 514《配电自动化终端/子站功能规范》的要求，同时满足高可靠、易安装、免维护、低功耗的要求，并提供标准通信接口。

2）配电自动化终端装设位置选择应以一次网架和设备为基础，结合配电网接线方式、设备现状、负荷水平和不同供电区域的供电可靠性要求综合考虑，对关键性节点，如主干线联络开关、必要的分段开关，进出线较多的开关站、环网单元和配电室，宜配置"三遥"终端。

3）对于既有配电线路，应根据供电区域、目标网架和供电可靠性的差异，匹配不同的终端和通信建设模式开展建设改造。电缆线路选择关键的开关站、环网室（箱）进行改造；架空线路改造以新增三遥成套开关为主，原有开关原则上不拆除，并跟随配网建设同步改造，用于实现架空线路多分段。

4）新建配电自动化终端须具备双向计量功能，同步配置可采集三相电压、电流的电压互感器 TV 和电流互感器 TA，绕组满足保护、计量需求，且达到计量要求的等级；已建配电自动化终端，通过升级改造完善计量功能，改造前采取并路方式进行计算。

5）对于新建中压电缆网，可选择集中式 FA（自动化系统）、光差、智能分布式等，新建中压架空网可选择集中式 FA、电压时序式、重合闸速断式等。

6）对于电缆线路中新建及改造开关站、环网室（箱）等配电设备，按照"三遥"标准同步配置 DTU（开闭所终端设备）或 FTU（馈线终端设备）终端设备。对于架空线路，B 地区线路主干线应根据线路长度、联络情况"一步到位"配置分段开关和支线分支开关，均采用"三遥"终端；对于部分分段、分支线路较长的，可在分段间、长分支穿插配置远传型故障指示器。

（5）配电通信网建设。

1）配电通信网建设应遵循数据采集可靠性、安全性、实时性的原则，在满足配电自动化业务需求的前提下，充分考虑综合业务应用需求和通信技术发展趋势，做到统筹兼顾、分步实施、适度超前。

2）配电通信网建设可选用光纤专网、无线公网等多种通信方式，应结合配电自动化业务分类，综合考虑配电通信网实际业务需求、建设周期、投资成本、运行维护等因素，选择技术成熟、多厂商支持的通信技术和设备，保证通信网的安全性、可靠性、可扩展性。

3）对于采用光缆通信方式的，应与一次网架同步建设。当配电通信网采用 EPON（以太网无源光网络）或者以太网络等技术组网时，应使用独立纤芯，当采用无线公网通信方式时，应接入安全区，并通过隔离装置与生产控制大区相连。

4）配电通信网应满足二次安全防护要求，采用可靠的安全隔离和认证措施。通信设备电源应与配电自动化终端电源一体化配置。

5）网络结构采用骨干层和接入层二层网络结构。骨干层实现配电自动化主站到变电站通信节点之间的通信；接入层实现变电站通信节点到配电终端之间的通信。

6）在生产控制大区与管理信息大区之间应部署正、反向电力系统专用网络安全隔离装置进行电力系统专用网络安全隔离。在管理信息大区Ⅲ、Ⅳ区之间应安装硬件防火墙实施安全隔离。对于采用公网作为通信信道的前置机，与主站之间应采用正、反向网络安全隔离装置实现物理隔离。

7）配电自动化"三遥"终端宜采用光纤通信方式，"二遥"终端宜采用无线通信方式。在具有"三遥"终端且选用光纤通信方式的中压线路中，光缆经过的"二遥"终端宜选用光纤通信方式；在光缆无法敷设的区段，可采用无线通信方式进行补充。

8）B 类及以上区域（市区）已具备光纤敷设条件的电缆线路或对供电可靠性要求较高的架空线路采用集中式馈线自动化，使用光纤专网通信方式；其他区域线路，采用 4G 无线公网的就地型馈线自动化方式或故障监测方式，实现故障的快速隔离、快速定位和电气量的采集。

9）配电自动化"三遥"终端组网选用 EPON 手拉手组网模式，光缆经过区域的配电终端均宜优先选用光纤通信方式。设备选型时，同一区域应选用同一生产厂商的设备，确保功能的匹配。在相关防护措施满足系统二次安防要求的情况下，可试点通过无线公网 4G 量子加密技术，实现终端"三遥"业务的系统接入。

9.3　"一线一案"智能电网建设典型案例

本节以 BL 线接线组（HY 变 BL 线与 WH 变 BL 线）自动化建设改造为例进行介绍。

9.3.1　现状基本概况

（1）现状网架结构。

1）联络关系。HY 变 BL 线与 WH 变 BL 线于传输局环网箱处联络，HY 变 BL 线为复杂联络，通过 006 断路器与 HY 变 WL 线联络，且通过支线多次与 HY 变 KL 线、KLF 线联络，导致线路联络复杂。HY 变 BL 线与 WH 变 BL 线现状拓扑结构如图 9-2 所示。

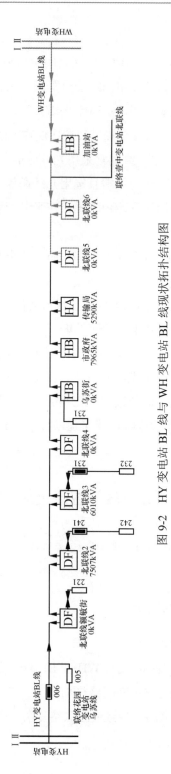

图 9-2 HY 变电站 BL 线与 WH 变电站 BL 线现状拓扑结构图

2）线路分段。HY 变 BL 线为电缆架空混合线路，共分为 5 段，主干环网室 2 座，环网箱 1 座，柱上开关 1 台。WH 变 BL 线为电缆架空混合线路，共分为 4 段，主干柱上开关 3 台。线路分段情况明细见表 9-2。

表 9-2　　　　　　　　　　线路分段情况明细表

序号	线路名称	分段数	主干				分支			
			环网室	环网箱	柱上开关		环网室	环网箱	柱上开关	
			数量（座）	数量（座）	联络（台）	分段（台）	数量（座）	数量（座）	联络（台）	分段（台）
1	HY 变 BL 线	5	2	1	0	1	0	2	1	6
2	WH 变 BL 线	4	0	0	0	3	0	1	0	3

HY 变 BL 线配电变压器总数为 37 台，总容量为 32175kVA，线路挂接容量较大，其中第一、第二分段容量均超过 8000kVA，第三分段容量为 4750kVA，分段容量不均衡。

WH 变 BL 线配电变压器总数为 27 台，总容量为 14065kVA，其中第四、分段容量为 9700kVA，第二、第三分段容量分别为 125、950kVA，分段容量差异较大。线路分段情况明细见表 9-3。

表 9-3　　　　　　　　　　线路分段情况明细表

序号	线名	配电变压器总数（台）	配电变压器总容量（kVA）	第一分段容量（kVA）	第二分段容量（kVA）	第三分段容量（kVA）	第四分段容量（kVA）	第五分段容量（kVA）
1	HY 变 BL 线	37	32175	8305	8245	4750	5585	5290
2	WH 变 BL 线	27	14065	3290	125	950	9700	—

3）线路大分支。WH 变 BL 线移动支线属于大分支线路，该分支挂接配电变压器 19 台，挂接容量为 6350kVA。线路大分支明细见表 9-4。

表 9-4　　　　　　　　　　线路大分支明细表

序号	线路名称	大分支线路名称（容量超过 5000kVA）	大分支线路起始杆号	大分支线路型号	大分支线路长度（km）	大分支线路挂接配电变压器台数（台）	大分支线路挂接配电变压器容量（kVA）
1	HY 变 BL 线	花园变北联线无大分支					
2	WH 变 BL 线	移动支线	沙湾线 6+1-2+2 号	JKLGYJ-120	2.47	19	6350

（2）现状运行情况。

1）线路大分支。HY 变 BL 线与 WH 变 BL 线网架结构为多联络，均能通过线路 N-1 校验。线路 N-1 通过情况统计见表 9-5。

表 9-5　　　　　　　　　线路 N-1 通过情况统计表

序号	线路名称	所属变电站	网架结构	典型日负载率（%）	是否满足 N-1
1	HY 变 BL 线	110kV HY 变	多联络	35.2	是
2	WH 变 BL 线	110kV WH 变	多联络	25.51	是

2）线路负载情况。HY 变 BL 线与 WH 变 BL 线年最大负载率分别为 73.5%、36.22%，其中 HY 变 BL 线为重载线路，主要原因为线路挂接容量较大为 32175kVA，已通过调整运行方式解决。线路负载情况统计见表 9-6。

表 9-6　　　　　　　　　线路负载情况统计表

序号	线路名称	所属变电站	安全电流（A）	年最大电流（A）	年最大负载率（%）
1	HY 变 BL 线	110kVHY 变	430	316.04	73.5
2	WH 变 BL 线	110kVWH 变	430	155.75	36.22

（3）现状设备水平。

1）断路器配置。HY 变 BL 线共有断路器 5 台，均具备电操机构但未实现自动化，其中 10kV BL 线号 029（006）分段断路器为一、二次融合断路器，其余 4 台开关均为普通断路器且未配置终端 FTU（馈线终端设备），具体明细见表 9-7。

表 9-7　　　　　　　　　HY 变 BL 线断路器配置明细表

所属线路	110kV HY 变 BL 线				
开关名称	10kV TC 线号 007（248）断路器	10kV TC 线号 002（241）断路器	10kV BL 线号 002（261）断路器	10kV BL 线号 029（006）断路器	10kV BL 线号 028-1（005）断路器
开关位置	10kV TC 线号 007	10kV TC 线号 002	10kV BL 线号 002	10kV BL 线号 029	10kV BL 线号 028-1
厂家	扬州新概念	扬州新概念	扬州新概念	南京翰园	博威电气
型号	AB-3S-12/630-20	AB-3S-12/630	AB-3S-12/630-20	AB-3S-12/630	NOVAS-12/630-20
开关类型	普通开关	普通开关	普通开关	一二次融合	普通开关
开关作用	分支	分支	分支	分段	联络

续表

所属线路	110kV HY 变 BL 线				
开关名称	10kV TC 线号 007（248）断路器	10kV TC 线号 002（241）断路器	10kV BL 线号 002（261）断路器	10kV BL 线号 029（006）断路器	10kV BL 线号 028-1（005）断路器
是否实现自动化	否	否	否	否	否
是否具备电操机构	是	是	是	是	是
供电电源	12V 蓄电池	12V 蓄电池	12V 蓄电池	24V 蓄电池	24V 蓄电池
是否具备二次设备安装空间	否	否	否	否	否
保护投退情况　速断/限时/过电流	过电流	过电流	过电流	过电流	—
保护投退情况　定值大小及时限	过电流：340A/0.4s	过电流：408A/0.6s	过电流：408A/0.6s	过电流：490A/0.8s	—
通信接口	无线	无线	无线	—	—
通信方式	2G	2G	2G	—	—
投运时间	2013/10/29	2012/8/26	2013/10/29	2011/5/23	2014/3/19

WH 变 BL 线共有断路器 3 台，均具备电操机构但未实现自动化，其中 10kV SW 线号 006+1-26（309）分支断路器为一、二次融合断路器，其余 2 台开关均为普通断路器且未配置终端 FTU，具体明细见表 9-8。

表 9-8　　　　　　　　　　WH 变 BL 线断路器配置明细表

所属线路	110kV WH 变 BL 线		
开关名称	10kV SW 线号 006+1-21（347）断路器	10kV SW 线号 006+1-1（307）断路器	10kV SW 线号 006+1-26（309）断路器
开关位置	10kV SW 线号 006+1-21	10kV SW 线号 006+1-1	10kV SW 线号 006+1-26
厂家	博威电气	扬州新概念	兴汇
型号	AB-3S-12/630-20	AB-3S-12/630-20	AB-3S-12/630-20
开关类型	普通开关	普通开关	一二次融合
开关作用	分支	分界	分支
是否实现自动化	否	否	否
是否具备电操机构	是	是	是
供电电源	24V 蓄电池	12V 蓄电池	24V 蓄电池
是否具备二次设备安装空间	否	否	否
保护投退情况　速断/限时/过电流	过电流、重合闸、后加速	—	过电流、重合闸、后加速
保护投退情况　定值大小及时限	过电流：3.54A/0.3A ｜ 一次重合闸：20s ｜ 后加速：3.54A/0.1s	—	过电流：510A/0.4A ｜ 一次重合闸：15s ｜ 后加速：510A/0.1s

所属线路	110kV WH 变 BL 线		
通信接口	—	—	—
通信方式	—	2G	—
投运时间	2014/3/31	2014/3/30	2010/4/1

2）环网箱配置。HY 变 BL 线主干存在 3 座带负荷运行的电缆分支箱，WH 变 BL 线主干存在 2 座带负荷运行的电缆分支箱，电缆分支箱均不具备保护功能。

HY 变 BL 线共有环网柜 5 座，均具备电操机构，其中乌苏街环网箱和市政府环网箱为带母联环网箱，传输局环网箱为普通环网箱；市政府 2 号环网柜为一体化环网柜，已装配自动化，其余 4 座环网箱均未装配自动化，其中传输局环网箱设备老旧，无保护功能；WH 变 BL 线共有环网柜 1 座为 BL 线传输局环网柜，未装配自动化均。WL 线环网箱现场如图 9-3 所示。BL 线 1 号环网箱现场如图 9-4 所示。

图 9-3　WL 线环网箱现场

图 9-4　BL 线 1 号环网箱现场

HY 变 BL 线与 WH 变 BL 线环网柜具体明细见表 9-9。

表 9-9　HY 变 BL 线与 WH 变 BL 线环网柜明细表

序号	所属线路名称	站点名称	设施类型	性质	类别	进线开关类型	出线开关类型	是否装配自动化	速断/过电流/限时	定值大小及时限	是否有电动操动机构	通信接口	通信方式(4G/5G/光纤)	设施架设方式	投运时间	运行年限(年)
1	HY变BL线	乌苏街环网柜	双母带母联环网柜	公用	分段	断路器	断路器	否	过电流	K106: 405A/0.3s	是	—	—	常规	2013/12/12	9
2		市政府环网柜(1号环网柜)	双母带母联环网柜	公用	分段	断路器	断路器	否	过电流	K114: 405A/0.25s K113: 405A/0.25s K117: 340A/0.4s K119: 340A/0.4s	是	— — —	—	常规	2013/12/10	9
3		传输局锅炉房	环网柜	公用	终端	断路器	断路器	否	无保护功能		是	—	—	常规	2013/12/12	9
4		传输局环网柜	环网柜	公用	联络	断路器	断路器	否	无保护功能		是	—	—	常规	2003/8/1	19
5		市政府2号环网房	一体化环网柜	公用	终端	断路器	断路器	是	过电流	K003: 过电流 14.2A/0.2s K004: 速断 4.67A/0s, 过电流: 1.7A/0.15s k005: 过电流 11.03A/0.15s K006: 过电流 3.37A/0.15s	是	无线、光纤	—	常规	2020/8/10	2
6	WH变BL线	BL线传输局环网柜	环网柜	公用	终端	断路器	断路器	否	过电流		是	—	—	常规	2015/8/25	7

9.3.2 改造方案

（1）网架改造。

1）利用 KZ 变 10kV NL 线间隔，新出 10kV YB02 线，沿库尔勒路向西至沙湾路，截断原沙湾线，将沙湾县 H8 环网箱、老体育馆环网箱、移动公司 1 号环网箱、沙湾线 H9 环网箱环入电缆主干。

2）于和布街处断开 HY 变 BL 线与 HY 变 WL 线联络，005 断路器设置为合闸运行，作为 HY 变 BL 线 28 号杆分支首端开关。

3）将本接线组 WH 变 BL 线 48 号杆分支于 6+1-14 号杆、6+1-4 号杆处打断，分为三段小分支，分别接入 WH 变 BL 线 48 号杆。

4）以 KZ 变升压为契机，新建迎宾 04 线，将 WH 变 BL 线进行 Π接，形成迎宾 02 线—迎宾 04 线—HY 变 BL 线的标准接线组，断开与 KL 线接线组、KLF 线接线组的分支联络。拓扑结构如图 9-5 所示。

图 9-5　YBL 变 02 线、04 线与 HY 变 BL 线拓扑结构图

（2）设备改造。

1）BL 线新建 6 号环网箱、移动公司 1 号环网箱。BL 线接线组主干上 BL 线 1、BL 线 2、BL 线 3、BL 线 5、BL 线 6 四座电缆分支箱更换为环网箱。

2）传输局环网箱由于设备较为老旧，且无法配置保护，在旁边新建环网箱环入主干，将原主干线上传输局环网箱改为终端环网箱。

3）乌苏街环网室（箱）无 DTU，且内外部均无安装空间，Ⅱ段母线 TV 已损坏，箱体本身密闭性损坏，易结霜，更换为新型一体化环网箱。

馈线自动化模式：采用级差保护+集中型 FA，通信方式为 4G 公网通信。

终端配置：本接线组主干线共有环网室/箱 12 个，其中 11 个在一次网架改造中已改造完成，还有 1 个需要改造，具体改造内容如下：

在市政府 1 号环网箱东侧新增 1 套 16 路户外立式 DTU；带航插的控制电缆 20 条，每条 5m；加装 3000VA 的紧凑型 TV 2 个；加装 B 相/零序 600/5 的 TA 8 个；更换电操机构 8 个；改造基础及二次桥架 5m。

本接线组未加装一、二次融合智能开关与故障指示器。

通信配套建设：加装 4G 通信装置 12 组。

第 10 章　高层小区供电电源优化

10.1　总　体　思　路

随着国民经济的高速发展，高层住宅的增速越来越大，随之而来的是人们对住宅小区供电安全性和可靠性的要求日益增高。当用电高峰期，高层小区的供电一级负荷和二级负荷往往会在经济上和政治上造成重大的损失，甚至危及人员的生命安全。高层小区供电电源优化一般是指层数达到 10 层以上的民用建筑，应当按照二类电气负荷供电设计，即由两个电源供电，实行一备一用的双电源供电原则。

双电源的改造实施需要从地理位置、用电负荷、充电桩、配电室、中低压线路等现状实际情况对高层小区进行摸排，针对不同情况的小区类型差异化制定技术改造标准。针对可靠性要求高的用电负荷采用自动备自投装置，非特别重要用户可采用人工切换的方式。采用备自投的用户两路进线开关之间应有可靠的电气闭锁，采用人工切换方式的用户两路进线开关之间应有可靠的电气加机械闭锁。在图纸会审期间，电力调度应对闭锁情况进行审核。工程竣工验收时，电力调度需现场确认用户电源接入位置，并现场确认电气及机械闭锁是否正常。

10.2　高层小区供电改造技术原则

10.2.1　高层小区住宅标准

1. 高层住宅定义

高层建筑：高层住宅指建筑高度大于 27m 的居住类建筑。

二类高层住宅：建筑高度大于 27m 但不大于 54m 的居住类建筑为二类高层住宅。

一类高层住宅：建筑高度大于 54m 但小于 100m 的居住类建筑。

超高层建筑：建筑高度 100m 及以上的居住类建筑为超高层建筑。

2. 高层住宅小区分级

根据 GB 50052《供配电系统设计规范》、GB 51348《民用建筑电气设计标准》、GB 50016《建筑设计防火规范》的有关规定，居民住宅小区内各类电力负荷可分为一、二、三级，各级分级标准应符合表 10-1 的要求。

表 10-1　　　　　　　　　住宅建筑主要用电负荷的分级

建筑规模	主要用电负荷名称	负荷等级
超高层住宅	消防用电负荷、应急照明、航空障碍照明、走道照明、值班照明、安防系统、电子信息设备机房、客梯、排污泵、生活水泵	一级
一类高层住宅建筑	消防用电负荷、应急照明、航空障碍照明、走道照明、值班照明、安防系统、客梯、排污泵、生活水泵	
二类高层住宅建筑	消防用电负荷、应急照明、走道照明、值班照明、安防系统、客梯、排污泵、生活水泵	二级

注　未列入表中的住宅建筑用电负荷的等级宜为三级。严寒和寒冷地区住宅建筑采用集中供暖系统时，热交换系统的用电负荷等级不宜低于二级。

3. 高层住宅供电标准

高层住宅供电标准如下：

（1）一级负荷应采用双电源供电，每个电源应能承受 100% 的负荷；当一个电源发生故障时，另一个电源不应同时受到损坏。

（2）对于一级负荷中的特别重要负荷，应增设应急电源，并严禁将其他负荷接入应急供电系统。

（3）二级负荷宜采用双回路供电，每回线路应能承受 100% 的负荷。

（4）一级负荷和采用双回路供电的二级负荷，应在最末一级配电箱（柜）处设置双路电源自动切换装置。电源切换时间应满足用电设备的允许中断供电时间的要求。

（5）建筑高度为 100m 或 35 层及以上住宅建筑的消防用电负荷、应急照明、航空障碍照明、生活水泵等，应按 JGJ 242《住宅建筑电气设计规范》的规定，宜设自备电源作为应急备用电源。

10.2.2 高层小区住宅负荷测算依据

1. 基本要求

基本要求如下：

（1）居民住宅小区用电负荷主要包括住宅用电负荷、公建设施用电负荷、配套商业用房用电负荷、电动汽车充电装置用电负荷。

（2）居民住宅小区由多台配电变压器供电的，小区用电负荷应按每台（组）配电变压器的供电区域分别计算。

2. 住宅用电负荷

住宅用电负荷要求如下：

（1）住宅小区用电负荷容量按表 10-2 的原则确定。

表 10-2　　　　　　　　　　住宅用电量负荷容量

套型	套内使用面积 S（m²）	用电负荷（W）	电能表（单相）（A）
A	$S \leqslant 60$	3	5（60）
B	$60 < S \leqslant 90$	4	10（60）
C	$90 < S \leqslant 120$	6	10（60）
D	$120 < S \leqslant 150$	8	10（60）

（2）当套内使用面积大于 150m² 时，超出的面积可按 40～50W/m² 计算用电负荷；装设供生活所需的特殊大功率用电设备的住宅，其用电容量根据实际需要确定。

（3）对于住宅建筑的负荷计算，方案设计阶段可采用单位指标法和单位面积负荷密度法；初步设计及施工图设计阶段，宜采用单位指标法与需要系数法相结合的算法，需要系数取值可参考表 10-3。

表 10-3　　　　　　　　　　住宅建筑用电负荷需要系数

按单相配电计算时 所连接的基本户数（户）	按三相配电计算时 所连接的基本户数（户）	需要系数
1～3	3～9	0.90～1
4～8	12～24	0.5～0.90
9～12	27～3	0.50～0.5
13～24	39～72	0.45～0.50
25～124	75～372	0.40～0.45
125～259	375～777	0.30～0.40
20～300	780～900	0.2～0.30

（4）公共服务设施应按实际设备容量计算。新建公共服务设施的设备容量不明确时，按负荷密度估算：办公（物业）60～100W/m²；商业（服务）100～150W/m²；餐饮（会所）200～400W/m²。

3. 公建设施和配套商业用电负荷

公建设施和配套商业用电负荷要求如下：

（1）居民住宅小区内的公建设施和配套商业用房应按实际设备容量计算用电负荷。

（2）公建设施和配套商业用房的用电设备容量不明时，按 90～150W/m² 计算。

10.2.3　充电桩设施技术原则

1. 配建标准

配建标准如下：

（1）住宅小区自有充电设施宜采用交流充电方式，充电桩宜具备有序充电功能，安装在地下停车库的单台充电桩功率不应超过 7kW。

（2）新建住宅小区按表 10-4 的指标要求同步配建供配电设施由低压开关柜将电缆引至停车位附近，并配置配电箱，配电箱至停车位配建线缆通道。

表 10-4　住宅建筑用电负荷需要系数

人口	小城市（人口小于20 万人）	中型城市（人口大于 20 万人，小于50 万人）	大型城市（人口大于 50 万人，小于100 万人）	特大城市（人口大于100 万人）
停车位数量（占总车位数量比例）	0%	12%	14%	16%

（3）其他未配建供配电设施停车位，应预留包括变压器安装容量、配电设备位置、电气线路通道等，满足直接装表接电条件。

2. 供电设计

供电设计要求如下：

（1）新建住宅小区居民自有产权或拥有使用权的停车位建设自用充电设施，应按"一桩一表"配置，并符合下列要求：当充电设施总容量小于 250kW 时，可与住宅专用配电变压器合用；当充电设施总容量为 250kW 及以上时，应新建专用配（变）电室供电。

（2）新建住宅小区内停车场规划经营性质的公用和专用充电设施，应符合下列要求：当充电设施总容量小于 250kW 时，严禁接入小区为居民供电变压器，可与为公共服务设施供电的变压器合用，并控制变压器负载率不宜大于 85%；当充电设施总容量为 250kW 及以上时，应新建专用配（变）电室供电。

（3）电设施利用新能源汽车电池向配电网送电，应到当地供电单位按照要求办理相关手续，并采取专用开关、加装逆功率保护等技术措施，严禁擅自接入配电网送电。

（4）住宅小区充电设施负荷等级宜为三级负荷。

（5）充电设施负荷计算，宜采用需要系数法，需要系数宜根据小区停车位总量考虑，需要系数推荐值见表 10-5。

表 10-5 交流充电桩需要系数选择表

停车位总量	3	6	10	14	18	22	25	101	200 以上
需要系数	1	0.73	0.58	0.47	0.44	0.42	0.4	0.35	0.3

（6）充电设施负荷应纳入变压器和供电干线计算负荷中。

（7）既有建筑内汽车库增设充电设施时，应符合以下要求：充电设施接入应不影响居民正常生活用电，变压器负载率不应超过 85%，不具备增容改造条件的汽车库和停车库不应配建充电设施；为充电设施供电的电缆在室内敷设时，可采用电缆槽盒电缆梯架、刚性金属管、可弯曲金属导管、阻燃刚性塑料导管明敷布线。

（8）机械停车位应预留位置相对固定的充电设施接入端口。

10.3 高层小区双电源典型接线模式

10.3.1 高层小区外部接线

高层小区外部接线方式如下：

（1）双环式：从电缆双环网相邻环网箱接引接至小区。高层小区双环式接线如图 10-1 所示。

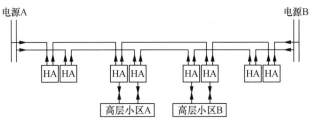

图 10-1　高层小区双环式接线图

（2）单环式 1：从 1 组电缆单环网两条线路两端环网箱接引接至小区。高层小区单环式 1 接线如图 10-2 所示。

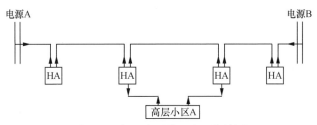

图 10-2　高层小区单环式 1 接线图

单环式 2：从两组电缆单环网任意两条线路两端环网箱接引接至小区。高层小区单环式 2 接线如图 10-3 所示。

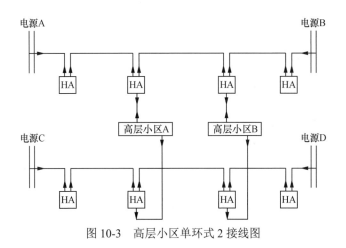

图 10-3　高层小区单环式 2 接线图

（3）单射式：从 2 条电缆单辐射线路的环网箱接引接至小区。高层小区单射式 2 接线如图 10-4 所示。

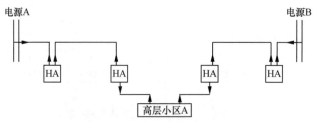

图 10-4　高层小区单射式 2 接线图

（4）专线供电：由 2 条专线专门负责小区供电，仅适用于大型小区，用电负荷足以支撑专线的情况。高层小区专线供电接线如图 10-5 所示。

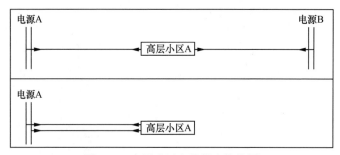

图 10-5　高层小区专线供电接线图

以上均为电缆网的典型供电方案，架空网参照执行，避免同塔双回为同一用户供电的现象。

10.3.2　高层小区内部接线

高层小区内部接线方式如下：

（1）配电室形式。每个配电室有 2 座以上配电变压器，一、二级负荷由低压侧两段母线供电。

1）小区有中心环网箱或环网室：环网室或环网箱由双电源或双回路供电，下属多个配电室。

方案一：各配电室由环网箱或环网室出线 2 回、双电源供电。高层小区有中心环网箱/室配电室接线 1 如图 10-6 所示。

方案二：各配电室由环网箱或环网室出线 1 回，配电室之间就近形成联络。

高层小区有中心环网箱/室配电室接线 2 如图 10-7 所示。

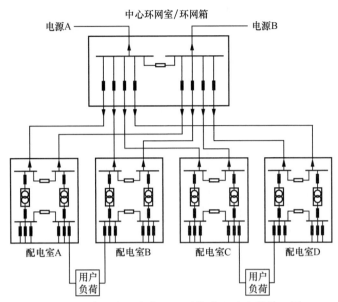

图 10-6　高层小区有中心环网箱/室配电室接线 1 图

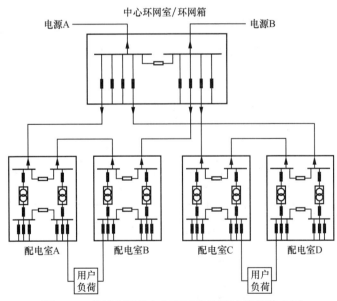

图 10-7　高层小区有中心环网箱/室配电室接线 2 图

　　2）小区无中心环网箱或环网室：具备双电源条件，每条电源线路接多个配
电室。

方案一：配电室具备 2 个出线间隔，各配电室之间形成中压联络。高层小区无中心环网箱/室配电室接线 1 如图 10-8 所示。

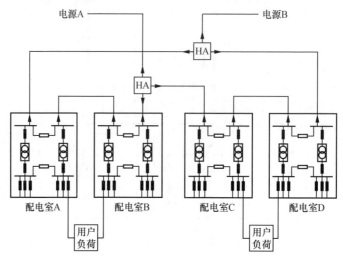

图 10-8　高层小区无中心环网箱/室配电室接线 1 图

方案二：配电室仅有 1 个出线间隔，不同配电室为重要负荷电。高层小区无中心环网箱/室配电室接线 2 如图 10-9 所示。

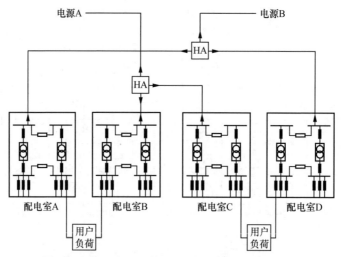

图 10-9　高层小区无中心环网箱/室配电室接线 2 图

3）高层小区仅有一个配电室：由双电源或双回路供电。高层小区仅有一个配电室接线如图 10-10 所示。

（2）箱式变压器形式：每个箱式变压器仅有一台配电变压器，一、二级负荷由不同箱式变压器的低压侧母线供电。

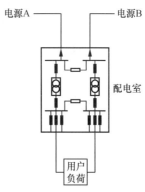

图 10-10　高层小区仅有一个配电室接线图

1）小区有中心环网箱或环网室，中心环网箱或环网室由双电源或双回路供电，下属多个箱式变压器。各箱式变压器由中心环网箱或环网室分别出线 1 回，就近箱式变压器互为备用为一、二级负荷提供电源；具备条件的，各箱式变压器之间也可形成中压联络。高层小区有中心环网箱/室箱式变压器接线如图 10-11 所示。

2）小区无中心环网箱或环网室，具备双电源条件，每条电源线路接多个箱式变压器。就近箱式变压器分别由不同电源供电，互为备用为一、二级负荷提供电源；具备条件的，各箱式变压器之间也可形成中压联络，也可由用户建设专用箱式变压器。高层小区无中心环网箱/室箱式变压器接线如图 10-12 所示。

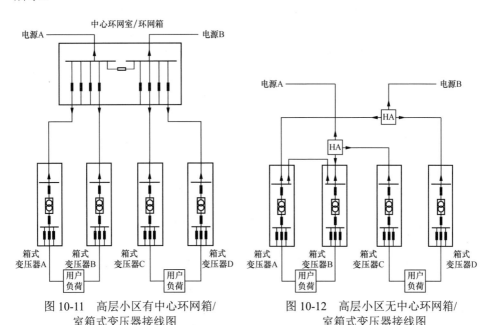

图 10-11　高层小区有中心环网箱/室箱式变压器接线图

图 10-12　高层小区无中心环网箱/室箱式变压器接线图

3）小区仅有 1 个箱式变压器。

方案一：建设专用配电变压器，由公共电网提供第二电源，与其他公用配电变压器互为备用为一、二级负荷提供电源。高层小区仅有 1 个箱式变压器接线 1 如图 10-13 所示。

方案二：由就近公用箱式变压器低压供电，解决一、二级负荷的双电源供电问题。高层小区仅有 1 个箱式变压器接线 2 如图 10-14 所示。

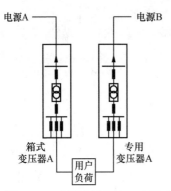

图 10-13　高层小区仅有 1 个箱式
变压器接线 1 图

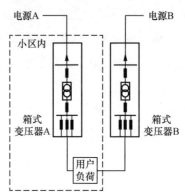

图 10-14　高层小区仅有 1 个箱式
变压器接线 2 图

10.4　典　型　案　例

10.4.1　YH 小区现状

YH 小区位于 XY 市 WL 路东段，小区现有高层建筑 4 栋，均为 2 梯 4 户式，建筑高度均大于 54m，属于一类高层住宅，共有居民用户 1858 户。小区现有配电室 2 座，配电变压器 4 台，1 号配电变压器容量为 2250kVA，最大负载率为 75.4%；2 号配电变压器容量为 2500kVA，最大负载率为 74.06%。YH 小区现状电源地理接线如图 10-15 所示。

YH 小区现状由 10kV YH 线供电，为 110kV XY 变出线，属于 B 类供电区，主要为城区供电，目前线路为单辐射类型，电缆型号主要为 YJV22-8.7/15kV-3×300，线路长度为 3.76km，所带配电变压器台数为 5 台，线路装接容量为 7500kVA，线路允许载流量为 525A，线路最大电流为 108A，线路最大负载率为 20.57%，小区目前为单电源供电，在小区 10kV 进线电源发生故障时，因检修

时间长、难度大，故障排查维修，导致小区停电时间长，供电可靠性不高。YH
小区现状电源拓扑结构如图 10-16 所示。

图 10-15　YH 小区现状电源地理接线图

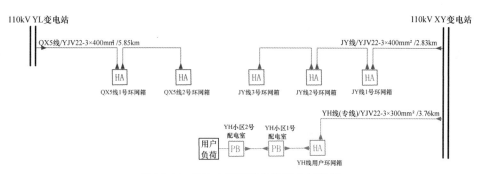

图 10-16　YH 小区现状电源拓扑结构图

10.4.2　双电源改造思路

YH 小区消防用电负荷、应急照明、航空障碍照明、走道照明、值班照明、
安防系统、客梯、排污泵、生活水泵等负荷为一级负荷，对供电可靠性要求较
高，考虑对小区进行双电源改造。

（1）小区外部改造思路。目前现状 10kV YH 线路属于用户资产，未移交至
供电公司，计划退出运行，小区北侧主干道路 WL 路有 10kV VJY 线和 10kV

213

QX5，距离位置近，通道情况良好，计划采用外部接线方式 3（单射式），即从 2 条电缆单辐射线路的环网箱接引接至小区作为 10kV 双电源点。

10kV JY 线位于 WL 路南，目前线路为单辐射类型，电缆型号主要为 YJV22-8.7/15kV-3×400，线路长度为 2.83km，所带配电变压器台数为 12 台，线路装接容量为 6000kVA，线路最大负载率为 20.57%。10kV QX5 线位于 WL 路北，目前线路为单辐射类型，电缆型号主要为 YJV22-8.7/15kV-3×400，线路长度为 5.85km，所带配电变压器台数为 40 台，线路装接容量为 11285kVA，线路最大负载率为 53.66%。

（2）小区内部改造思路。目前 YH 小区内部由 2 座配电室联络供电，但用户负荷进线仅有 2 号配电室，计划采用内部接线方式 2（小区无中心环网箱或环网室），即配电室具备 2 个出线间隔，各配电室之间形成中压联络。

10.4.3 双电源改造方案

针对小区现状及发展形势进行电力负荷预测，考虑预留充电桩等负荷情况，拟定建设改造方案。

（1）负荷预测。YH 小区负荷预测主要由住宅用电负荷、公建设施和配套商业用电负荷和充电桩负荷三部分组成。

居民负荷：分为两种户型计算，套内使用面积分别为 108m^2（中户）和 132m^2（边户），各 929 户，取指标选取值为 6W/m^2 和 8W/m^2，小区按单相配电计算时所连接的基本户数为 4 户，需用系数选 0.8，预测住宅负荷 1266kW。

公共服务设负荷：按实际设备容量计算，目前为办公（物业）10.6kW，商业（服务）34kW，预测公共服务设负荷 44.6kW。

充电桩负荷：小区共有车位 220 个，充电桩负荷选取值为 7kW，充电桩需要系数选 0.3，预测充电桩负荷 462kW。

最终预测小区总负荷为 1772.6kW。

（2）改造方案。YH 小区双电源改造后地理接线如图 10-17 所示。外部接线：将 10kV JY 线开 π 接 1 回 YJLV22-8.7/15kV-3×400 电缆非开挖拉管敷设至 YH 小区东门内绿化带，向南埋管敷设至新建 JY 线 4 号环网箱接带 2 号配电室；由 10kV QX5 线 2 号环网箱新出 YJLV22-8.7/15kV-3×300 电缆埋管敷设至新建电缆中间头检查井，然后非开挖拉管敷设至 1 号配电室，保持 1 号和 2 号配电室联络方式不变。

内部接线：1 号配电室新建一回 YJV22-8.7/15kV-3×150 型电缆向南埋管敷设至用户负荷，2 号配电室出线保持不变，形成 1 号和 2 号配电变压器室双电源供电。

（3）电力通道。本期采用新建 1 线电缆埋管 177m；新建 2 线电缆埋管 75m；新建 4 线电缆埋管 134m；新建 4 线电缆拉管（非开挖拉管）

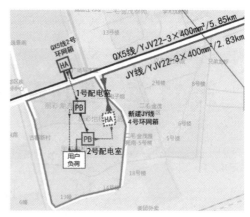

图 10-17　YH 小区双电源改造后地理接线图

86m。YH 小区双电源改造后拓扑结构如图 10-18 所示。

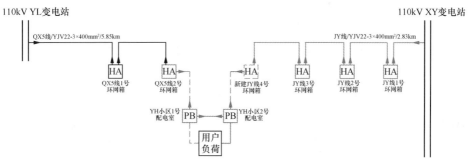

图 10-18　YH 小区双电源改造后拓扑结构图

第 11 章　低压配电网建设改造提升

11.1　总　体　思　路

随着农村经济的发展和农村电力需求的增加，农村低压电网的改造变得越来越重要。低压电网改造是为了提高电网供电质量和可靠性，满足农村居民的用电需求，促进农村经济发展，主要可以从以下几个方面进行建设改造。

加强低压电网的线路改造：低压电网线路老化、负荷过大和线路长度较长等问题对电网供电质量和可靠性造成了很大的影响。需要对电网线路进行升级改造。可以采用更好的导线材料，减少线路损耗，提高线路的输电能力，还可以增加线路的支线和环网结构，降低电网供电半径，提高电网可靠性和抗干扰能力。

加强低压电网的设备改造：低压配电设备是电网供电的重要组成部分，其质量和可靠性直接影响用户的用电体验和供电质量。需要对低压配电设备进行升级改造。可以引进更先进的断路器、负荷开关和电能表等设备，提高设备的安全性和稳定性，还可以加强对设备的维护和检修，及时排除故障，保障电网的正常运行。

加强低压电网的监测与管理：低压电网的可靠性和供电质量需要有良好的监测与管理手段来保证。可以采用先进的电网监测系统，实时监测电网的状态和运行情况，及时发现和排除潜在风险，还可以建立健全的电网管理机制，加强对低压电网的日常运行和维护管理。

加强低压农村电网的智能化建设：随着信息技术的发展，智能化电网的建设已经成为一种趋势。可以引入智能电能表和智能网关等设备，实现对用户用电的实时监测和精确计量，提高电网的用电管理能力，还可以建立智能电网调度系统，实现对电网的远程监控和控制，提高电网的运行效率和安全性。

11.2　建　设　目　标

目前农村地区配电网存在的问题与美丽乡村建设目标之间仍有较大差异，具体表现如下：

（1）前期规划设计不科学。要想更好地实现农村配电网的发展，就需要采取有效措施加强配电网的规划建设。但是从目前情况来看，农村配电网在规划过程中存在着很多不科学、不合理的地方，造成了电网结构的薄弱。例如，农村配电网的负荷预测方法较为简单，运行电压的等级较为复杂，且存在着配电网重复建设的现象。除此之外，在安装过程中，变压器型号和位置存在着不恰当的地方，导线截面积偏小，在布线方面也存在着杂乱无章的现象，迂回线路较多，不仅加大了建设成本，也在一定程度上浪费了电源，进一步加剧了农村用电紧张的状态。加之农村电源支撑点较少，供电的可靠性较低等因素，也是配电网发展过程中的制约因素。

（2）电力设施设备陈旧。农村电力设备陈旧是制约配电网发展的重要原因。农村的经济水平在近几年才有较多的提高，因此在之前的发展过程中，会因为资金问题和技术问题影响到电网的发展，尤其是在设备方面。通过调查发现，农村的变压器设备大多数都存在着老化现象，并且性能较差，能耗较高，影响了配电网的正常运行，浪费电能，也不能够满足农村人们的用电需求。同时，整个农村配电网中的电表箱和接户线腐蚀较为严重，这样就影响了其绝缘性能，很可能会诱发用电安全事故。一遇到打雷下雨天气就会造成农村大面积停电现象，也会加剧用电安全事故的发生概率。

（3）电能质量差。农村配电网的电压偏低，电能质量差。由于农村大多数的配电变压器没有设置在负荷中心，这样就会使得电压偏低的现象较为明显。加之农村的用电时间较为集中，季节性较强，在配电网的供电半径超出一定范围的情况下，很容易影响到电能的质量。除此之外，农村的电网无功补偿严重缺乏，大多数的电力负荷是感性负载，占用的无功较大，由于没有引起足够的重视，也在一定程度上影响到了农村的电能质量，制约了农村配电网的发展。

11.3 建 设 原 则

11.3.1 工作原则

工作原则如下：

（1）坚持"一台区一终端、一通道一密钥"。一个台区只部署一台具有台区内部采集计量数据汇聚上传功能的终端，每台终端通过唯一的物联网卡与后台系统交互，使用公司统一的密码服务平台分发的唯一证书和密钥，避免重复建设、投资浪费。

（2）坚持最小化精准配置。充分评估每个台区安装智能终端的必要性和投入产出比，充分挖掘存量终端的价值作用，避免过度安装、无效投入，做到数量最小、成本最优、效能最大。对于应用需求不明确、成效不明显的台区，原则上不安装智能终端。

（3）坚持专业协同。台区智能终端作为公司级的公共基础设施网实现跨专业共建共享。总部层面，数字化专业重点对台区智能终端应用需求统筹把关，设备专业重点开展新增台区智能终端安装部署管理，营销专业重点开展台区智能终端运行维护管理，各专业共同推动台区智能终端实用化应用。

（4）坚持因地制宜。各省（市）公司要遵循总体配置原则，坚持需求导向、价值导向，结合本单位业务实际、投资能力和应用现状，因地制宜形成差异化的台区智能终端配置需求统筹把关机制、审核决策程序和应用工作细则，有序推动台区智能终端建设应用。

11.3.2 配置策略

围绕应用场景、台区分类和能力要求等方面，形成如下配置策略。

（1）应用场景。配电网是新型电力系统建设的主战场，台区智能终端配置应聚焦现有台区终端难以满足的高价值核心应用场景。通过对当前业务发展和终端应用情况的梳理，重点在有分布式光伏调节控制需求和配电站房视频监控需求的台区安装智能终端，具体策略如下：

1）对于存在分布式光伏调节控制需求的台区，当分布式光伏并网容量达到或超过台区额定容量 80%，且户均配电变压器容量大于 3.5kVA 时，经分析评估确有必要性和价值，在履行本单位审批程序后，可结合实际需求配置台区智能终端。

2）对于重点领域配电站房，经分析评估确有开展监测控制的必要性和价值，在履行本单位审批程序后，可结合实际需求配置台区智能终端。

3）除上述场景外，如确实存在已有终端无法满足业务应用需求的台区，在履行本单位审批程序后，方可配置台区智能终端。

（2）台区分类。

1）对于新建台区，经过分析评估，认为满足上述应用场景配置要求的，在履行本单位审批程序后，可结合实际需求配置台区智能终端。

2）对于已有终端到期轮换的存量台区，经过分析评估，认为满足上述应用场景配置要求的，在履行本单位审批程序后，可结合实际需求配置台区智能终端。

3）对于已有终端尚未到期轮换的存量台区，经分析评估已有终端确实不能满足当前应用需求的，在履行本单位审批程序后可结合实际需求将已有终端替换为台区智能终端。

（3）能力要求。台区智能终端是各专业共建共享的公共基础设施，应能够同时满足各专业对配电台区感知控制能力提升的需求，特别是要能够同时满足设备、营销两专业采集计量数据汇聚上传、业务就地分析处理、台区内部协同控制以及与相应主站系统双向交互的需求，同时通过配电、计量专业检测，并由具备国家或电力工业检验检测资质的机构出具检测报告。整体应满足如下能力要求：

1）采用国产工业级芯片作为终端主控 CPU，集成满足电力二次系统安全防护规定的安全芯片，支持无线公网/专网远程通信以及 HPLC、微功率无线（RF）或 HPLC+RF 双模等本地通信。支持 RJ-45、RS-485、RS-232、蓝牙、开关量输入、脉冲输入等多种物理接口。

2）采用安全加固的嵌入式操作系统，与上层应用软件、底层硬件解耦并兼容各类 APP 和硬件接入。以容器化方式部署 APP，支持容器及容器基础镜像的本地和远程管理。采用 APP 方式实现终端业务功能，APP 支持本地及远程管理。

3）支持配电变压器运行状态、电能表、智能断路器、三相不平衡装置、智能电容器、静止无功补偿设备等的数据采集。支持电能量计量、低压故障快速研判及上报、分布式电源管理、电能质量监测及治理、终端自诊断自恢复及远程升级等功能。

11.4 典型案例

11.4.1 低压线路及杆塔整治

1. 改造思路

（1）台区改造项目原则上以村庄为单位统筹考虑整村建设改造方案，避免同一村庄近年来重复施工停电。

（2）优先解决存在配电变压器重过载、低电压台区的村庄。

（3）对于高耗能配电变压器，采取直接就地更换的方式解决，同时可以参考当地负荷情况予以增容；对于重过载配电变压器，采取新增台区布点为主、增容为辅的方式解决，有效地缩短低压线路供电半径；对于三相不平衡配电变压器，应加强负荷三相不平衡管理和负荷调整；对于低电压台区，可考虑直接进行变压器增容或新增台区布点来解决。

（4）逐步提高低压线路绝缘化率，优先解决设备情况较差、供电户数较多的台区，通过装备水平提升来解决低压线路线径小引起的台区出口低电压问题。

（5）逐年安排改造超过 20 年的老旧配电变压器。

2. 现状情况

DH 村现状共有配电变压器台区 4 台，由 10kV YX 线供电，总用户数 311户，总容量为 450kVA，户均容量为 1.45kVA/户。配电变压器型号为 S11 型和 S13 型，不存在运行年限超过 20 年配电变压器。存在 1 台出口低电压配电变压器，长期出口低电压客户 18 户。低压线路型号以 LGJ-25 为主，线路总长为12.43km。低压线路存在跨越农田、对地安全距离不够等安全隐患。杆塔存在老旧破损和倾斜问题。H 村台区基本情况见表 11-1。低压杆塔老旧如图 11-1所示。

表 11-1　　　　　　　　　　H 村台区基本情况

序号	变压器名称	所属线路	设备型号	用户数	低电压用户数	2021 年最大负载率（%）	是否有低电压	投运年限	其他问题
1	DH 村 1 社号 1 公用变压器	10kV YX 线	S11-100/10	122	18	1.78	是	2011/7/15	
2	DH 村 6 社号 1 公用变压器	10kV YX 线	S13-M-200	101		21.03	是	2016/7/10	杆塔倾斜
3	DH 村 4 社号 1 公用变压器	10kV YX 线	S11-M-50/10	42		1.12	是	2012/7/20	杆塔老旧
4	DH 村 7 社号 1 公用变压器	10kV YX 线	S13-100/10	46		20.93	否	2011/12/27	

3. 具体问题

（1）10kV YX 线 DH 村 1 社 1 号公用变压器。

1）DH 村 1 社 1 号公用变压器台区线路主干线为 LGJ-25、支线二线 16mm^2，线径小，供电半径长，存在末端低电压用户 18 户，无法满足新增负荷需求。

2）存在安全隐患，部分杆塔存在跨越房屋、对地安全距离不够等情况。

（2）10kV YX 线 DH 村 4 社 1 号公用变压器。

1）DH 村 1 社 1 号公用变压器台区线路主干线为 LGJ-25、支线二线 16mm^2，线径小，供电半径长，存在末端低电压用户 18 户，无法满足新增负荷需求。

图 11-1　低压杆塔老旧

2）存在安全隐患，部分杆塔存在跨越房屋、对地安全距离不够等情况。

4. 改造方案

（1）中压线路部分：1 社 1 号公用变压器新建 10kV 线路全长 0.31km 架空绝缘导线，AC10kV，JKLGYJ，70/80.31km。新建 ϕ190m×12m 电杆 5 基；新建拉线 5 组。

（2）低压线路部分：1 社 1 号公用变压器新建改造低压线路总长 0.74km，其中：四线长 0.74km（采用架空绝缘导线，AC1kV，JKLYJ，70 导线架设 0.74km）；新建 ϕ190m×12m 电杆 2 基；新建拉线 2 组；1 社 4 号公用变压器新建改造低压线路总长 0.86km，其中：四线长 0.86km（采用架空绝缘导线，

AC1kV，JKLYJ，70 导线架设 0.86km）组；1 社 6 号公用变压器新建改造低压线路总长 1.2km，其中：四线长 1.2km（采用架空绝缘导线，AC1kV，JKLYJ，70 导线架设 1.2km）组。

（3）电变台部分：1 社 1 号公用变压器台区原变压器迁移，新建 10kV 柱上变压器成套设备，ZA-1-XX，200kVA，12m 变压器 1 台。

11.4.2　标准化工艺建设

1. YW 县 DT 老旧小区标准化改造

现状问题：DT 小区由 QX 线 NH 支 02 号杆 T 接，小区现有配电室 1 个、配电变压器 1 台。变压器容量为 315kVA。供电半径为 500m，变压器负载率为 55%。小区现有低压配电室老旧，现有架空绝缘线建成年限较长且小区由低压配电柜出低压电缆通过架空线路方式进入每单元表箱。主要存在问题为教师公寓低压配电室配电柜老旧，投运时间较长，配电室存在安全隐患，原架空绝缘线老旧，建成时间较长，由于线路情况较为复杂，改造难度较大，供电可靠性较低。

改造方案：本次设计更换原配电室低压电缆，更换原杆低压架空绝缘线以及横担绝缘子串，拆除原配电室低压开关柜 3 面，拆除原变压器低压母线，拆除原低压架空线以及横担绝缘子串。由低压配电室出低压电缆至原架空线路。新建低压出线电缆线路路径长 15m，其中新装 ZC-YJV-0.6/1-4×120 无阻水电缆长 55m。爬杆电缆 45m。DT 小区低压线路改造现场如图 11-2 所示。DT 小区配电室及配电变压器如图 11-3 所示。

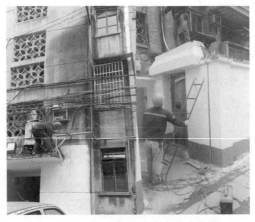

图 11-2　DT 小区低压线路改造现场

图 11-3　DT 小区配电室及配电变压器

2. RQ 县城东大街架空线路进行整治入地标准化改造

东大街配电线路电缆入地工程为期一天，主要分高压线路和低压线路两部分，共出动人员 110 余人，拆除 10kV 架空导线 22 档接近 1.3km，电缆入地后用环网柜 5 台，公用箱式变压器采用 630kVA 共 5 台。同时对富丽源、农机公司、木材小区、国税四个台区进行低压线路、设备切改工作，架设电缆 460m，更换动力表箱 5 个、照明表箱 1 个、T 接分线箱 19 处，拆除低压线路 200 多米。RQ 县架空线入地改造施工现场如图 11-4 所示。RQ 县老旧小区低压线路改造现场如图 11-5 所示。RQ 县老旧配电线路和杆塔拆除现场如图 11-6 所示。

图 11-4　RQ 县架空线入地改造施工现场

图 11-5　RQ 县老旧小区低压线路改造现场

图 11-6　RQ 县老旧配电线路和杆塔拆除现场

11.4.3　智慧台区建设

1. 智慧台区概念

智慧台区的主要任务是构建"一个核心、四级拓扑"的架构，即以能源控制器为核心，与以往的集中器相比，它不仅可以有效监测设备运行状态，采集传输计量装置数据，还能够控制和协调台区内分布式光伏、智能有序充电桩等多种设备，并对用能信息进行就地化分析与决策，从而实现多能协同优化配置。同时，按照台区内能量流向和节点分布，将整个台区自上而下划分为配电变压器层、分支层、表箱层和用户侧四级拓扑，并在四级拓扑中，分别安装环境感知装置、分支监测终端、智能量测开关和物联网表等智能化设备，借助这些设备的感知功能、能源控制器边缘计算和高速载波通信技术，实现了拓扑识别"更精确"、停电上报"更精准"、线损计算"更精益"、智能感知"更精细"。

2. 建设思路

WL 村南台区商业街建成后用电负荷集中在白天，约 380kW；而北台区以民宿为主，用电负荷集中在晚上，约 350kW。白天，可以通过远程自动控制换流阀，将北台区过剩的光伏发电量转移至南台区进行消纳；夜间，可以通过南台区向北台区供电，提高供电台区配电设备的利用率，缓解受电台区变压器的压力。这样一来，在两台区之间进行柔性直流互联，不仅提高了供电可靠性，实现了两台区之间能量转移、功率互济，支持了 WL 村特色旅游产业发展，提高了清洁能源消纳能力，解决了台区过剩光伏无法就地消纳问题，而且提高了配网改造经济性，100kVA 柔性直流互联项目比拆分台区，新上两台 200kVA 变压器节省投资 6 万多元。

3. 建设内容

为确保光伏发电发得出、用得上、存得住，LW 供电公司从可行性和经济性出发，综合对比了 WL 村南北两个台区的配电变压器增容改造方案、柔性直流互联方案和交流互联方案，最终将柔性直流互联方案作为改造重点。这套柔性直流互联远程控制系统共有两个换流阀，一个安装在王老村台区配电室内，另一个安装在王老村南台区台架下面。两个换流阀通过 750V 直流电缆连接，具有 90kW 功率的转移能力，用电信息采集系统通过分钟级采集，对两台区用电负荷情况进行监测与分析，并通过能源控制器下发调度指令，对两个换流阀进行远程控制，从而实现台区间能量转移、功率互济，白天时将村内过剩的光伏发电量转移至商业街，夜间时将用商业街的配电设施向村内供电，提高了供电台区配电设备利用率，让用电更智能更科学。智慧台区改造工程现场如图 11-7 所示。

图 11-7　智慧台区改造工程现场

第12章 分布式新能源为主体的新型配电网建设

12.1 新型配电网基本概念

新型电力系统是以承载实现碳达峰碳中和，贯彻新发展理念、构建新发展格局、推动高质量发展的内在要求为前提，确保能源电力安全为基本前提、以满足经济社会发展电力需求为首要目标、以最大化消纳新能源为主要任务，以坚强智能电网为枢纽平台，以源网荷储互动与多能互补为支撑，具有清洁低碳、安全可控、灵活高效、智能友好、开放互动基本特征的电力系统。

2021年3月，国家电网有限公司发布了"碳达峰、碳中和"行动方案，构建以新能源为主体的新型电力系统，努力当好能源清洁低碳转型的引领者、推动者、先行者。低碳是新型电力系统的核目标。"十三五"以来，我国新能源装机占比已提升到22%以，发电量占比已从5%提升到10%左右。为实现碳达峰、碳中和，我国新能源将进一步跨越式发展。初步测算，"十四五"全国年均新增并网装机有望达到1亿kW以上，到2030年前后新能源装机占比有望达到50%，将成为电力系统的主体电源。随着高比例新能源的大量并网运行，仅依靠传统的电源侧和电网侧调节手段，已经难以满足新能源持续大规模并网。

新型配电网核心特征在于新能源占据主导地位，成为主要能源形式。随着我国碳达峰与碳中和目标的提出，新能源在一次能源消费中的比重不断增加，加速替代化石能源。未来我国电源装机规模将保持平稳较快增长，呈现出"风光领跑、多源协调"态势。在电源总装机容量中，陆上风电、光伏发电将是我国发展最快的电源类型，到2060年两者装机容量占比之和达到约60%，发电量占比之和达到约35%。

12.2　建设改造思路

新型电力系统需要聚焦电力可靠供应、电网安全稳定、负荷互动提效、低碳弹性调节、体制机制畅通，以技术创新和数字赋能为支撑，从源、网、荷、储、机制五方面发力打造以分布式能源为主体的新型配电网。

（1）适应能源结构变革，建设多元供给电力保障体系。综合考虑资源禀赋、电网消纳条件和系统成本等因素，测算不同地区新能源消纳的经济规模，形成新能源经济开发分布图，统筹推进近/远海风电、渔光互补/屋顶光伏/滩涂光伏等多类型光伏的开发利用。

（2）打造能源优化配置平台，提升电网弹性水平。健全各级电网规划体系，推进电网规划、新能源规划、电动汽车充换电设施规划、储能规划与电力设施空间布局规划等源网荷储规划有机结合。推动形成"一环四直"特高压骨干网架、以特高压为核心的"强臂强环"主干网，全面提升清洁能源承载和配置能力，支撑沿海核电、海上风电大规模接入消纳，增强电网防范和抵御风险能力。

（3）推动用能高效化电气化，促进绿色生产生活。深挖工业生产、商业楼宇和居民生活等领域需求响应资源，探索数据中心、5G 基站、充电桩等新兴业务互动能力，试点通信运营商、综合能源服务商、小微园区等多种负荷聚合方式，扩大资源聚合效应。

（4）构建储能发展生态体系，提升能源时空互补能力。加大抽水蓄能电站发展力度，大型抽蓄电站与分布式抽蓄电站发展并重。加快推动新型储能发展，研究电化学、飞轮、空气储能等多样化储能形式。深入开展氢能全产业链的分析，推进氢电耦合等新型储能技术应用，研究氢电储能等典型应用场景。研究解决电化学储能、氢能、冷能等新型储能在效率、成本、寿命、安全等方面的瓶颈技术问题，助力扩大储能产业规模。

（5）深化电力系统体制改革，以健全机制引导清洁低碳健康发展。充分考虑清洁能源市场特性，构建适应以新能源为主体的新型电力系统的市场规则，建立健全电力中长期市场、现货市场和辅助服务市场。积极探索新能源、储能、虚拟电厂、负荷聚合商等新型市场主体准入机制，在现货市场初期建议新能源以报量不报价全额消纳的方式参与市场,逐步过渡至新能源报量报价参与市场竞争。

12.3 分布式新能源大规模接入的影响

可再生能源的快速发展促进了新能源开发规模的不断增大,以风电为代表的分布式新能源越来越多地接入传统电网。同时,分布式新能源的接入对电网产生了深刻的影响。要研究分布式新能源大规模接入产生的影响,首先需要研究分布式新能源的运行机理,包括分布式新能源的种类和发电机理。其次对光伏、风电等分布式新能源的接入原则进行研究。最后从各个方面分析分布式新能源接入对电网的影响,包括对电网特征、运行方式以及规划方法的影响,并研究分布式可再生能源对电力市场机制与运营模式的影响,探讨大规模分布式新能源接入下的电力市场发展方向。

12.3.1 各类型分布式新能源运行机理分析

本节从分布式新能源的类型和发电机理两个方面对分布式新能源展开研究。根据分布式新能源的接口类型,可以将分布式新能源分成同步发电机接口电源与逆变器接口电源,在此基础上又可以对分布式新能源的类型进行细分。接着根据发电能源的不同,对多种分布式新能源发电进行了发电机理分析。

(1)分布式新能源类型分析。作为一种新颖的能源供应模式,分布式能源近年来备受各国政府和企业的关注。它是一种建在用户端的能源供应方式,可独立运行,也可并网运行,以资源、环境效益最大化为目标来确定方式和容量,因地制宜地将用户光伏、风能以及生物质能等多种新能源配置状况进行系统整合优化的新型能源系统,是相对于集中供能的分散式供能方式。分布式新能源技术是未来世界能源技术的重要发展方向,具有能源利用效率高、环境负面影响小、提高能源供应可靠性和经济效益好的特点。

分布式新能源的优势在于可以根据实际的资源分布特征和电力需求进行灵活分散安装,充分利用各种能源,尤其是风能和太阳能以及生物质能等可再生能源,从很大程度上降低了当前工业发展对化石能源的依赖性,从根本上解决了人类面临的能源危机问题,而且还能够延缓建设新的输电线路和变电站所需的大量投资。除此之外，分布式新能源发电对环境污染小且能源利用效率高，体现了人类的可持续发展战略，并且还为大电网提供备用容量，增加了电网的供电可靠性。

分布式新能源的快速发展导致传统电网结构发生革命性变化，基于传统集中发电的大电网，辅以各种分布式新能源，连接到配电网或独立自主运行，被认为是最有效的节约投资、提高系统灵活性和安全稳定性、降低能耗的重要方式，是目前电力行业的发展方向。

分布式新能源的分类如图 12-1 所示。根据分布式新能源接口类型，可将分布式新能源分为同步发电机接口电源（包括柴油机、小水电机组等）和逆变器接口电源。逆变器接口电源按照发电特性可分为输出功率可控型［如分布式储能（distributed storage，DS）、电动汽车、燃料电池等］和间歇型电源（如风力和光伏发电机组等）。不同类型的分布式新能源惯性不同，运行特性和控制响应特性各异。

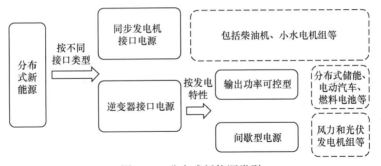

图 12-1　分布式新能源类型

同步发电机接口电源具备惯性及调频能力，能够为系统提供基准频率，有较好的稳定性，同时可提供较稳定的电压。具备自启动能力的同步机接口电源可用作黑启动电源，其输出功率能在一定范围内调节，但不能吸收有功功率。

输出功率可控型电源经过逆变器接入交流系统，惯性小但控制灵活，其中储能和电动汽车既可吸收电能也可放出电能，可在时间维度灵活调节，能够为多源在时间维度的协同发挥作用。

逆变器接口的间歇型电源不具备调频特性，输出功率受天气变化影响大，在天气良好的情况下可以合理利用其发电能力完成供电任务。但其输出功率具有不确定性，在无输电网支撑的情况下，如处理不当则易导致系统功率失衡，引发系统崩溃等问题。

（2）典型分布式新能源发电机理分析。新型电力系统中分布式新能源发电主要包括风力发电、光伏发电和生物质能发电。风机一般设置在风能资源丰富的沿海岛屿、草原牧区、山区和高原地带。此外，海上风电也是可再生能源发展的重要领域。分布式光伏系统通常应用在各类建筑物和公共设施上以及偏远农牧区和海岛，主要由光伏发电单元组成。生物质能发电利用当地生物质能资源就地发电、就地利用，不需外运燃料和远距离输电，适用于居住分散、人口稀少、用电负荷较小的农牧区及山区。

1）风力发电机理。风机是以可再生能源——风能作为发电原料进行发电的设备，是现阶段所有可再生能源发电技术中最为成熟的一种。风力发电作为技术最成熟、最具规模化的新型发电方式，其发展速度居于各种可再生能源之首，其具有环保可再生、全球可行、成本低且规模效益显著的特点。

根据风力发电机的转速是否恒定，现阶段的并网型风力发电机可分为恒速—恒频和变速—恒频两种。风力发电单元一般由风机、发电机、电力电子装置和控制装置组成。风力发电的运行原理是将风能转化为机械能用以驱动发电机运作，发电机产生电能通过电力电子装置进入配电网。对风电系统的数学建模基本分为两类，分别为基于空气动力学原理的详细结构模型和考虑风速与电能输出关系的出力曲线简化模型。

风机出力公式如下

$$f(v) = \frac{V}{\sigma^2_{Wt}} e^{-\frac{V^2}{2\sigma^2_{Wt}}} \tag{12-1}$$

$$P_{Wt} = \begin{cases} 0, & v_{out} < v < v_{in} \\ av+b, & v_{in} < v < v_r \\ P_N, & v_r < v < v_{out} \end{cases} \tag{12-2}$$

式中　σ_{Wt}——分布式参数，通过历史拟合数据得到；

P_{Wt}——风力发电单元的有功出力；

v_{in}——风力发电机的叶面切入速度；

v_{out}——风力发电机的切出速度；

v_r——风力发电机接收的额定风速；

P_N——风力发电机的额定发电功率；

a、b——风力发电单元中运行参数，不同风力发电机的参数有所不同。

2）光伏发电机理。太阳能光伏发电技术是利用半导体材料的光电效应直接将太阳能转换为电能。光伏发电系统通常分两大类：一是独立光伏发电系统，二是光伏并网发电系统。其中，光伏并网发电系统已成为发达国家发展太阳能发电的主要选择。光伏发电具有不消耗燃料、不受地域限制、规模灵活、无污染、安全可靠、维护简单等优点。

光伏发电单元也称太阳能发电单元，利用太阳能资源进行发电，其主要组成部分为利用太阳能发电的半导体薄片，太阳能板组成的太阳能方阵、逆变器、控制装置等。光伏发电单元的容量取决于其规模，如私人型家庭屋顶并网发电系统，其容量为 3～5kW，设置于边远无电地区的小型光伏发电，其容量一般为 10～100kW 不等，以及独立的光伏发电站，其容量可达 10kW～50MW。

光伏发电单元的运行方式分为两种，光－热－电转换方式以及光－电转换方式，前者是利用太阳能集热器将吸收到的太阳能辐射所产生的热能转化为蒸汽，驱动汽轮机发电，后者是通过太阳能电池板吸收太阳光照，通过光伏效应将太阳能转化为电能，是一种直接将太阳能转换为电能的过程。最后将所产生的电能通过电力电子装置输送给配电系统，完成光伏发电过程。其发电系统结构如图 12-2 所示。

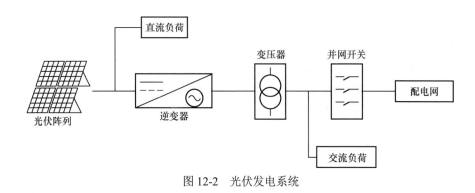

图 12-2　光伏发电系统

其出力公式如下：

$$P_a = \begin{cases} \dfrac{P_N G_{bt}^2}{G_{STD} R_c} & (0 \leqslant G_{bt} < R_c) \\[3mm] \dfrac{P_N G_{bt}}{G_{STD}} & (R_c < G_{bt} < G_{STD}) \\[3mm] P_N & (G_{bt} > G_{STD}) \end{cases} \tag{12-3}$$

式中　　P_a——光伏发电单元的实际出力；

　　　　P_N——光伏发电单元的额定发电功率，即在标准测试条件下的单位光照
强度下光伏发电单元所产生的功率；

　　　　G_{bt}——t 时刻太阳光照强度；

　　　G_{STD}——标准光照强度；

　　　　R_c——光伏出力与光照强度进入线性关系的光照强度。

（3）生物质能发电机理。生物质燃料具有松散性、密度低、高挥发分及低
热值等特点，因此在收集、贮存和使用过程中存在一定的困难和不经济性。传
统的生物质资源利用主要是炉灶直接燃烧方式，其能源利用率只有 10%～15%，
而且在燃烧过程中排放出大量的烟尘。新的生物质能源利用方式，如生物质发
电技术能够克服上述的缺点，已经成为生物质能现代化利用的重要方式之一。
生物质发电是利用生物质燃烧或生物质转化为可燃气体燃烧发电的技术，主要
包括直燃发电、生物质与煤混合燃烧发电和气化发电 3 种方式。

生物质直燃发电是指在特定的生物质蒸汽锅炉中通入足够的氧气使生物质
原料氧化燃烧，产生蒸汽，进而驱动蒸汽轮机，带动发电机发电的过程。生物
质直燃发电技术中的生物质燃烧方式包括固定床燃烧和流化床燃烧等方式。前
者只需将生物质原料经过简单处理甚至无须处理就可投入炉排炉内燃烧，而后
者则要求将生物质原料进行破碎、分选等预处理再燃烧，其燃烧效率和强度都
比固定床高。单纯的生物质直燃发电的效率很低，一般在 20%～40%，而且发
电过程中产生大量的热能不能充分利用。为了增加直燃发电的能源效率，电厂
也可以采用热电联产方式，同时生产热量和电力，这样热效率可以达到 80%～
90%，既提高了能源的综合利用效率，又能改善供热质量，增加生物质发电企
业的经济效益。

生物质混燃发电是指在传统的燃煤发电锅炉中将生物质和煤以一定的比例

进行混合燃烧发电的过程。生物质与煤混合燃烧的方式有两种。

1）生物质直接与煤混合燃烧，产生蒸汽，带动蒸汽轮机发电。

2）将生物质在气化炉中气化产生的燃气与煤混合燃烧，产生蒸汽，带动蒸汽轮机发电。

前者的燃烧要求很高，并不适用于所有燃煤发电厂，而后者的通用性较好，对原燃煤系统的影响也比较小。混合燃烧的生物质可以是林业生物质（木片和锯末）或者农业生物质（如稻壳、麦草和玉米秆等）。生物质混燃发电被认为是一种近期可以实现的、相对低成本的生物质发电技术。相关研究表明，在生物质混燃发电中，如果将燃料供应系统和燃烧锅炉稍做修改，生物质的能量混合比例可以达到 15%，而整个发电系统的效率能达到 33%～37%。受生物质资源分布分散，能量密度低、运输效率低、储存占地大和储存安全风险大等因素的影响，采用生物质直燃发电技术的电厂的规模一般都不大，主要是利用当地的生物质资源，运输距离短。而将生物质与常规的煤炭混合燃烧发电，既可以充分利用现有的燃煤电厂的投资和基础设施，又能减少传统污染物（SO_2 和 NO_x）和温室气体的排放，对于生物质燃料市场的形成和区域经济的发展都将起到积极的促进作用。

生物质气化发电是指生物质原料（废木料、秸秆和稻草等）气化后，产生可燃气体（CO、H_2 和 CH_4 等），经过除焦净化后燃烧，推动内燃机或燃气轮机发电设备进行发电。从发电规模上看，生物质气化发电系统可分为小型（＜200kW）、中型（500～3000kW）和大型（＞5000kW）3 种。小型气化发电系统一般采用内燃发电机组，所需生物质数量少且品种单一，比较适合照明或小企业用电;中型生物质气化发电系统大多采用流化床或循环流化床的形式，因其可以适用多种不同的生物质，技术较成熟，是当前生物质气化技术的主要方式。以 1000kW 的生物质气化发电系统为例，在正常运行下，生物质循环流化床气化发电系统气化效率大约为 75%，系统发电效率在 15%～18%。大规模的气化燃气轮机联合循环发电系统的功率为 5～10MW，效率为 35%～40%，但关键技术仍未成熟，尚处在示范和研究阶段。

12.3.2　各类型分布式新能源接入原则

国内主要分布式新能源为光伏和风电，因此本节主要针对光伏与风力发电，分析其在配电网中的接入原则及典型接入方式。

1. 分布式光伏、风电接入原则

对光伏、风电资源评估与接入承载力需要进行匹配，将电网规划和可再生能源发展规划相结合，通过风光互补、联合运行以及合理选择并网点实现可再生能源合理接入。对于负荷重的区域可接入容量较大，且有重载的变电站地区，积极鼓励风电、光伏等新能源的接入。

（1）一般原则。

1）分布式电源接入容量应按照安全性、灵活性、经济性的原则，根据已接入分布式电源容量、配电线路载流量、上级变压器及线路可接纳能力、地区配电网负荷等情况综合比选后确定。

2）在分布式电源接入前，应以保障电网安全稳定运行和分布式电源消纳为前提，对接入的母线、线路、开关等进行短路电流和热稳定校核，如有必要也可进行动稳定校核。不满足运行要求，应进行相应电网改造或重新规划分布式电源的接入。

3）建立健全分布式电源消纳能力评估机制，在配电网规划中分站分线测算分布式电源（光伏）最大接入能力，评估结论动态更新，定期发布，促进分布式电源项目科学布局和源网荷动态匹配。

（2）可接入容量测算。可接入容量反映配电网对分布式电源的接入和消纳能力，其影响因素主要有配电网的输送能力、短路容量、负荷水平、调节资源（储能）及分布式电源的接入位置。

通过梳理网格内负荷特性曲线、储能充放电曲线，与分布式电源出力曲线进行耦合，以耦合后整体上送潮流不超过本线路的允许容量，所有本级配电网上送潮流之和不超过上一级变压器的额定容量以及上一级线路的允许容量为边界条件，测算分布式电源理论可接入容量，然后利用系统短路容量、电压波动约束校核测算数据，得到分布式电源实际可接入容量。

1）抓取网格内负荷特性曲线数据及规划增长量，拟合规划期内负荷特性曲线。

2）分析网格内负荷特性曲线，结合上一级电网允许本级电网上送容量和接入储能的出力情况，测算该网格分布式电源最大可接入容量，具体计算如下：

$$E_{\text{permit}} = \frac{P_{\text{o}} + S_{\text{limit}} + S_{\text{ES}}}{\eta} \tag{12-4}$$

式中　P_{o}——对于分布式光伏取年最小日间负荷，对于其他分布式电源取年最小负荷或按年最大负荷 10%取值；

　　　S_{limit}——本级电网上送约束容量，取变上一级变压器额定容量、线路的允许容量的较小值；

　　　S_{ES}——该线路接入的储能容量；

　　　η——分布式电源最大出力系数。

根据测算边界条件，可规划在分布式风光发电集聚的产业园区，分布式风光发电与储能装置、可调节负荷等灵活资源协同运行时，可提升系统分布式电源接入和消纳能力。

（3）接入电压选择。电源并网电压等级可根据装机容量进行初步选择，可参考表 12-1，最终并网电压等级应根据电网条件，通过技术经济比较论证后确定。

表 12-1　　　　　　　　　分布式电源并网电压等级参考表

电源总容量范围	并网电压等级
8kW 及以下	220V
8～400kW	380V
600～6MW	10kV
6MW 以上	10kV 或 35kV

在满足供电安全及系统调峰的条件下，接入单条线路的电源总容量不应超过线路的允许容量；接入本级电网的电源总容量不应超过上一级变压器的额定容量以及上一级线路的允许容量。

2.　分布式光伏、风电接入方式

分布式风、光电源的接入方式可分为直接接入公共电网、接入用户内部电网两种方式。实际接入管理中应根据分布式电源装机容量并兼顾运营模式，合理确定接入电压等级、接入点。具体接入方式可参考以下典型方案。

（1）10kV 专线接入公共电网。本方案主要适用于采用全额上网的分布式新能源发电项目接入，公共连接点为公共电网变电站 10kV 母线，单个并网点参考装机容量 1～6MW；公共连接点为公共电网开关站、配电室或箱式变压器 10kV 母线，单个并网点参考装机容量 400kW～6MW。10kV 专线接入公共电网接线示意如图 12-3 所示。

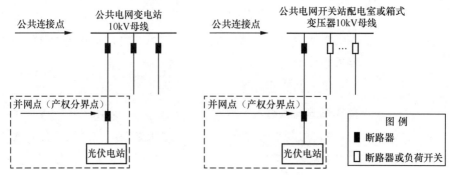

图 12-3　10kV 专线接入公共电网示意图

（2）10kV T 接方式接入公共电网。本方案主要适用于采用全额上网的分布式新能源发电项目接入，公共连接点为公共电网 10kV 线路 T 接点，单个并网点参考装机容量 400kW～6MW。10kV T 接方式接入公共电网接线示意如图 12-4 所示。

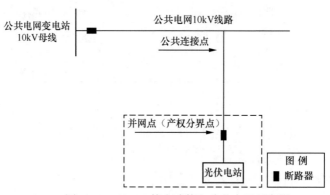

图 12-4　10kV T 接方式接入公共电网示意图

（3）10kV 接入用户内部电网。本方案主要适用于接入用户内部电网，自发自用、余量上网的分布式新能源发电项目，单个并网点参考装机容量 400kW～6MW。按照用户接入公共电网方式的不同分为两个子方案。10kV 接入用户内部电网接线示意如图 12-5 所示。

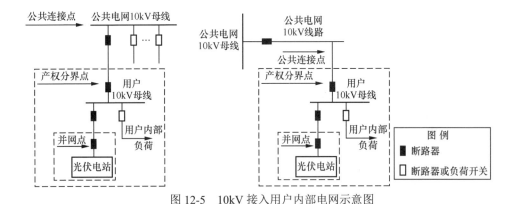

图 12-5　10kV 接入用户内部电网示意图

（4）380V 接入公共电网。本方案主要适用于接入公共电网的分布式新能源发电项目，公共连接点为公共电网配电箱或线路，单个并网点参考装机容量不大于 100kW，采用三相接入；装机容量 8kW 及以下，可采用单相接入；公共连接点为公共电网配电室或箱式变压器低压母线，单个并网点参考装机容量 20～400kW。380V 接入公共电网接线示意如图 12-6 所示。

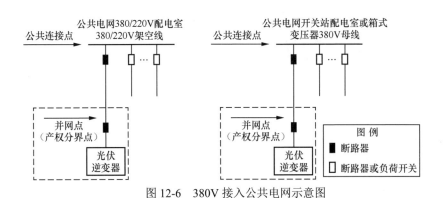

图 12-6　380V 接入公共电网示意图

（5）380V 接入用户内部电网。本方案主要适用于 380V 接入用户内部电网、自发自用/余量上网的分布式新能源发电项目，单个并网点参考装机容量不大于 400kW，采用三相接入，装机容量 8kW 及以下，可采用单相接入。根据用户接入电压等级的不同，以 380V 接入用户内部电网的方式可分为两个方案。380V 接入用户内部电网示意如图 12-7 所示。

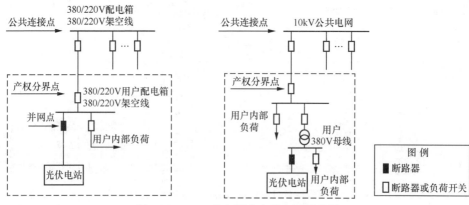

图 12-7　380V 接入用户内部电网示意图

12.3.3　分布式新能源大规模接入对电网特征的影响性分析

本节将从主动配电网和综合能源系统两个方面分析分布式新能源大规模接入对电网特征的影响性研究。阐述主动配电网的概念及其特点，并分析主动配电网与传统配电网的主要差异；接着在描述综合能源系统概念及其基本架构的基础上构建接入大规模分布式新能源的多能流网络模型。

1. 新型配电网发展方向

分布式新能源具有经济、环保、灵活、安全等诸多优点，但由于可再生能源本身具有随机性，当分布式新能源接入配电系统后，源、荷双重不确定性将给传统的配电系统带来诸多的影响：

（1）传统配电网常采用单向供电模式，而 DG 的接入使得电网结构发生变化，转变为双向多电源供电模式，可能出现潮流反向等问题，给电网带来危害；

（2）以风力发电和光伏发电为典型的 DG 往往具有间歇性、随机性、波动性等特点，给传统配电网的调度运行带来困难。一方面，DG 的强不确定性可能对电网设备造成损害；另一方面，可能对电网系统造成危害，甚至出现电力事故；

（3）我国存在明显的供需不对称，以"三北"地区为代表，其清洁能源多但电力需求相对较少，外送潜力大但相关线路容量、设备难以支撑其进行外送，弃水、弃风、弃光的三弃问题仍较为严重，存在消纳困难；

（4）DG 的高渗透可能会影响元件热稳定安全性和电网静态电压稳定性。DG 就地消纳时可视为直接抵消部分负荷，然而，当 DG 不具备穿越能力而不得不脱网运行时，造成负荷抵消作用消失，可能引起电网安全问题。

在环保压力和既定能源目标的前提下，为解决新能源消纳难题，虚拟发电厂和微网为 DG 的集成提供了解决方案。然而，微网主要面向用户，往往容量较小，难以有效解决可再生能源 DG 向中压配电网接入的难题。传统配电网已经开始向主动配电网进行转变。图 12-8 展示了主动配电网的相关概念：分布式电源接入传统配电网后，形成了有源配电网；为了实现有源配电网中可再生能源的有效消纳和用户用电质量的可靠保障，涵盖了主动控制和管理手段的主动配电网应运而生。主动配电网着重强调配电网的可再生能源消纳和主动管理特性，是当前配电系统建设发展的核心体现。因此，对主动配电网进行深入研究正是解决当下配电系统相关问题的有效途径。

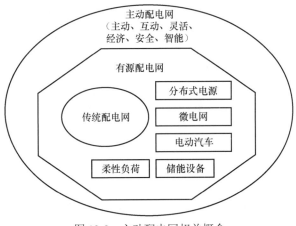

图 12-8　主动配电网相关概念

中国电力科学研究院的范明天教授是国内研究主动配电网比较早的学者。作为 2008 年到 2014 年 CIGREC6 的中方委员，范明天教授全程参与了主动配电网概念的讨论与提出，明确地在国内提出了主动配电网的主要特点，包括规范、功能、效益等方面，如下表所示。传统配电网在接纳分布式能源时大多采用"即插即忘"的策略，不对分布式能源进行任何主动管理，从而大大降低了 DG 的渗透率。主动配电网通过对基础设施的升级改造，实现系统的主动控制和管理，从而有效提高系统运行效率、加大分布式能源接入容量、并保证用户供电的可靠性和质量。总结而言，主动配电网以电力电子设备和通信系统的发展为基础，针对含有分布式能源的配电网这一复杂非自治系统，进行有效控制和管理。主动配电网主要特点见表 12-2。

表 12-2   主动配电网主要特点

对基础设施的需求/规范	功能/应用	驱动力/效益
● 保护	● 潮流拥塞管理	● 提高可靠性
● 通信	● 数据收集和管理	● 提高资产利用率
● 与现有系统的集成	● 电压管理	● 改善 DG 接入
● 灵活的网络拓扑	● DG 和负荷控制	● 替代网络改造方案
● 能够管理设备的主动网络	● 网络快速重构	● 改善网络稳定性
● 智能计量技术		● 提高网络效率（减少网损）

华北电力大学教授详细归纳了主动配电网与传统配电网的主要差异，如表 12-3 所示。传统配电网的技术标准主要针对"即插即忘"的管理模式（没有主动管理），因此标准单一；而高级智能技术引入后，主动配电网的运行状态变得灵活可控，从而形成了动态多元的技术标准。管理模式方面，为了实现主动配电网的实时高效管理，传统的以变电站为中心的集中式管理发展成为多控制设备协调运行的分散式管理。传统配电网的单源辐射式网架结构也不再适用，在主动配电网中，有源、网格状、多联络的接线方式形成了网络新特征，并由此导致了系统潮流由单向固定向着双向不确定方向转变。这一转变使得配电系统的控制与保护模式与输电网具有一致的复杂性，因此具有主动判断能力的保护控制方式亦成为主动配电网的需求。考虑到上述区别，基于估算的传统配电网模拟计算方法不再适用于主动配电网，面向更高精度的精细化模型是主动配电网模拟计算的要求。

表 12-3   主动配电网与传统配电网主要差异

配电网类型	传统配电网	主动配电网
技术标准	单一的/刚性的	动态的/柔性的
管理模式	集中式	分散式
网络结构	固定的	灵活的
潮流特性	单向的	双向的
控制与保护模式	被动的	主动的
模拟计算	平均的	精确的

在主动配电网学术探索的基础上,基于主动配电网的工程示范实践也在近些年成为学术界和工业界相关学者的关注热点。欧洲在主动配电网运行示范实践中处于世界领先地位。由欧盟主导的 ADINE 项目从 2007 年 10 月开始到 2010 年 11 月结束,被认为是最具影响力的主动配电网示范工程。该项目以高渗透率分布式电源在配电网中的开放兼容性为主要目标,重点研究了智能配电自动化、信息通信技术(information communication technology,ICT)、主动网络管理(active network management,ANM)技术等,研究成果中涵盖了适应于大规模分布式电源接入的保护配置准则、电压控制策略、故障穿越机制以及防孤岛方法等。自 2008 年开始实施的 ADDRESS(即 Active distribution network with full integration of demand and distributed energy resources 的缩写)项目也是由欧盟组织,旨在通过主动响应提升配电网的柔性运行能力,并通过城市配电网智能化来实现能源效率的最大化。作为该项目的研究重点,以主动需求(active demand,AD)为核心的需求响应技术得到了工程化应用,并显示出了对系统运行管理的有益作用。另一个由欧盟主导的大型高级智能配电网示范工程 GRID4EU 于 2016 年正式结束,在欧洲范围内实现了涉及智能配电网规划、运行和控制关键技术、成本-效益相关分析等方面的研究。与此同时,中国也在主动配电网课题方面进行了一些工程化示范。位于北京的"未来科技城主动配电网示范"主要以主动配电网在规划、运行与决策等方面的问题为研究核心,并开展相关平台和系统的建设开发,建立相应的系列指标和技术体系。该项目包含了生物质能、光伏、风电、储能和电动汽车充电站等分布式能源,实现了多能源协同交互和电能品质的保障。同样地,位于上海的"崇明国际生态岛智能电网集成示范"以经济发展可持续性和技术实现可重复性为目标,建成了包括可再生能源平稳接入并地域内全消纳、电动汽车功率双向交互策略及管理平台、能量流-信息流一体化控制平台、用户电能双向灵活交互在内的智能电网示范应用综合体系。

综上所述,无论在学术层面还是工程应用层面,面向主动配电网的研究都已经逐步开展。作为当下配电系统的主流发展形态,主动配电网必将逐步成为电力系统的重要组成部分。

主动配电网中的主动资源主要体现在以下"源""网""荷""储" 4 个方面,为促进清洁能源利用,推进我国能源结构转型,主动配电网环境下"源-网-荷-储"协调优化调度模式也应运而生。

1）"源"：分布式电源主要包括以光伏发电、风力发电为代表的清洁能源发电设备和微型燃气轮机、燃料电池为代表的化石能源发电设备。化石能源发电设备可参与配电网调度，调整发电计划，而清洁能源出力随环境变化，不具备调节和控制能力，需要监测各发电单元出力，以保证配电网可靠运行。

2）"网"：传统配电网架构中，由于配电网系统庞大复杂，设备数量多，为了保证配电网的供电可靠性，配电网的运行方式大多不采取闭环，但其设计的时候一般为手拉手形式的闭环网，系统中装设了数量众多的开关。主动配电网可以通过组合开关的状态从而改变网络拓扑结构，实现对配电网潮流的优化，降低电网损耗，均衡电网负荷，提高供电质量。

3）"荷"：传统配电网架构中，负荷响应资源一般以用电量大的工商业用户参与为主，随着智能用电设备的发展和普及，需求侧负荷向柔性、主动的方向过渡。由于负荷资源的分散性强、数量多、用电特性不同的问题，系统综合调用难度大，以负荷聚合商为代表的第三方整合负荷响应配电网调度的模式逐渐成熟，主要通过电价信号和激励信号改变用户用电计划。

4）"储"储能技术在电力系统应用中的巨大潜力，是配电网的灵活组成部分，可以配合参与配电网需求侧响应，优化配电网负荷曲线，降低系统调峰压力；配合可再生能源出力，平滑电源输出曲线；还能够充当备用电源，提高系统能源利用率。

主动配电网强调的是"主动"，即在"有源"（含分布式电源）的基础上，对分布式电源以及各种可控资源进行主动控制，以提升可再生能源的渗透率和电网资产的利用率，延缓电网投资，提升电能质量水平。主动配电网的核心主要体现在以下几个方面：

1）DG 能够参与系统调节，而不再是单一的"就地抵消负荷"。传统配电网中往往 DG 规模较小，大多就地消纳，也就相当于直接在该地抵消负荷，不再需要电网调度分配。此外，传统配电网中 DG 常工作于固定功率因数状态，其无功调节能力并没有受到重视。然而，这种处理方式显然已经不再适应电网的变化，DG 的大规模接入展现出了一定的外送潜力，对电网尤其是线路末端而言，其电压支撑以及无功调节具有显著效果。主动配电网充分利用先进测量、通信与调度技术，将 DG 纳入可控资源范畴，考虑其无功调节能力，实现电网的优化运行。

2）部分负荷可以进行主动调控。随着智能电网、智能家居的不断发展，配电网中的一部分负荷，比如洗衣机、空调、热水器等均可以在电网侧进行控制与调节。控制调节方式一般有两种：一种是电网公司根据电力需求和供应情况直接进行调节；另一种则是采用经济措施，比如分时电价和响应补贴等，引导用户根据电价和用电意愿等来及时调整自己的用电情况。

3）网架结构灵活可调。传统配电网中网架结构大多固定，或者较少考虑通过调整网架结构来实现网络优化。然而，随着电网的不断发展，灵活可调的网络拓扑是必然选择和趋势所在。在可再生能源大量接入的背景下，网络调整的优化潜力正在逐渐开发。

2. 综合能源系统多能流网络模型

能源安全问题、环境污染问题以及气候变暖问题的交织使得人们对能源的消费结构和利用方式发生了重大变化。电能作为最为重要的终端能源消费形式，随着日益增长的用电需求以及快速发展的可再生能源发电技术，电力行业的转型与高质发展迫在眉睫，在构建清洁、高效、安全的新一代能源系统中扮演主体和推手的角色。

能源互联网（energy internet，EI）作为能源领域与互联网信息领域深度融合的产物，以电能为基础、可再生能源为优先进行资源整合与梯级利用，为电力乃至整个能源行业的转型与发展以及新一代能源系统的构建带来了新的思路与机遇。能源互联网以电力网络为主体，耦合了天然气网络、冷/热网络、分布式能源网络等其他能源结构，同时依托互联网技术进行多能源系统的协调、高效、灵活管控与互动，本质是从物理与信息层面实现多能源系统的互联，其基本架构如图 12-9 所示。

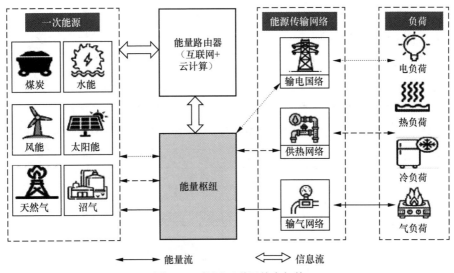

图 12-9　能源互联网基本架构

综合能源系统（integrated energy system，IES）的概念最早产生于热电联产领域，侧重于热电系统的协同优化，而后逐渐扩展丰富，涉及电、热/冷、天然气等多个能源子系统的产、输、储、用以及转换等多个环节的协同互补。与能源互联网相比，综合能源系统更注重不同能源系统本身之间的耦合互补与协调优化，是构建能源互联网的重要基础，其基本结构示意图如图 12-10 所示。

综合能源系统多能流网络建模是综合能源系统能量优化管理技术的前提与基础。在传统的电、冷、热、气等各自领域，各能源子系统的建模方法相对成熟。但随着各系统间耦合程度的不断加深，其耦合互动机理逐渐复杂多变，因此需要全面梳理各类能源设备的建模方法，考虑利用能量枢纽（energy hub，EH）的概念刻画各能源子系统间的耦合约束关系。能量枢纽模型用以表示多种能量间的转换、耦合关系，是对多种实际设备及其组合关系的抽象建模，目前已在规划设计、优化调度等方面有所应用，可考虑针对具体场景做进一步改进与扩展，提高其适应性。在此基础上从综合能源系统基本拓扑与多能流互动机制角度出发，从"源—网—荷—储"层面建立综合能源系统关键能源设备以及能源传输网络的数学模型，作为综合能源系统设计与优化管理调度研究的基础。

综合能源系统基本拓扑与多能流交互机制。综合能源系统本质是融合了电网、热/冷网以及天然气网的多能互补网络，依托能量枢纽实现不同能源形式的转换以及各类能源网络间的耦合，从而满足用户热/冷、电、气等多元负荷需求。表 12-4 列举了综合能源系统常见类型及典型运行模式，综合能源系统按位置与功能可分为分布式和集中型两种。

表 12-4 综合能源系统分类与运行模式

类型	位置	运行模式		运行状态关键影响因素	能源系统耦合特性
分布式 IES	负荷侧	以热定电/以电定热/优化运行		能源设备配置情况、负荷需求	解耦
集中型 IES	源侧	离网互济	完全离网	网络拓扑、能源枢纽供能灵活度、扰动或故障	完全耦合
			部分离网	网络拓扑、能源枢纽供能灵活度、扰动或故障、外部系统调节能力	强耦合
		并网保护	单能源系统并网	网络拓扑、能源枢纽供能灵活度、外部系统调节能力	较强耦合
			多能源系统并网		弱耦合

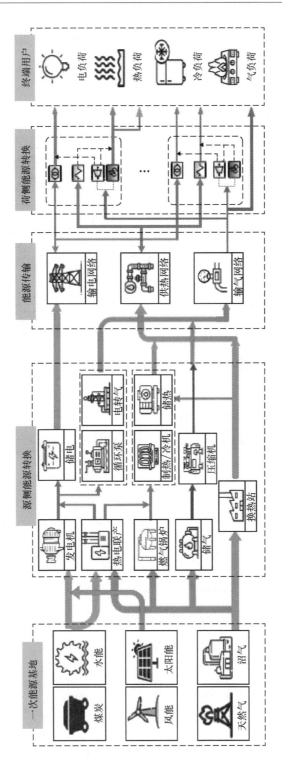

图 12-10 综合能源系统基本结构示意图

图 12-11（a）所示为分布式综合能源系统典型拓扑，其主要分布在能源网末端负荷侧，满足热、电、气等负荷的需求。对应的能量枢纽主要由中小型容量的产能、储能和能源耦合转换设备组成，如分布式电源、气-电-热耦合设备（热电联产）、气-电耦合设备（微型燃气轮机、电转气设备 P2G）、电-热耦合设备（电锅炉、热泵）、热/电储能元件等。此类能源枢纽运行方式较为单一，可视为配电系统、配气系统及区域热力系统的负荷节点，通过整合负荷侧能源资源，将从节点获得的初始电、气、热能转换输出为用户侧的冷/热、电负荷需求，提高能源利用率。其中电能可通过 EH 单元实现与上级配网的双向交互，即 EH 单元多余的输出电能可通过售电的形式上网，不足的部分可通过购电的形式进行补充，输出的热能则为单向交互，仅考虑从热力系统流向负荷。

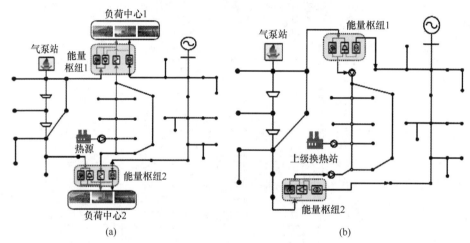

图 12-11　综合能源系统典型拓扑

（a）分布式；（a）集中型

图 12-11（b）所示为集中型综合能源系统典型拓扑，对应的能量枢纽主要分布在能源网上端能源供给侧，由较大容量的能源设备组成，可视为独立的热、电、气源，为整个区域能源网络供能。集中型 IES 的运行模式按照与上级能源网的连接与否可以分为离网互济型和并网保护型。

离网互济型 IES 包含以下特点：

（1）分别选择 n 个不同能源枢纽的供能输出侧端口作为 n 个能源子网络的平衡节点，即各能源子系统的能量流由 EH 单元独立完成平衡与调节；

（2）各能源子系统间呈互联互济状态，各区域资源与供能潜力得到充分利用；

（3）各能源子系统间具有强耦合关系，易产生扰动或故障的跨能源系统传递，安全运行裕度较低。

并网保护型 IES 包含以下特点：

1）各 EH 单元外部输出侧视为恒功率节点，即各能源子系统的能量流由其内部的独立平衡节点调节，各独立平衡节点与上级能源系统连接。

2）各供能网络间的耦合程度较低，某一侧的扰动由所在能源系统内部平衡与调节，对其他子系统的影响较低，运行安全裕度较高。

3. 能源元件模型

（1）新能源产能元件。综合能源系统中的新能源发电元件主要包括分布式光伏发电、风电、生物质能（以沼气为例）等。

光伏发电系统的输出功率主要和辐照强度、光伏电池板工作温度等因素有关，其物理模型可由式（12-5）表达

$$\begin{cases} P_{\mathrm{pv}} = \lambda S_{\mathrm{p}} \eta \cos\theta \\ f(\lambda) = \dfrac{\Gamma(\alpha+\beta)}{\Gamma(\alpha)+\Gamma(\beta)}(\lambda)^{\alpha-1}(1-\lambda')^{\beta-1} \end{cases} \tag{12-5}$$

式中　S_{p}——电池板面积；

　　　θ——光照到电池板的入射角度；

　　　η——与电池板工作温度等因素相关的转换效率，但温度变化范围较小时一般可忽略温度对输出功率的影响；

　　　λ——辐照强度，通常可用 beta 分布来近似描述辐照度的概率分布 $f(\lambda)$；

　　α,β——Beta 分布的两个形状参数；

　　　λ'——辐照强度与统计周期内最大辐照度的比值。

风力发电的有功功率 P_{WT} 可表示为

$$P_{\mathrm{WT}} = \begin{cases} 0, 0 \leqslant v \leqslant v_{\mathrm{i}} \text{或} v \geqslant v_{0} \\ P_{\mathrm{r}} \dfrac{v - v_{\mathrm{i}}}{v_{\mathrm{r}} - v_{\mathrm{i}}}, v_{\mathrm{i}} \leqslant v \leqslant v_{\mathrm{r}} \\ P_{\mathrm{r}}, v_{\mathrm{r}} \leqslant v \leqslant v_{0} \end{cases} \tag{12-6}$$

式中　v——风力发电机的切入风速；

　　　v_{0}——切出风速；

　　　v_{r}——额定风速；

P_r ——风力发电机的额定功率。

此外，风速的波动性通常用威尔分布来近似描述

$$f(v) = \left(\frac{k}{c}\right)\left(\frac{v}{c}\right)^{k-1} \exp\left[-\left(\frac{v}{c}\right)^k\right] \tag{12-7}$$

式中　v ——风速；

k、c —— k 为形状参数，c 为尺度参数，k、c 作为威尔分布的模型参数影响风速的概率分布特性。

以沼气为代表的生物质能通常配合风光储系统实现用户侧的多能互补，既可直接提供气负荷，又可结合发电机、余热回收装置等附加设备同时满足电力与热力负荷需求。以沼气为原料的供能出力可表示为

$$\begin{cases} E_{bio} = R_m \varepsilon_m z = a(T_z - T_0)^2 + b \\ P_{bio} = v_{chp} E_{bio} q_{bio} \eta_e \\ Q_{bio} = E_{bio} q_{bio}(v_{chp}\eta_h + v_F \eta_F) \end{cases} \tag{12-8}$$

式中　E_{bio} ——沼气池产沼量；

R_m，ε_m，z ——原料产气率，原料入池率以及原料产量，且产沼量主要与温度有关，可通过拟合两者的耦合关系来计算产沼量；

a 和 b ——数据拟合系数；

T_z 与 T_0 ——沼气池实际工作温度与最佳工作温度；

P_{bio} 与 Q_{bio} ——以沼气为原料的发电与产热量；

η_e，η_h，η_F ——以沼气为原料的热电联产机组的发电、产热料率与沼气炉的效率；

q_{bio} ——沼气热值；

v_{chp} 与 v_F ——CHP 机组与沼气炉的原料系数。

（2）储能元件。储能元件的配置进一步提升了综合能源系统的运行灵活性与供能可靠性。电储能元件主要应用于供电系统，通过调节储能装置充放电策略实现电能在时间尺度上的平移，从而达到削峰填谷，平抑波动的目的；热/冷储能元件主要用于供热/冷系统，实现在供热/冷不足情况下的能量调节，满足用户用能需求；气储元件主要应用于配气系统，用于满足供需平衡，提高系统调节灵活性。

储能电池的典型物理模型可表示为

$$\begin{cases} SOC(t+\Delta t)=(1-\delta\Delta t)SOC(t)+\left[P_e(t)\eta_c-\dfrac{P_d(t)}{\eta_d}\right]\Delta t \\ P_c(t)\cdot P_d(t)=0 \end{cases} \quad （12\text{-}9）$$

式中　　　Δt——充放电时间间隔；

$\quad\quad\quad\delta$——储能电池自放电率；

$P_c(t)$ 与 $P_d(t)$——储能电池在 t 时刻的充放电功率；

$\quad\eta_c$ 与 η_d——对应的充放电效率；

$\quad SOC(t)$——储能电池在 t 时刻的剩余电量。

热罐的典型物理模型可表示为

$$\begin{cases} W_{HS}(t+\Delta t)=(1-\mu_l\Delta t)W_{HS}(t)+\left(Q_{HS,c}(t)\eta_{HS,c}-\dfrac{Q_{HS,d}(t)}{\eta_{HS,d}}\right)\Delta t \\ Q_{HS,c}(t)\cdot Q_{HS,d}(t)=0 \end{cases} \quad （12\text{-}10）$$

式中　　　　$W_{HS}(t)$——蓄热罐在 t 时刻存储的热量；

$\quad\quad\quad\quad\mu_l$——蓄热罐的散热损失系数；

$Q_{HS,c}(t)$ 与 $Q_{HS,d}(t)$——蓄热罐在 t 时刻的储热与放热功率；

$\quad\eta_{HS,c}$、$\eta_{HS,d}$——对应蓄热与放热效率。

蓄冷装置的模型与蓄热罐类似，仅需将热储模型的参数修改为对应的蓄冷参数即可。

储气罐的典型物理模型可表示为

$$V_{GS}=\frac{V_c(p_h-p_l)}{p_0} \quad （12\text{-}11）$$

式中　V_{GS},V_c——储气罐的有效容量和几何容量；

p_h，p_l，p_0——储气罐在最高、最低以及标准工况下的压力。

电-气转换元件：燃气轮机是典型的气转电设备，对于环境参数固定的燃气轮机组，其有功出力特性可表示为

$$P_{GT}(t)=\frac{F_{in}(t)\eta_{gte}LHV_f}{\Delta t} \quad （12\text{-}12）$$

式中　$P_{GT}(t),F_{in}(t)$——燃气轮机在 t 时段的输出功率与进气量；

$\quad\quad\quad\eta_{gte}$——燃气轮机的发电效率；

$\quad\quad\quad LHV_f$——天然气低热值；

Δt——时间段长度。

此外，燃气轮机的发电效率与负荷率有关。当所带负荷率较低时，发电效率受发电量的影响相对较大，随着负荷率的增大、发电效率的增大趋势逐渐变缓。发电效率 η_{gte} 与发电功率 P_{GT} 的关系可表示为

$$\begin{cases} \eta_{gte} = a_1 + b_1 P_{GT}^* + c_1 (P_{GT}^*)^2 + d_1 (P_{GT}^*)^3 \\ P_{GT}^* = \dfrac{P_{GT}}{P_N} \end{cases} \tag{12-13}$$

式中　a_1、b_1、c_1、d_1——发电效率的各项拟合系数；

$\quad\quad\quad$ P_N——燃气轮机的额定输出功率。

电转气技术（P2G）通过消耗电能产生天然气，有助于提高风电等新能源的消纳能力，其电-气耦合关系可表示为

$$F_{P2G,t} = \frac{\gamma \eta_{P2G} P_{P2G,t}}{HHV_f} \tag{12-14}$$

式中　$F_{P2G,t}$、$P_{P2G,t}$——t 时刻电转气得到的天然气量以及消耗的电能；

$\quad\quad\quad$ γ、η_{P2G}——能量转换因子以及电转气设备的转换效率；

$\quad\quad\quad$ HHV_f——天然气高热值。

电-热/冷转换元件：电热耦合元件主要包括热泵和电热锅炉。热泵可以实现制冷与制热两种工况的转换，典型模型可表示为

$$\begin{cases} Q_{HP,t} = P_{HP,t} \left[\lambda \eta^h_{HP} + (1-\lambda) \eta^c_{HP} \right] \\ 0 \leqslant Q_{HP,t} \leqslant Q_{HP,max} \end{cases} \tag{12-15}$$

式中　$Q_{HP,t}$——t 时刻热泵机组输出的热/冷功率；

$\quad\quad\quad$ $P_{HP,t}$——t 时刻热泵机组消耗的电功率；

η^h_{HP}、η^c_{HP}——热泵机组的制热与制冷性能系数；

$\quad\quad\quad$ λ——机组工况系数，$\lambda = 1$ 则表示机组运行于制热工况，则为制冷工况；

$\quad\quad\quad$ $Q_{HP,max}$——热泵机组输出功率上限。

电热锅炉的典型模型由式（12-16）表示，同时电制冷机通过消耗电能实现用户侧供冷，其典型模型由式（12-17）表示。

$$Q_{EB,t} = \eta_{EB} P_{EB,t} (1 - \mu_1) \tag{12-16}$$

$$Q_{EC,t} = COP_{EC} P_{EC,t} \tag{12-17}$$

式中　$Q_{EB,t}$、$Q_{EC,t}$——t 时段电锅炉的制热量以及电制冷机的制冷量；

η_{EB}、COP_{EC} ——电锅炉的制热效率及电制冷机的制冷系数;

$P_{EB,t}$、$P_{EC,t}$ ——电锅炉与电制冷机消耗的电功率;

μ_l ——热损失率。

除了电制冷机,吸收式制冷机也是典型的制冷设备,通过消耗热能实现用户侧供冷,其典型模型可表示为式(12-18)。此外,热/冷能通过热/冷媒在热/冷网管道中流动时,需要加入循环水泵进行驱动,循环水泵的运行特性可由式(12-19)表示

$$Q_{AC,t} = COP_{AC} \cdot Q_{AC,t}^H \tag{12-18}$$

$$\begin{cases} P_{cp} = \dfrac{m_p g H_p}{\rho_w \eta_p} \\ H_p = 2\sum\limits_{l_p \in \Omega} h_{l_p} + H_c \end{cases} \tag{12-19}$$

式中　$Q_{AC,t}$、$Q_{AC,t}^H$ ——t 时刻吸收式制冷机输出冷功率以及消耗的热功率;

COP_{AC} ——吸收式制冷机的热力转换系数;

P_{cp} ——水泵消耗的电功率;

H_p、H_c ——水泵的实际扬程以及允许的最小扬程;

h_{l_p} ——管道 l_p 的压头损失;

Ω ——热网压降最大的管道集合;

m_p、η_p ——流过水泵的热媒流量以及水泵效率;

ρ_w ——热媒密度。

气-热转换元件:燃气锅炉是典型的气-热转换元件,在系统热负荷高峰时考虑投入使用,补充满足热负荷需求,其模型可由式(12-20)表示

$$\begin{cases} Q_{GB,t} = \dfrac{F_{GB,t} \eta_{GB} LHV_f}{\Delta t} \\ \eta_{GB} = \eta_{GB}^N (a' + b'\beta_{GB} + c'\beta_{GB}^2) \end{cases} \tag{12-20}$$

式中　$Q_{GB,t}$、$F_{GB,t}$ ——t 时刻燃气锅炉的产热量及消耗的燃料量;

η_{GB} ——燃气锅炉制热效率;

a',b',c' ——燃气锅炉效率 η_{GB} 的各项拟合系数;

η_{GB}^N ——额定工况下的锅炉效率。

气-电-热转换元件:热电联产机组(combined heatand power,CHP)是综合

能源系统中典型的气-电-热耦合转换设备，主要以天然气为燃料输入，同时产生电能与热能，按其热电比调节特性可分为定热电比或变热电比两种。

定热电比 CHP 机组的热电出力 Q_{CHP} 与 P_{CHP} 需满足式（12-21）

$$c_m = \frac{Q_{CHP}}{P_{CHP}} \tag{12-21}$$

式中　c_m ——热电比，为固定值。

变热电比 CHP 机组的热电出力满足如下关系

$$Z = \frac{Q_{CHP}}{\eta_e F_{in} - P_{CHP}} \tag{12-22}$$

式中　P_{CHP} ——CHP 发电效率；

　　　F_{in} ——燃料输入速率。

4. 能量枢纽模型

各供能网络间的耦合与多能形态的转化通常由 IES 能量枢纽（energy hub, EH）完成，利用 EH 实现各类能源资源的整合与统一调配，有助于提高能源利用率，促进新能源消纳以及多种能源形式间的互补互济。目前常利用能源集线器模型对 EH 单元进行描述，并通过对其组成单元进行出力优化来实现整个综合能源系统的优化运行与调度。

能量枢纽内部包含较多的能量转换与存储环节，不同的能源元件配置与组合形式将对 EH 的外部输出特性产生影响，本章选择两种典型的结构进行分析说明。

如图 12-12 所示为第一类能量枢纽结构，主要分布在负荷侧，输入端连接外部多能流网络负荷节点，输出端连接用户侧，外部能源网络输入的各种形式能量经 EH 单元转换为满足用户多元需求的电/热/冷/气负荷，此类 EH 的输入输出耦合关系可表示为

$$
\begin{bmatrix} L_e \\ L_h \\ L_c \\ L_g \end{bmatrix} = \begin{bmatrix} \eta_t(1-\omega_1-\omega_2) & 1 & \sigma\eta_{chp}^e(1-\omega_1-\omega_2) & 0 \\ \eta_t\omega_1\eta_{EB}\theta & \omega_1\eta_{EB} & \theta\sigma(\eta_{chp}^h+\eta_{chp}^e\eta_{EB}\omega_1) & \theta\eta_{ex} \\ (1-\theta)\omega_1\eta_{AC}\eta_T+\omega_2\eta_T\eta_{EC} & (1-\theta)\omega_1\eta_{EB}\eta_{AC}+\omega_2\eta_{EC} & (1-\theta)\eta_{AC}(\sigma\eta_{chp}^h+\sigma\omega_1\eta_{EB}\eta_{chp}^e)+\sigma\omega_2\eta_{chp}^e\eta_{EC} & (1-\theta)\eta_{ex}\eta_{AC} \\ 0 & 0 & 1-\sigma & 0 \end{bmatrix}_{C} \begin{bmatrix} P_e^{net} \\ P_{dg} \\ P_g^{net} \\ P_h^{net} \end{bmatrix}_{P} + \begin{bmatrix} P_e^s \\ P_h^s \\ 0 \\ P_g^s \end{bmatrix}_{S}
$$

$$\tag{12-23}$$

式中　　　　　　　　　　　　L, C, P, S ——负荷输出矩阵、能量转换矩阵、能量输入矩阵以及储能功率矩阵；

$$L_e，L_h，L_c，L_g \text{——电、热、冷、气负荷；}$$

$$\omega_1、\omega_2 \text{——电能分配系数；}$$

$$\theta \text{——热能分配系数；}$$

$$\sigma \text{——天然气分配系数；}$$

$\eta_T、\eta_{chp}^e、\eta_{chp}^h、\eta_{EB}、\eta_{EC}、\eta_{AC}、\eta_{ex}$ ——变压器效率、CHP 机组的电效率、热效率，电锅炉制热效率，电制冷机制与吸收式制冷机的制冷效率以及热交换器的效率。

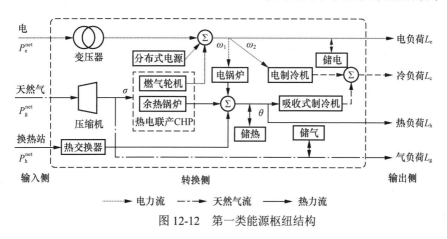

图 12-12　第一类能源枢纽结构

如图 12-13 所示为第二类能源枢纽结构，主要分布在源侧，可视为大型产能中心，为能源网络末端的多元负荷供能。输入端主要连接天然气站负荷节点以及各类分布式能源，输出端主要连接能源网络的源节点，输出的冷热电气能通过各类输能网络输送至用户侧，此类能源枢纽的输入输出耦合关系可表示为

$$
\begin{bmatrix} P_{o,e} \\ P_{o,h} \\ P_{o,c} \\ P_{o,g} \end{bmatrix}_L =
\begin{bmatrix}
\eta_T(1-\omega_1-\omega_2) & \eta_T(1-\omega_1-\omega_2) & \sigma_1\eta_{chp}^e\,\eta_T(1-\omega_1-\omega_2) \\
\omega_1\theta\eta_{hp}^h\,\eta_{ex} & \omega_1\theta\eta_{hp}^h\eta_{ex} & \theta\eta_{ex}(\sigma_2\eta_{GB}+\sigma_1\eta_{chp}^h+\omega_1\sigma_1\eta_{chp}^e\,\eta_{hp}^h) \\
(1-\theta)\omega_1\eta_{hp\ ex}^h & (1-\theta)\omega_1\eta_{hp\ ex}^h & (1-\theta)\eta_{ex}(\sigma_2\eta_{GB}+\sigma_1\eta_{chp}^h+\omega_1\sigma_1\eta_{chp}^e\,\eta_{hp}^h) \\
\omega_2\eta_{P2G} & \omega_2\eta_{P2G} & (1-\sigma_1-\sigma_2)+\omega_2\sigma_1\eta_{chp}^e\,\eta_{P2G}
\end{bmatrix}_C
\begin{bmatrix} P_{pv}^{dg} \\ P_{wt}^{dg} \\ P_g^{net} \end{bmatrix}_P +
\begin{bmatrix} P_e^s \\ \eta_{ex}P_h^s \\ P_c^s \\ P_g^s \end{bmatrix}_S
$$

$$(12\text{-}24)$$

式中　P_{pv}^{dg}、P_{wt}^{dg} ——分布式光伏与风机；

ω_1、ω_2 ——热泵与 P2G 设备的电能分配系数；

θ——热能分配系数；

σ_1、σ_2——天然气分配系数；

η_{P2G} 与 η_{hp}^h——P2G 设备与热泵的转换效率。

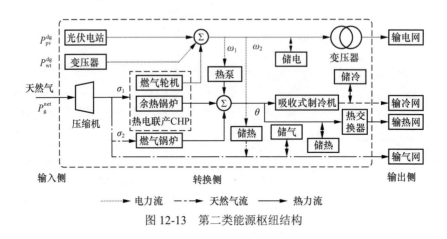

图 12-13   第二类能源枢纽结构

对于传统恒定热电比的 CHP 机组，其热电出力满足式（12-24），机组热出力遵循以热定电（FTL）原则，优先满足热负荷，使得电出力调节灵活性受到限制。由图 12-13 所示的含定热电比 CHP 机组的 EH 单元热电输出特性曲线可知，当机组运行在 t_0 时刻，CHP 机组出力为定值 Q_{t0}，而 EH 由于将 CHP 机组与电/气锅炉、储热等设备协调配合，使得 EH 单元外部热出力产生调节裕度（$\Delta Q_{m1} + \Delta Q_{m2}$），对应增加了电出力灵活调节空间（即图中线段 MN），因此 EH 单元相较于单一的 CHP 机组，其运行区域增加了如图 12-14 所示的灵活运行域，间接改善了设备的调度灵活性。因此对于含定热电比 CHP 机组的 EH 单元，其热电输出特性可由式（12-25）描述

$$\begin{cases} \max\left\{(Q - \Delta Q_{m1})/c_{am}, 0\right\} \leqslant P \leqslant \min\left\{(\Delta Q_{m2} + Q)/c_{am}, P_{max}\right\} \\ 0 \leqslant Q \leqslant Q_{max,EH} \end{cases} \quad (12\text{-}25)$$

式中 ΔQ_{m2}、ΔQ_{m1}——CHP 机组热出力的上下调节裕度；

Q——EH 单元的实时热出力；

$Q_{max,EH}$——EH 单元最大热出力；

P_{max}——单一 CHP 机组运行时的最大电出力；

c_{am}——CHP 机组热电输出比。

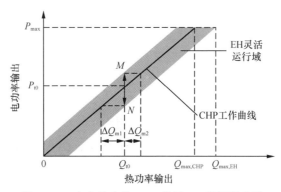

图 12-14　含定热电比 CHP 机组 EH 的运行曲线

含变热电比 CHP 机组的 EH 单元热电输出特性曲线如图 12-15 所示。当热负荷需求为 Q_{t_0}，单一变热电比 CHP 机组可提供的电出力调节区间为 ON 段，而 EH 单元具有 $(\Delta Q_{m3} + \Delta Q_{m4})$ 的热出力调节裕度，其中 ΔQ_{m3} 代表储热罐放热、电/气锅炉投运产生的额外供热容量，ΔQ_{m4} 代表储热罐储热时需要 CHP 提供的额外供热量，此时 EH 单元对应的电力输出区间为 MP

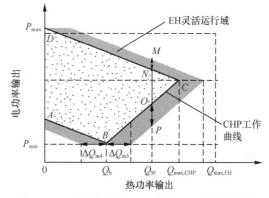

图 12-15　含变热电比 CHP 机组 EH 的运行曲线

段，增加了 MN+OP 段的灵活调度裕度，相较于单一的变热电比 CHP 机组，EH 单元的热电输出具有更高的调度灵活性，其增加的灵活运行区域如图 12-14 所示。

含变热电比 CHP 机组的 EH 单元热电输出特性可由式（12-26）描述

$$
\begin{cases}
\max\begin{Bmatrix} P_{\min} + (Q - Q_b - \Delta Q_{m3})c_m, P_{\min}, P_{\min} + \\ (Q_b - \Delta Q_{m4} - Q)c_a \end{Bmatrix} \leqslant P \leqslant \min\{P_{\max}, P_{\max} - (Q - \Delta Q_{m4})c_b\} \\
0 \leqslant Q \leqslant Q_{\max,EH}
\end{cases}
$$

（12-26）

式中　　$P_{\min}$、Q_b——EH 单元运行于 B 点时对应的最小电热功率输出；

　　　　$P_{\max}$——EH 单元运行于 D 点时对应的最大电功率输出；

c_m，c_a，c_b——CHP 机组在不同工况下热电出力的弹性系数。

5. 多能流网络模型

（1）电力流网络模型。综合能源系统中的电力网络潮流模型采用传统的交流潮流模型，包括节点电压与相角、节点注入有功与无功这四类状态量，以式（12-27）的节点功率平衡方程为基础，利用牛一拉法，通过构建雅克比矩阵进行迭代求解，实现节点状态量的计算，从而获得电力网络部分的潮流分布。

$$\begin{cases} \Delta P_i = P_i - Re\left\{\dot{U}_i \left(Y\dot{U}_i\right)^*\right\} = 0 \\ \Delta Q_i = Q_i - Im\left\{\dot{U}_i \left(Y\dot{U}_i\right)^*\right\} = 0 \end{cases} \qquad （12-27）$$

式中　P_i、Q_i——节点 i 的注入有功与无功功率；

　　　　$\dot{U}_i$——节点电压；

　　　　Y——节点导纳矩阵。

（2）热力流网络模型。热网结构多类似于配电网的辐射状结构，热网模型可统一表述为水力模型与热力模型两部分。水力模型类似于电力系统中的 KCL 与 KVL 方程，待求状态量主要包括管道流量与水头压力损失量 h_f

$$\begin{cases} Am + m_q = 0 \\ Bh_f = BKm|m| = 0 \end{cases} \qquad （12-28）$$

式中　A、B——节点一支路关联矩阵与支路-回路关联矩阵；

　　　　m、m_q——各管道支路流量以及流经热源或负荷节点的流量；

　　　　K——管道阻力系数矩阵。

热力模型包括管道温降方程、节点混合温度以及热量方程

$$\begin{cases} T_{end} = (T_{start} - T_a)e^{-\alpha L/m} + T_a \\ (\sum m_{out})T_{out} = \sum (m_{in}T_{in}) \\ H_{ex} = C_p m_q (T_s - T_r) \end{cases} \qquad （12-29）$$

式中　T_{start}、T_{end}——分别代表管道首尾端温度；

　　　　α——与管道参数相关的比例系数；

　　　　T_a——环境温度；

　　　　T_{in}、T_{out}——注入与流出某节点的热媒温度；

　　　　m_{in}、m_{out}——注入与流出某节点的热媒流量；

H_{ex}——负荷所需热功率或热源提供的热功率；

C_p——热媒比热容；

T_s、T_r——节点供回水温度。

对于结构简单的辐射状热力网，可采用前推回代法进行温度、流量的迭代计算。对于较复杂的多源环状热网，其网络模型含有水头压力损失方程，增加了流量平方项，使得模型为非线性，此时前推回代法计算潮流效率较低，不再适用。因此考虑以前面所述温度—流量模型为基础，改写为如式（12-30）描述的热网状态矩阵方程，即

$$\Delta F = \begin{bmatrix} \Delta H \\ \Delta p \\ \Delta T_s \\ \Delta T_r \end{bmatrix} = \begin{bmatrix} C_p M(T_s - T_r) - H^{SP} \\ BKm|m| \\ C_s T_s - b_s \\ C_r T_r - b_r \end{bmatrix} = 0 \qquad (12\text{-}30)$$

式中：H^{SP} 为系统已知的热功率信息，当 H^{SP} 对应 EH 与热网交互的热功率，$M = m_q = -Am$；当 H^{SP} 对应节点热功率，$M = m$。C_s、b_s、C_r、b_r 分别表示供热、回水网络拓扑、热媒流量与节点温度有关的矩阵。T_s 与 T_r 分别包括热源 EH 侧供回水温度以及热媒汇聚节点供回水温度两部分。

根据状态矩阵方程，利用牛—拉法，构造雅克比矩阵对式（12-30）进行迭代求解，其中待求状态量包括 $x_h = [T_s, T_r, m]$。

6. 天然气网络模型

天然气输气管网的拓扑结构与热网类似，其状态量主要包括节点压力与管道流量。对于不含压缩机的天然气管道，其稳态方程可表示为

$$q_{ij} = \begin{cases} k_{ij}\sqrt{p_i^2 - p_j^2}, p_i \geqslant p_j \\ k_{ij}\sqrt{p_j^2 - p_i^2}, p_i < p_j \end{cases} \qquad (12\text{-}31)$$

式中　　q_{ij}——天然气管道 $i-j$ 的流量；

k_{ij}——与管道长度、内径、摩擦系数等因素相关的参数常量；

p_i、p_j——节点 i 与 j 的压力。

对于含压缩机的天然气管道，根据压缩机耗能类型的不同可分为燃气轮机驱动与电力驱动两种。燃气轮机驱动型压缩机结构如图 12-16 所示，其模型可由式（12-32）表示：

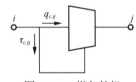

图 12-16　燃气轮机驱动型压缩机

$$\begin{cases} \tau_{c,ij} = \sigma + \beta P_{c,ij} + \gamma P_{c,ij}^2 \\ P_{c,ij} = B_{c,ij} q_{c,ij} \left[\left(\dfrac{p_j}{p_i} \right)^{z_{c,ij}} - 1 \right] \end{cases} \tag{12-32}$$

式中　$\tau_{c,ij}$ ——驱动压缩机所消耗的气流量；

　　　　$P_{c,ij}$ ——对应的耗气功率；

　　　　$q_{c,ij}$ ——流过压缩机的气流量；

α，β，γ ——能量转换率常数；

$B_{c,ij}$、$z_{c,ij}$ ——压缩机参数常量。

对于电力驱动型压缩机，其模型可表示为

$$P_{c,ij} = a q_{c,ij} \left[\left(\frac{p_j}{p_i} \right)^{z_{c,ij}} - 1 \right] \tag{12-33}$$

式中　a ——与温度相关的常量；

　　　　$P_{c,ij}$ ——压缩机消耗的电功率。

此外，压缩机通常有四种运行方式：①入口压力 p_i 已知；②出口压力 p_j 已知；③压缩比 $\dfrac{p_i}{p_j}$ 已知；④通过压缩机的流量 $q_{c,ij}$ 已知。当压缩机运行方式确定，则形成对应的等式约束条件联立到其他非线性方程组中进行状态量求解。

与电力系统潮流计算类似，在进行天然气系统稳态潮流计算时，首先根据 KCL 与 KVL 定律构造天然气系统的节点平衡方程与环路方程，如式（12-34）、式（12-35），即

$$q_i + q_{Gi} - q_{Li} - \sum_{j \in i} q_{c,ij} - \sum_{j \in i} s_j \tau_{c,ij} = 0 \tag{12-34}$$

$$\sum_{l \in L} b_{li} \Delta P_l = \sum_{l \in L} b_{li} (p_m^2 - p_n^2) = 0 \tag{12-35}$$

式中　q_i，q_{Gi}，q_{Li} ——节点 i 的注入流量、气源流量以及负荷流量；

　　　　$j \in i$ ——通过管道或压缩机与节点 i 相连的节点，当压缩机从节点 i 取气时，系数 s_j 取 1，反之取 0；

　　　　L ——网络管道集合，b_{li} 为管道 1 与节点 i 的关联系数；

　　　　ΔP_l ——管道压力降，P_m 与 P_n 为管道 1 两端的压力。

将式（12-34）、式（12-35）进一步改写为矩阵形式，构造天然气系统潮流矩阵方程：

$$\begin{cases} A_1 Q_l - L = A_1[\varPhi'(-A^{\mathrm{T}} P_{\mathrm{f}})] - L \\ B_1 \varPhi(Q_l) = B_1 \Delta P_l = 0 \end{cases} \qquad （12\text{-}36）$$

式中　A_1、B_1——简约的节点—管路关联矩阵与管路—节点关联矩阵；

　　　A^{T}——节点—管路关联矩阵的转置；

　　P_{f}、ΔP_l——节点压力矩阵与管道压力降矩阵；

　　Q_l、L——管道流量矩阵以及节点气负荷矩阵；

$\varPhi(\cdot)$、$\varPhi'(\cdot)$——流量函数与压力降函数，两者互为反函数，可基于式（12-1）变形得到。

基于天然气系统潮流矩阵方程，同样采用利用牛—拉法，构造雅克比矩阵对式（12-36）进行迭代求解，其中待求状态量包括 $x_{\mathrm{g}} = [P_{\mathrm{f}}, Q_l]$。

12.4　典　型　案　例

12.4.1　LD 区新型电网建设背景及区域简介

1. 区域简介

LD 高弹性配电网规划以"古堰画乡"区域为试点，该区域位于 LS 市 LD 区西南部，总面积为 242.02km²。区域定位以特色体验游目的地、低碳示范区、文化体验园、写生基地、摄影基地为主；用地规划以居住、商业用地为主，规划居住用地 91.41 万 m²，商业用地 17.62 万 m²。"古堰画乡"低碳示范区资源优势尤为明显，区域内有丰富的水能、森林资源、生物资源。现有小水电资源共计 1.5 万 kW，已完成开发 14.79 万 kW，开发完成度 98.6%。同时，区域内光照充足，具有较大的太阳能开发潜力。

2. 建设思路

配电网现状：山区负荷呈星型散状分布，配网线路廊道资源受限，微气象区线路运行条件较差，供电可靠性不足。

规划思路：立足本地产业资源特色、气候特点，结合区域柔性负荷发展，差异化建设高自愈型山区特色配电网。

3. 规划目标

通过在 FY 乡极端条件下构建能源自平衡的高自愈型山区配电网，将所有小水电、分布式光储一体化装备、集中式储能电站汇集到一个中央控制系统内，打造 FY 虚拟电厂（VPP），并针对区域内的每个供用电平衡群组，优化次日负荷分配方案，与更新后的机组负荷分配方案、预测偏差、日间空闲发电容量交易相联系，充分利用丰水期的水电优势通过 35kV 峰港 3521 线向 DGT 镇区输送电量。高自愈型山区特色配电网规划结构如图 12-17 所示。

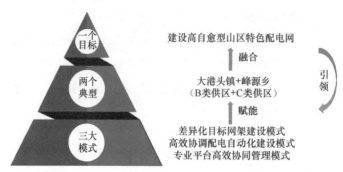

图 12-17　高自愈型山区特色配电网规划结构图

12.4.2　电网灵活资源库评估

古堰画乡区域内共有 35kV 变电站 2 座，主变压器 4 台，变电容量为 28.9MVA。小水电 30 座，装机总容量为 14.79MW。中压线路 12 条，线路总长 179.3km，公用变压器 120 台，配电变压器总容量 38.710MVA。中压接线模式以电缆单环网和架空单联络为主。规划区电力资源如图 12-18 所示。

（1）清洁能源评估。"古堰画乡"区域内光照充足，光伏开发潜力较大，结合政府规划，至 2025 年预计投运农光互补型大棚光伏电站 7MW。按照储能系统总规模不超过总负荷的 15%，独立运行模式下向负荷持续总供电时间不低于 4h 考虑，最终配置储能 1MW/4MWh。

（2）柔性负荷评估。一座 5G 基站总体配套负荷大约为 9.2kW，则对应的专用变压器则应配置 20kVA，对应的蓄电池容量为 500Ah。根据 LS 市通信基站布点专项规划，2020~2030 年"古堰画乡"区域计划新建 5G 基站 82 座，预测最大负荷 745.4kW，接入专用变压器总容量 1640kVA。

（3）储能装备评估。在 DGT 镇和 FY 乡布点农光互补光伏电站总容量 7MW，蓄电池组采用一体化集成磷酸铁锂蓄电池，单体电池 3.2V/60Ah，按照光伏电站容量的 15%配置储能，配置储能 1MW/4MWh，在极端条件下，可以满足 1MW

的负荷孤网运行 4h。

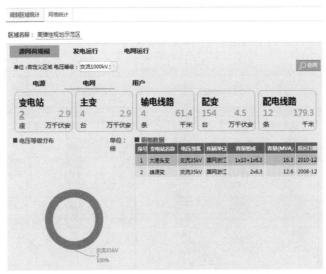

图 12-18　规划区电力资源

12.4.3　新型配电网评估

对区域电网情况从自愈能力、承载能力、运行效能和互动能力四个方面进行评估。

（1）自愈能力评估。自愈能力评估将从以下几个指标进行计算分析：

1）N-1 通过率。古堰画乡区域内不满足"N-1"校验的线路共计 9 条，"N-1"通过率为 33.33%，未通过线路 N-1 校验的线路其中 1 条为单辐射线路，8 条为联络线路，其中联络线路不满足"N-1"主要是因为对侧联络线路导线型号偏小，限额电流较小导致。

2）线路分段情况。古堰画乡区域中压公用线路没有分段数小于 2 段或大于 5 段的线路，但存在 2 条分段容量过大的线路，分别为源 151 线河村 1513 开关至大山 1517 开关段，线路挂接配电变压器容量 4775kVA，CD195 线夏庄 1952 开关至 XK1954 开关段，线路挂接配电变压器容量 3970kVA。

3）线路自动化情况。古堰画乡区域内 12 回公用中压线路，部分线路实现有效覆盖，未实现有效覆盖线路有玉溪 152 线、灵山 154 线、赛坑 193 线及 FY197 线，全区有效覆盖率为 67.02%。

4）用户平均停电时间及次数。区域 2020 年统计停电用户数为 407 户，累计停电 182 次，停电总时长 461.037h，平均停电时间为 4.8h，年平均停电次数为 0.447 次/户。

自愈能力指标评估对比如图 12-19 所示。

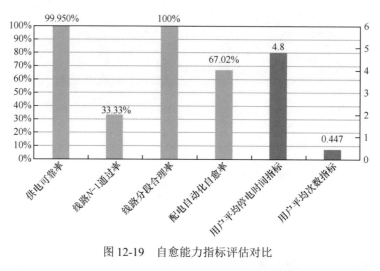

图 12-19 自愈能力指标评估对比

（2）承载能力评估。承载能力评估将从以下几个指标进行计算分析：

1）综合电压合格率。古堰画乡区域主要位于山区，其中以 DGT 镇人口较多，负荷较大，FY 乡等乡镇山村人口较少，负荷较低，供电距离长。区域内综合电合格率为 99.949%。

2）网架结构。规划区域 12 回公用 10kV 线路有效联络率为 50%。

3）10kV 线路运行情况。12 回公用中压线路重载率为 50%。

4）10kV 重载配电变压器运行情况。区域内重载配电变压器共 3 台，具体情况见表 12-5。

表 12-5　　　　　　　　中压重载配电变压器运行情况统计表

序号	配电变压器名称	所属线路	公用变压器/专用变压器	配电变压器容量（kVA）	型号	运行情况	
						最大负荷	负载率
1	坛岩山配电变压器	FY151 线	公变	315	SH15-M-315/10	237.511	75.40%
2	森工站 6205 号公变	DGT162 线	公变	400	S9-400/10	301.1529	75.29%
3	利山头村配电变压器	FY151 线	公变	100	S9-100/10	87.7829	87.78%

5）电能质量。古堰画乡区域现状无末端低电压和三相不平衡情况。

承载能力指标评估如图 12-20 所示。

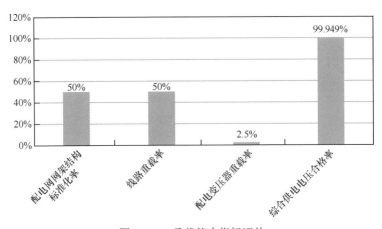

图 12-20　承载能力指标评估

（3）效能评估。效能评估将从以下几个指标进行计算分析：

1）线路利用率。根据供电区域内 12 条线路的年供电量和线路的最大传输容量可以计算出每条线路的利用率，区域最终线路利用率为 4.31%。

2）配电变压器利用率。规划区域公用变压器年供电量为 1566.78 万 kWh，配电变压器利用率为 3.98%，整体利用率较低。主要因为负载率低于 20% 的配电变压器 57 台，占比 55.89%，负载率在 20%～40% 的配电变压器 25 台，占比为 24.51%。

3）间隔平均负载率。根据区域内 12 回公用线路年最大负载率统计计算可知，间隔平均负载率为 70.55%。

4）清洁能源利用率。通过对区域内 12 回公用线路的供电量统计可知区域内总供电量为 0.17 亿 kW/h，其中消耗水电发电量 0.12 亿 kW/h，则区域内清洁能源利用率为 70.65%。

高效能指标评估对比如图 12-21 所示。

（4）互动能力评估。互动能力评估将从以下几个指标进行计算分析：

1）分布式能源渗透率。规划区域内分布式能源现状仅有 30 座径流水电，总装机为 14.79MW，最大负荷为 13.46MW，分布式能源渗透率为 109.88%。

2）充电桩渗透率。规划区域内现状年有 2 座充电桩，负荷值分别是 800kW

和 1100kW，2020 年最大负荷为 13.46MW，充电桩渗透率为 14.12%。

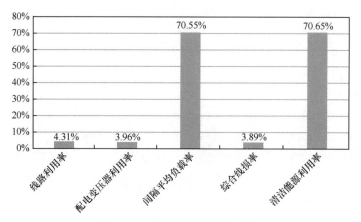

图 12-21　高效能指标评估对比

3）储能渗透率。规划区域内现状年无储能装置。

4）负荷峰谷差率。8 月 25 日为区域最大负荷实测日，当天最大负荷为 12.65MW，谷值负荷为 6.5MW，负荷峰谷差率为 48.61%。

5）可调负荷规模占比（分钟级）。规划区域内现状年可调负荷。

规划区域内分布式能源渗透率和灵活互动资源占比较高，主要为小水电，现状无储能设备、可调节负荷和即插即用设备。

互动能力指标评估对比如图 12-22 所示。

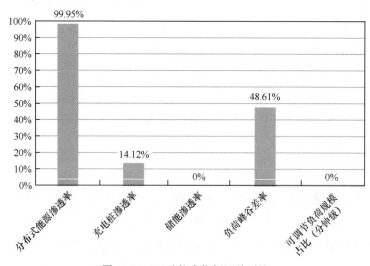

图 12-22　互动能力指标评估对比

12.4.4　差异化目标网架建设

基于多元负荷预测、多元负荷互补接入模型及清洁能源分布，FY 乡以标准化接线为目标，辅助增设光储一体化设备，差异化打造智能自愈、灵活互动的镇区电缆网以及多级区域能源自平衡的山区配电网。

（1）DGT 配电网架建设。镇区电缆双环网模式为基础，充分预留柔性负荷接入点，以光储一体化装置为电源补充。接入点的选取应考虑环网室的负载情况、接入距离、用户重要程度，接入容量适应保护配置。

为实现"美丽新画乡"的清洁能源发展目标，根据镇区负荷预测结果 32.68MW，按照传统组网模式，应规划 9 条 10kV 线路。在引入光储一体化装置后，可以提高供电负载水平至 60%，单条线路负荷约控制在 4.2MW。在需要进行负荷转供时，由分布式光储一体化装置供电，优化后的供电线路接线组别如图 12-23 所示，接线组汇总表见表 12-6。

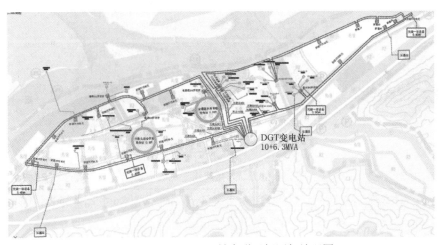

图 12-23　DGT 镇高弹目标网架地理图

表 12-6　　　　　　　　DGT 镇目标网架接线组汇总表　　　　　　　　单位：MW

接线组	线路 1	负荷	光储一体增量	调后负荷	线路 2	负荷	光储一体增量	调后负荷	接线组负荷
1	DGT 号 01 线	3.74	0.46	4.20	DGT 号 02 线	3.64	0.46	4.10	8.300
2	DGT 号 03 线	4.1	0	4.1	DGT 号 12 线	3.67	0.46	4.13	8.230
3	DGT162 线	4.18	0	4.18	DGT 号 06 线	3.92	0	3.92	8.100
4	HX155 线	3.97	0	3.97	DGT 号 04 线	3.16	0.92	4.08	8.050

最终规模：电缆双环网 2 组，光储一体化设备 4 套，总装机规模 2.3MW。

成效：双环网的接线模式和分布式光储一体化设备的接入使线路能具备分段独立运行的能力，减少停电时间，提高供电可靠性；减轻变电站供电压力，提升设备经济运行空间；优化潮流分布，降低线损。

（2）FY 乡配电网架建设。FY 乡区打造以架空单联络为主，分支线适度联络，结合水电资源分布，适度增加光储一体化设备，构建区域能源自平衡的山区网架结构。目标网架结构如图 12-24 所示，目标网架接线组汇总表见表 12-7。

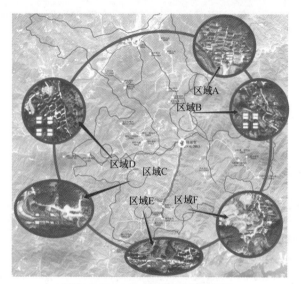

图 12-24　FY 乡目标网架结构图

表 12-7　　　　　　　　FY 乡目标网架接线组汇总表　　　　　　　单位：MW

区域	饱和负荷（MW）	供电线路	光储一体化	分布式小水电	集中式储能电站
A	3.86	FY151 线	3	1.56	0
		BL161 线			
B	2.57	FY197 线	0	3.72	2
		赛坑 193 线			
C	2.04	ZD191 线	2	0	0
D	2.12	SS192 线	0	2.73	1
E	2.28	CD195 线	0	3.76	2
F	1.9	XK196 线	0	1.6	1

A 区域：饱和年区域总负荷 3.86MW，由 FY151 线和 BL161 线供电，现状

小水电装机 1.56MW，规划接入光储一体化设备 3MW。

B 区域：饱和年区域总负荷 2.57MW，由 FY197 线和赛坑 193 线供电，现状小水电装机 3.72MW，规划接入集中式储能装置 2MW。

C 区域：饱和年区域总负荷 2.04MW，由 ZD191 线供电，现状没有分布式小水电，规划接入光储一体化设备 3MW。

D 区域：饱和年区域总负荷 2.12MW，由 SS192 线供电，现状小水电装机 2.73MW，规划接入集中式储能装置 1MW。

E 区域：饱和年区域总负荷 2.28MW，由 CD195 线供电，现状小水电装机 3.76MW，规划接入集中式储能装置 2MW。

F 区域：饱和年区域总负荷 1.9MW，由 XK196 线供电，现状没有分布式小水电，考虑将 XK 水电站接入点由 CD195 线改至 XK196 线，改接后小水电装机 1.6MW。

最终规模：建成架空多联络 2 组，单联络 2 组。光储一体化设备 4 套，总装机规模 5MW，集中式储能电站 6MW，构建 6 个能源自平衡区。

成效：通过构建多级能源自平衡区域，实现分布式电源集群优化运行，规划区全域清洁能源供给，打造"水电领跑、光伏助力、多元协调"的零碳示范区。

12.4.5　高效协调配电自动化建设模式

（1）DGT 配电自动化建设。DGT 镇区配电自动化采用"主站+终端"两层架构，主站集中控制模式。5G 延迟低，载流量大，可以同时传输多个设备信号，响应快，比光纤建设经济性高。故在 5G 基站覆盖区域采用 5G 通信，其余地区采用光纤通信。环网终端采用三遥 DTU，配电变压器终端采用 TTU，通过级差配合实现镇区故障自动隔离，负荷灵活转供。

成效：推进完善配电自动化建设，实现配电网运行状态全感知、全可控，事前对运行状态趋势进行预判，及时预警。故障时快速定位，自动隔离故障，提高供电可靠性。

（2）FY 乡配电自动化建设模式。FY 乡自动化方式采用就地馈线自动化，通信方式采用北斗卫星通信，依赖北斗卫星的全球组网以及高可靠性，高灵敏性，对自动化设备信号传输进行保障、终端配置二遥 FTU。满足"终端实时采样、数据实时交换、故障实时判别、设备实时控制"的功能需求，实现故障自愈。

成效：满足"终端实时采样、数据实时交换、故障实时判别、设备实时控制"的功能需求，实现故障自愈。

12.4.6　专业平台高效协同管理模式

（1）平台协同优化电网安全高效运行。以配网调度 e 指挥制度体系为基础，基于网上电网灵活互动资源可视化、配电自动化主站系统电网运行数据数字化、供电服务指挥平台智能巡检常态化，实现专业平台高效协同，源网荷储灵活互动，打造高自愈型山区配电网管理模式。

成效：统筹配电自动化主站和网上电网系统，实现输配电设备环境状态监测与态势感知全覆盖、现场作业智能安防全覆盖，提高电网互动能力，强化自愈水平。

场景应用：

1）丰水、枯水期资源平衡管理。丰水期水电站出力情况良好，配合光伏保证用电负荷正常供电。枯水期（11 月～次年 3 月）光照充足时由分布式光伏电站保证供电，由系统平台预测夜间负荷并计算储能装置投入数量，保证山区电网环保、可靠供电。

2）柔性负荷需求响应管理。由平台管理系统实时统计充电桩、5G 基站的运行情况，并计算对用户正常用电影响最小的可调负荷值，建立响应模型，用户接收到平台发出的诱导性减少负荷的直接补偿通知或者电力价格上升信号后，判断是否参与电力峰谷调节，达到减少或者推移某时段的用电负荷而响应电力供应。

3）故障区域供电模式管理。故障发生后由自动化主站系统采集电网和用户信息，平台分析汇总历史故障信息，预估本次故障停电时间，根据储能装置预存电量、停电区域情况判断恢复次序和负荷。

（2）平台服务助力绿色低碳发展。通过平台服务助力绿色低碳发展。引入"碳币、绿币"概念，量化低碳行为与碳足迹，建立低碳场景评价标准，用户可通过低碳生产生活行为获取虚拟币，兑换免费产品或增值服务。依托网上电网强大的资源汇聚能力、营销系统多元化客户互动能力，引导生活、生产绿色用能。

建设成效：推进"古堰画乡"低碳示范区建设，促进全社会绿色发展，降低碳排放，加快区域碳中和进程。

12.4.7 典型案例

（1）古堰画乡智能巡检项目。

1）建设必要性：传统的巡检方式效率低、受地形复杂影响巡检难度大，有必要推动智能化巡检。可以摆脱纸质记录方式，实现巡检无纸化办公；降低人为因素的错漏，提高巡检效率。

2）现状分析：FY 乡区配电线路分布广，除了本身原件老化、疲劳、氧化，还存在长期暴露在大自然运行中，受到冰灾、雷击、强风等各方面的影响。

3）建设内容：开发应用智能巡检系统，包括：杆塔管理、距离计算、巡检路线、自动定位杆塔的前端和记录缺陷、短信协同办公、设备管理的后台管理系统。前段依靠掌上电脑（手机）+无人机巡视工作，做到线路缺陷早发现、早知道，每月无人机巡视不少于 12 次，手机接单率 100%。智能巡检系统应用界面如图 12-25 所示。

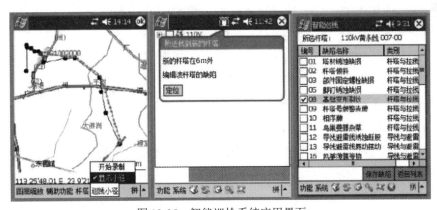

图 12-25 智能巡检系统应用界面

（2）古堰画乡即插即用电源项目。

1）建设必要性：在故障时快速恢复供电，保障部分用户的短时用电需求，提高供电可靠性。

2）现状分析：镇政府、医院、古堰画乡景区等重大保电场所均需要较高的供电可靠性，目前主要电源均来自 DGT 变电站，主变压器故障后无备用电源。

3）建设内容：确定即插即用的接入点方案，积极与客户沟通改造并预留用户低压 UPS 电源接口，协助现场勘查，购置发电车应急快速插拔设备，编制按照应急供电预案，优化发电车路线，最大限度提高保供电服务的接电时效。

（3）古堰画乡全电景区工程。

1）建设必要性：通过在古堰画乡使用电能替代提高景区电气化水平，采取以电代煤、以电代油、以电代气等改造工作，减少碳排放，提高景区环境质量。

2）建设内容：首先建立市旅游局、景区和供电公司三方沟通机制，明确区域 2021 年"全电景区"建设目标。开展前期调研和景区用能现状分析，加强景区"节能、低碳"提升改造主体宣传，提高社会公众认可度和美誉度。接下来通过加强景区用能分析和技术指导，实施景区"全电"整改，逐步淘汰传统景区燃煤、燃油设施设备，逐步升级为电锅炉、电炊具、电动车、电动船、绿色照明等设备，充分满足安全用电和清洁用能的需要，提高景区电气化水平，实现清洁能源的深度覆盖，力争年内完成莲都区首个"全电景区"示范点建设。最后对"全电景区"建设项目的技术特点、应用领域、成效展示等各方面进行总结，形成典型推广经验，定制双年度推进计划，争取在其他旅游景区复制推广。同时，不断更新思路，积极探索"全电景区"绿色、节能技术的新领域。

（4）绿色低碳平台建设工程。

1）建设必要性：通过推行"碳币、绿币"完善清洁能源机制，鼓励清洁能源消费，打造古堰画乡低碳示范区。

2）建设内容：充分发挥电力在市场和技术上的优势，加快前瞻性布局。通过植入"碳币、绿币"流通机制，主动与镇政府、古堰画乡旅游公司、银行金融、5G 通信运营商等进行跨界合作，签订和落实战略合作协议，打通能源产业链上下游，实现优势互补、利益共享、风险共担，共同开拓综合能源服务市场，在不同行业建立起电力企业的竞争优势，构建绿色低碳平台。

绿色低碳平台发展模式如图 12-26 所示。

图 12-26　绿色低碳平台发展模式

3）投资估算：总投资 200 万元。

（5）低碳智慧社区工程。

实施目的：提高古雅画乡绿色、低碳，安全用电水平。

建设内容：通过针对小微园区、居民社区，实施"供电+效能"一体化服务模式，提供新能源托管、电力物业等能效提升方案，结合镇政府未来社区打造，主动嵌入智慧电力、能源互联元素，服务居民用电。将古堰画乡畜牧、养殖业的数据接入智慧能源服务平台，实现用能实时监测、效能提升等服务。将社区配电房、微数据中心、小区智能控制中心、5G 基站等合并建设多站融合智能小区配电网，开展有序充电、V2G 试点，配备光储互补路灯，构建绿色出行示范场景。运用智能电表非侵入技术，开展家庭用能监测分析、电瓶车充电安全预警等服务，为社区居民提供用电智能体验和安全保障。

投资估算：总投资 700 万元。

（6）古堰画乡 10kV XS 线光储一体化接入工程。

1）建设必要性：XS 线电缆线路型号为 YJLV-3×240，架空导线型号为 LGJ-70。通过对 XS 线年负荷曲线分析可知，线路长时间处于过载运行状态，结合线路日负荷曲线可知，线路运行负荷波动较大，尖峰负荷时刻较短，线路未能长时间处于经济运行状态，通过接入农光互补一体化设备，可以通过水电负荷与光伏设备调配使用，使线路长时间处于经济运行。

2）现状分析：XS 线 2020 年最大电流 172.66A，主干线电缆以为 YJLV-3×240 为主，架空线以 LGJ-70 为主，线路最大电流限额为 160A，2020 年线路最大负载率为 107.91%；联络方式为单辐射线路，与 SS192 线同杆架设的为 ZD191 线。

2018～2020 年最大电流分别为 166.24、171.52、172.66A，负荷波动不大，主要受气候影响。分别分析 2020 年年、月最大负荷曲线可以得出最大负荷分别发生在 9 月 20 日，继续分析日曲线，可以看出 95%最大负荷持续时间为 15 小时 40 分钟。

3）建设内容：综合考虑 XS 线供区内相关农光互补产业布点，结合 SS192 线线路各段负荷分布情况，最终确定两处农光互补布点接入，光机装机容量总计 2MW，储能配置 0.3MW/1.2MWh。

4）投资金额：96.3 万元。

第 13 章　城市（B 类及以上区域）新型高质量配电网建设改造案例

13.1　区　域　概　况

13.1.1　供电网格概况

DF 网格（SC-CD-JJ-DF）位于城市核心区，网格面积为 4.75km²，为 A 类供电区。目前该网格用地性质以商贸、办公、居住用地为主，区域已基本发展成熟。现状年 DF 网格内总负荷为 93.17MW，平均负荷密度为 19.61MW/km²。

13.1.2　单元划分情况

本次供电单元依据前文中网格单元划分章节，采用"自下而上"和"自上而下"相结合的方式划分，并同远景规划方案循环校验，综合考虑 DF 网格内宏济新路、宏济中路、一环路东四段等主干道路布局，结合 WJ 变电站、TZ 变电站、DF 变电站、AS 变电站、HJ 变电站等网格内外变电站及现状中压线路供区，在供电网格基础上共计划分供电单元 3 个，具体划分结果见表 13-1。DF 网格供电单元划分结果示意如图 13-1 所示。

表 13-1　　　　　　　　DF 网格供电单元划分结果统计表

序号	供电单元编号	供电单元名称	供电区域类型	面积（km²）
1	SC-CD-JJ-DF-001-D1/A1	001 单元	A	1.13
2	SC-CD-JJ-DF-002-D1/A1	002 单元	A	1.43
3	SC-CD-JJ-DF-003-D1/A1	003 单元	A	2.19
合计			A	4.75

图 13-1　DF 网格供电单元划分结果示意图

13.2　新型高质量配电网现状评估

13.2.1　高压电网

1. 电网总体概况

目前为 DF 网格供电的变电站有 5 座，其中 110kV 变电站 4 座，分别为 DF 变电站（2×50MVA）、HJ 变电站（2×63MVA）、TZ 变电站（2×50MVA）和 WJ 变电站（2×63MVA）；220kV 变电站 1 座，为 AS 变电站（2×150MVA）。上述变电站中 TZ 变电站和 WJ 变电站位于网格外。DF 网格高压变电站布局及电网结构如图 13-2 所示。

2. 装备水平分析

（1）容量构成分析。为本网格供电的 5 座变电站无单主变压器运行情况，110kV 变电站 HJ 变电站和 WJ 变电站单台主变压器为 63MVA，110kV 变电站 DF 变电站和 TZ 变电站单台主变压器为 50MVA，220kV 变电站 AS 变电站两台主变压器容量均为 150MVA，无主变压器容量不平衡问题。

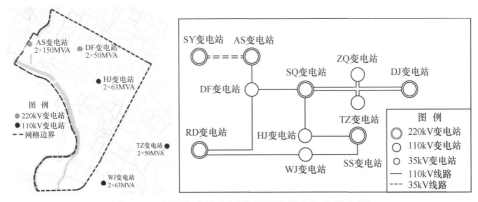

图 13-2　高压变电站布局情况示意图和拓扑结构图

（2）间隔利用率分析。为本网格供电 5 座变电站 10kV 出线间隔共计 119 个，剩余出线间隔 11 个，间隔利用率为 90.76%，其中网格内变电站间隔共计 63 个，已无剩余出线间隔，间隔利用率 100%。

目前网格内三座变电站已无 10kV 间隔可用，AS 变电站经过实地查勘可扩建 4 个间隔，网格外 WJ 变电站剩余 4 个出线间隔，TZ 变电站剩余 7 个出线间隔，但网格外变电站主要为其所在网格供电，今后也不会增加跨网格供电线路。各变电站出线间隔使用情况如图 13-3 所示。

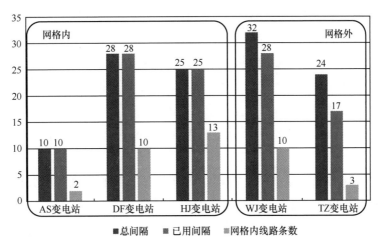

图 13-3　DF 网格高压变电站出线间隔利用图

3. 运行水平分析

现状年 DF 网格年最大负荷为 93.17MW，为网格供电的变电站实际容量为

160MVA，计算得出网格 110kV 电网容载比为 1.72，各变电站主变压器在最大负荷下的运行水平见表 13-2。

表 13-2　　　　　　　　　变电站负载情况统计表

序号	变电站		变电容量（MVA）		年最大负荷（MW）	年最大负载率	主变压器 N-1 校验
	名称	电压等级	编号	容量			
1	TZ 变	110kV	1 号	50	18.1	36.20%	是
2			2 号	50	20.7	41.40%	
3	HJ 变	110kV	1 号	63	49.1	77.94%	否
4			2 号	63	43.3	68.73%	
5	DF 变	110kV	1 号	50	38.3	76.60%	否
6			2 号	50	44.1	88.20%	
7	WJ 变	110kV	1 号	63	58.8	93.33%	否
8			2 号	63	51.4	81.59%	

（1）主变压器负载水平分析。最大负荷下，为本网格供电的 110kV 变电站负载率超过 80% 的主变压器共计 3 台，分别为 WJ 变电站 1、2 号主变压器（位于网格外）、DF 变电站 2 号主变压器（位于网格内）。

网格内 110kV 主变压器负载率均超过 65%，负载水平较高，主要由于本网格作为城市核心区负荷密度较高、电源布点不充裕，区内两座 110kV 变电站供电范围较大。

（2）主变压器 N-1 校验分析。对 5 座主供电源进行 N-1 校验分析后可知，由于变电站负载偏高，上述变电站仅有 TZ 变电站、AS 变电站通过主变压器 N-1 校验，DF 变电站、WJ 变电站属三类问题，HJ 变电站属二类问题。变电站高负载成为影响负荷转移以及无法有效满足网格高供电可靠性需求的主要原因。

（3）变电站全停全转。经校验，两种条件下 2 座变电站均不能通过全停全转校验，变电站全停全转校验明细见表 13-3。

DF 变电站全停时转供能力为 17.16%，不能通过全停全转校验，主要原因有 3 个：一是存在 2 回同站联络线路，分别为 DY 线与网格外的 DE 线；二是存在 2 回线路因对侧联络线路裕度小且本身负荷较重造成无法实现站间负荷转供，分别为网格内的 DG 线与 DD 路；三是公用线路中存在 13 回辐射线路。

表 13-3　　　　　　　　　　　110kV 变电站全停全转分析

序号	变电站	10kV 公用线路负荷（MW）	联络变电站	变电站负载率（%）	联络线路回数（回）	可转供负荷（MW）	可转供总负荷（%）	故障条件下可转供总负荷占比（%）	检修条件下可转供总负荷占比（%）	是否通过校验
1	DF 变	76.53	HJ 变	73.3	3	9.59	28.25	17.16%	36.92%	否
			HP 变	61.5	4	10.66				
			ZQ 变	—	1	3.1				
			MZ 变	57.14	1	2.4				
			FQ 变	71.4	1	2.5				
2	HJ 变	80.01	DF 变	72.4	3	4.88	35.68	19.58%	44.59%	否
			TZ 变	38.9	4	14.64				
			ZQ 变	0	1	3.36				
			ZH 变	47.58	2	2.19				
			LZ 变	56.9	1	4.58				
			ZS 变	—	3	6.02				

图 13-4　远景变电站布点

HJ 变电站全停时转供能力为 19.58%，不能通过全停全转校验，主要原因有两个：一是存在 4 回线路因对侧联络线路裕度小造成无法实现站间负荷转供，分别为网格内的 HB 线、HF 线和网格外的 HZ 线和 HQ 线；二是公用线路中存在 14 回辐射线路。

（4）远景变电站布点。根据《CD 市电力设施专项规划（2016—2035）》可知，至目标年网格内及网格周边无新建电源点。220kV 变电站 AS 变电站扩建 10kV 间隔 4 个，其余变电站无扩建间隔。远景变电站布点如图 13-4 所示。

13.2.2　中压电网

1. 中压电网规模

目前，DF 网格内公用线路 38 条，专线 5 条。公用线路总长为 93.96km，架空线路绝缘化率 100%，电缆化率 85.73%。DF 网格内共有 10kV 配电变压器 753 台，配电变压器总容量 438.90MVA，其中公用配电变压器 183 台，配电变压器容量 54.37MVA；建有环网室 16 座，环网箱 77 座。中压电网规模情况见表 13-4。

表 13-4　　　　　　　中压配电网规模情况统计表

网格名称		DF 网格
供电面积（km²）		4.75
线路回数（条）		43
公用线路（条）		38
专用线路（条）		5
环网室（座）		16
环网箱（座）		77
配电变压器	台数（台）	753
	容量（MVA）	438.9
公用配电变压器	台数（台）	183
	容量（MVA）	54.37
专用变压器	台数（台）	570
	容量（MVA）	384.53
中压线路长度	公用线路总长（km）	93.96
	其中：架空线路（km）	13.41
	电缆线路（km）	80.55
中压平均供电半径（km）		1.73
电缆化率		85.73%
绝缘化率		100%
联络率		42.11%
公用线路平均配电变压器装接容量（MVA）		11.997

2. 网架结构分析

（1）核心指标分析。现状年网格内 10kV 公用线路共计 38 条，联络率为 42.11%，均为站间联络，单辐射线路 22 条，其中 13 条代维线路，3 条专线，6 条公线，代维线路和专线占比 72.73%。

以多分段单联络和单环网作为典型接线，单环网线路 2 条，典型接线比例为 5.26%。单辐射线路 22 条，占比 57.89%；架空两联络线路 4 条，占比 10.53%；其他接线 10 条，占比 26.32%。

（2）典型网架分析（非标准接线分析）。DF 网格以架空多分段单联络和电缆单环网为标准接线，共有 36 条 10kV 线路为非标准接线，其中 22 条单辐射线路，环网室单辐射接线较多，架空两联络线路 4 条，其他接线 10 条。

DF 网络共有 10 条 10kV 线路为复杂接线，交叉供电现象明显，不满足供电单元独立供电的要求。中压配电网现状复杂接线拓扑结构示意如图 13-5 所示。

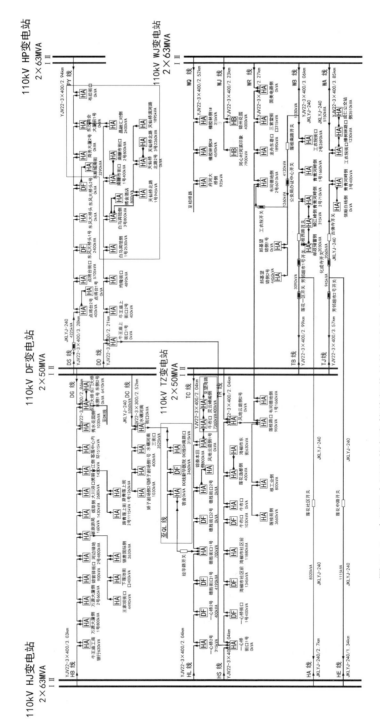

图 13-5　中压配电网现状复杂接线拓扑结构示意图（黑色框改造范围为网格外用户）

通过该复杂接线拓扑结构图可以看出，WR 线与 TR 线组成一组环网，WR 线与架空线 WB 线形成一组同站联络，WB 线与 TB 线、HA 线又形成联络；TR 线与 HS 线联络，HS 线又与 DD 线联络，原有单环间增加环间联络造成接线方式复杂化。造成这种原因主要是网格内早期居民及商业专线用户较多，占用主供电源间隔、造成间隔不足，新增负荷只能接入现有公用线路，公用线路负荷较重，故障情况下需要更多联络转移负荷，形成环间再联络。

（3）线路分段情况分析。DF 网格线路平均分段数 1.92，平均分段容量为 5291kVA/段，线路分段数较少。25 条线路分段数小于 3，主要原因为专线及代维线路大多为环网室供电，分段较少，如 DJ 线，为东尖旺座环网室供电。线路分段情况见表 13-5。

表 13-5 　　　　　　　　中压线路分段情况统计表

序号	线路名称	所属单元	供电半径（km）	分段数	装接容量（kVA）	分段容量1	分段容量2	分段容量3	分段容量4	分段容量5
1	HG 线	3	0.86	1	7380	7380				
2	HY 线	3	1.12	1	8880	8880				
⋮	⋮	⋮	⋮	⋮	⋮	⋮				
38	WC 线	2	2.75	1	16220	16220				

（4）大分支情况分析。DF 网络现状年有 1 回 10kV 线路存在大分支线路，为 DD 线，分支容量为 5415kVA。形成大分支的原因为：线路供电范围较大，分支线接入容量较多。

（5）供电半径分析。DF 网格中压线路平均供电半径为 1.73km，供电半径超过 3km 线路 3 条，分别为 HB 线、HF 线和 HM 线，供电半径达标率为 92.11%；由于历史原因以及网格外部分变电站供电能力不足的影响，用户接入时线路跨区域供电，跨越距离较远，导致部分线路供电半径较长。

（6）线路跨网格供电。DF 网格存在较多线路跨网格供电情况，如 DF 变电站的 DS 线、DD 线、DG 线以及 HJ 变电站的 HB 线、HF 线等，均从 DF 网格延伸至 CXL 网格，跨区域供电，除了主干线跨网格供电外，分支线跨网格供电情况也较为普遍。线路跨网格供电示意如图 13-6 所示。

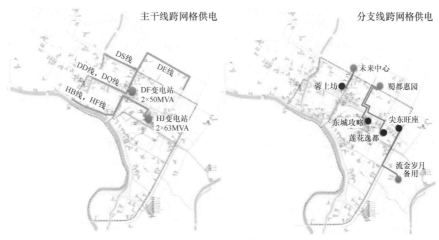

图 13-6　线路跨网格供电示意图

3. 运行水平分析

（1）线路负载水平分析。现状年本网格中压线路最大负载率平均值为 45.05%，负载率在 70%以上线路 5 条。中压线路重过载、轻载情况见表 13-6。

表 13-6　　　　　　　　　中压线路重过载、轻载情况统计表

序号	线路名称	所属变电站	限额电流（A）	最大电流（A）	最大负荷（MW）	最大负载率（%）	重过载/轻载
1	WX 线	WJ 变	537	428	7.04	79.70%	重载
2	DG 线	DF 变	420	332	5.46	79.05%	重载
3	HL 线	HJ 变	537	421	6.93	78.40%	重载
4	DD 线	DF 变	420	326	5.36	77.62%	重载
5	DC 线	DF 变	420	296	4.87	70.48%	重载
6	WQ 线	WJ 变	537	67	1.10	12.48%	轻载
7	ST 线	AS 变	537	50	0.82	9.31%	轻载
8	HY 线	HJ 变	537	43	0.71	8.01%	轻载
9	WT 线	WJ 变	537	33	0.54	6.15%	轻载
10	WS 线	WJ 变	537	26	0.43	4.84%	轻载

从表 13-6 统计结果看，目前 WQ 线、ST 线、WT 线、HY 线和 WS 线 5 条线路负载率低于 20%。

（2）线路 N–1 校验。DF 网格中压线路 N–1 通过率为 31.58%，共计有 26

条公用线路未通过 $N-1$ 校验，造成线路未通过 $N-1$ 校验的原因是：22 条线路为单辐射接线；DG 线和 WA 线线路负荷较高；HB 线和 HF 线联络线路负载较高。$N-1$ 校验结果汇总表见表 13-7。

表 13-7 中压线路 $N-1$ 校验结果汇总表

序号	线路名称	所属变电站	接线方式	电流限额（A）	年最大电流（A）	联络线路名称				最大转供能力（A）	是否满足 $N-1$
						线路 1	转供裕度（A）	线路 2	转供裕度（A）		
1	DG 线	DF 变	两联络	420	332	HB 线	275	LG 线	38	275	否
2	DH 线	DF 变	单辐射	420	286						否
⋮	⋮	⋮	⋮								
38	WC 线	WJ 变	单辐射	537	224						否

（3）配电变压器重过载情况。DF 网格共有重载公用配电变压器 7 台，占比 3.83%。重载配电变压器汇总表见表 13-8。

表 13-8 重载配电变压器汇总表

序号	配电变压器名称	所属线路	所属变电站	最大负载率（%）	容量（kVA）
1	DS 线 1 号公用配电变压器	DS 线	DF 变	80.48	400
2	HE 线 1 号公用配电变压器	HE 线	HJ 变	85.93	400
3	DD 线 2 号环网箱公用配电变压器一路	DD 线	DF 变	92.01	400
4	橡树林路口环网箱公用配电变压器一路	WA 线	WJ 变	92.38	400
5	TR 线 1 号公用配电变压器	TR 线	TZ 变	83.7	400
6	DG 线 3 号公用配电变压器	DG 线	DF 变	94.58	400
7	WA 线 3 号公用配电变压器	WA 线	WJ 变	90.34	315

（4）配电变压器轻载情况。DF 网格共有轻载公用配电变压器 59 台，占比 32.24%。后期随煤改电等负荷增长，负载率逐步提升。

（5）配电变压器三相不平衡情况。DF 网格内无三项不平衡配电变压器。

（6）低电压情况分析。DF 网格内无低电压配电变压器。

4. 装备水平分析

（1）10kV 线路运行年限。现状年本网格内无运行年限超标线路。线路整体上运行年限主要集中在 6～15 年。网格内各线路运行年限分布如图 13-7

所示。

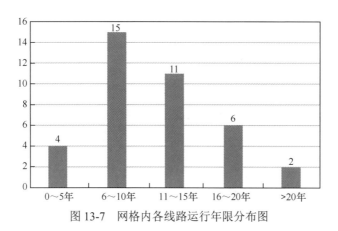

图 13-7　网格内各线路运行年限分布图

（2）主干线规分析。中压电缆主干线以 YJV22-3×400 和 YJV22-3×300 线路为主，中压架空线路主干线截面积以 240mm² 导线为主，架空线路绝缘化率为 100%，配电网电缆化率为 85.73%。

（3）线路装接配电变压器容量情况。DF 网格 10kV 公用线路平均装接配电变压器容量为 11997kVA，整体线路装接容量较大，装接容量超标的线路共计 16 回。装接容量超标线路明细见表 13-9。

表 13-9　　　　　　　　装接容量超标线路明细表

序号	线路名称	所属单元	公用配电变压器台数（台）	公用配电变压器容量（kVA）	专用配电变压器台数（台）	专用配电变压器容量（kVA）	配电变压器总台数（台）	配电变压器总容量（kVA）	线路负载率（%）
1	DG 线	1	11	4400	24	12380	35	16780	79.05
2	DJ 线	2	0	0	16	13980	16	13980	49.72
⋮	⋮	⋮	⋮	⋮	⋮	⋮	⋮	⋮	⋮
16	WC 线	2	0	0	21	16220	21	16220	41.71

（4）分支箱。网格内分支箱共 12 座，均为一段母线，除椒子街宿舍为 3 个间隔外，其余分支箱出线总间隔均为 6 个，德胜街口 1 号分支箱接入容量为 4190kVA，挂接容量较大，其余分支箱接入容量均在 3000kVA 以下。网格内分支箱明细见表 13-10。

表 13-10   网格内分支箱明细表

序号	分支箱名称	所属线路	本设备容量（kVA）	出线间隔（个）	已用间隔（个）	备用间隔（个）	预留间隔（个）	投运时间
1	东风大桥头 2 号	DS 线	315	6	4	2	0	2012 年
2	东风大桥头 1 号	DS 线	2400	6	4	2	0	2012 年
⋮	⋮	⋮	⋮					
12	椒子街宿舍	DN 线	1030	3	3	0	0	2012 年

（5）环网箱。网格内环网箱共 76 座，均为一段母线，环网箱进线开关与出线开关基本一致，为断路器或负荷开关，7 座环网箱进出线开关均为断路器，67 座环网箱进出线开关均为负荷开关，只有青莲上街 1、2 号环网箱进线开关为负荷开关，出线开关为断路器。负荷开关后期需改造为断路器，满足自动化建设要求。网格内环网箱明细见表 13-11。

表 13-11   网格内环网箱明细表

序号	环网箱名称	所属线路	是否装配自动化	开关类型	设备容量（kVA）	出线间隔（个）	已用间隔（个）	备用间隔（个）	预留间隔（个）	进线/出线（设备类型）	CP/PT/电操/箱体是否需要更换	投运时间
1	青莲上街 2 号	DG 线	是	JBK-3200D	1115	5	3	2	0	负荷开关 断路器	否	2012 年
2	青莲上街 1 号	DG 线	是	JBK-3200D	1260	5	3	2	0	负荷开关 断路器	否	2012 年
⋮	⋮	⋮	⋮	⋮								
76	望江橡树林北院	WX 线	否	无终端	11905	2	2	0	0	负荷开关	否	2010 年

从环网箱容量统计结果看，5 座环箱接入容量在 6000kVA 以上，造成线路局部段负荷较为集中。运行年限均未超过 25 年。

（6）环网室。网格内环网室共 16 座，均为单母线接线形式，主要为用户移交环网室，以辐射方式为主，9 座环网室位于地下室，受到进出线通道的影响，改造困难，对于这些环网室今后改造方案为在环网室前端新建环网箱环入主网，将环网室接入新建环网箱，作为终端供电，网格内环网室明细情况见表 13-12。

表 13-12　　　　　　　　　　　网格内环网室明细表

序号	设施名称	所属线路	是否装配自动化	终端类型	本设备容量（kVA）	母线分段数	总间隔	已用间隔	备用间隔	预留间隔	进线/出线（设备类型）	CP/PT/电操/箱体是否需要更换	位置
1	尖东旺座	DJ 线	否	无终端	13980	1	6	5	1	0	负荷开关/负荷开关	否	地下
2	蓉上坊	DB 线	否	无终端	2050	1	7	4	0	3	负荷开关/负荷开关	否	地下
⋮	⋮	⋮	⋮	⋮									
16	莲花逸都	WC 线	否	无终端	16220	1	7	3	1	3	负荷开关/负荷开关	否	地上

（7）状态评价及缺陷情况。现状年，对 38 条线路进行状态监测，线路局部放电、介质损耗、交流耐压试验均合格，无明显运行缺陷。

5. 电力通道现状分析

DF 网格现状以电缆排管敷设和电缆沟方式为主，电缆排管以 12 孔为主，局部路段采用 16 孔排管，从道路排管排摸情况看，主干道电缆排管基本建成，部分路段排管未全线贯通。

通过电缆通道排查情况看，DF 网格电缆排管目前设施情况良好，绝大部分路段都剩余 50%以上孔位，但橡树林路和新桂村西五路通道未打通，环网箱出线通道紧张对下一步电网建设会产生一定制约。

另外发现几个通道隐患：①电缆井盖打不开；②电缆井积水情况严重；③电缆检查井被覆盖；④电缆检查井遭车碾压损坏。

电缆排管布局情况如图 13-8 所示。

6. 故障停电分析

本次分析近三年故障停电，近三年 DF 网格累计发生故障停电事件 33 起，涉及线路 21 条，故障原因主要为用户因素和运行维护不当。其中 WB 线停电次数达 5 次，DS 线停电次数达 3 次，成为故障停电多发区，故障原因主要为用户因素，由用户操作不当或用户设备问题引起。近三年 DF 网格故障情况明细见表 13-3。

WB 线、DA 线和 DJ 线故障为外力因素造成，建议加强电力设施宣传和现场巡视，增补电缆标志桩，同时对线路开关进行分级保护配置，减少停电范围。

图 13-8　电缆排管布局示意图

表 13-13　　　　　　　　近三年 DF 网格故障情况明细表

序号	故障发生时间	线路名称	持续时间（h）	故障原因	故障分析	配电变压器停电台数（台）	停电时户数
1	n–2 年 2 月 1 日	DS 线	2.11	用户因素	DS 线东顺城支线 2 号杆，锦绣康街用户搭头送电时，带地刀合闸，造成短路	1	2.1
2	n–2 年 2 月 10 日	WB 线	1.19	外力因素	WB 线青青河畔侧 1 号环网箱 9831 新桂村支路电缆故障	2	2.4

续表

序号	故障发生时间	线路名称	持续时间（h）	故障原因	故障分析	配电变压器停电台数（台）	停电时户数
⋮	⋮	⋮	⋮	⋮	⋮		
33	n 年 1 月 8 日	HG 线	4.36	用户因素	HG 线单相接地，现场巡视无异常，所有电缆及设备试验合格，送电成功	1	4.4

注　n 年为现状年。

7. 投诉情况

近三年网格内累计发生客户投诉 16 起，主要为用户低压设备故障导致的投诉。建议加强抢修人员的技术培训，提高公司运维水平，要求用户对老旧设备和漏电设备进行及时更换。近三年用户投诉清单见表 13-14。

表 13-14　　　　　　　　　　近三年用户投诉清单

序号	发生日期	所属馈线	投诉原因	投诉分析
1	$n-2$ 年 2 月 10 日	WX 线	频繁停电	因 WB 线线路故障引起系统 3 次闪络
2	$n-2$ 年 6 月 11 日	HG 线	频繁停电	该户所在小区物业检修维修用电设备以及客户产权故障所造成
⋮	⋮	⋮	⋮	⋮
16	n 年 5 月 26 日	TR 线	频繁停电	TR 线连桂路口环网箱公用配电变压器一路箱式变压器后端分支开关跳闸

注　n 年为现状年。

投诉原因主要为频繁停电，其中频繁停电处理措施前文已述，对于加强客户服务、优化营商环境建议按如下措施整改：提高抢修人员的素质，现场抢修要找到原因，修必修好。加强设备运维，及时进行老旧设备更换，避免设备原因引起用户停电。要求用户加强用户侧线路、设备的巡查，对老旧设备和漏电设备进行及时整改。

8. 重要用户及供电情况

DF 网格内有重要用户 3 户，均有备用电源和自备应急电源。网格内重要用户及供电情况见表 13-15。

表 13-15　　　　　　　　　　网格内重要用户及供电情况

序号	户名	重要级别	重要客户类别	是否高危客户	主供电源	主供电源上级变电站	备用电源	备用电源上级变电站	有无自备应急电源	自备应急电源形式	装接容量（kVA）	保安负荷容量（kVA）	自备应急电源容量（kVA）
1	香格里拉	二级	其他重要客户	否	DX线	DF变	SX线	AS变	有	柴油发电机	15260	400	1500
2	农业发展银行	一级	其他重要客户	否	DN线	DF变	DS线	DF变	有	多种自备应急电源混合	800	150	340
3	四五二医院	二级	公共事业	否	DZ线	DF变	HY线	HJ变	有	柴油发电机	5000	300	320

9. 三跨线路整治

DF网格不存在三跨线路问题。

10. 自动化建设情况

CD配电自动化按照"地县主站一体化、终端和通信差异化"的模式建设。DF网格内17条线路已完成配电自动化覆盖，配电自动化线路覆盖率达44.74%。

受限于电网一次网架的建设，除故障指示器采用无线公网通信投入运行外，站所终端（DTU）至变电站之间的光缆已贯通。

（1）主站部分。目前，CD市已建设完成1套新一代智能配电主站。实现CD全区配电网信息采集、图模显示、配电SCADA、FA（馈线自动化）、配电网高级应用等功能，提供与其他配网应用系统的接口实现配电网多业务、多应用的数据共享。

（2）终端部分。DF网格架空线安装FTU46台；电缆线路72座环网箱和2座环网室装设了三遥DTU，11座分支箱装设TTU。2台柱上开关未装设FTU，5座环网箱和14座环网室未装设DTU，设备未投运网格配电自动化现状见表13-16。

表 13-16　　　　　　　　　　网格配电自动化终端情况

序号	线路名称	终端名称及位置	终端配置	通信
1	DD线	DD线均隆街17号开关	无终端	无
2	HA线	HA线宏济市场开关	无终端	无

续表

序号	线路名称	终端名称及位置	终端配置	通信
⋮	⋮	⋮	⋮	
21	WC 线	莲花逸都环网室	无终端	无

（3）通信部分。

1）主站至变电站光纤通信。结合实际情况，配电实时数据接入主要 110kV 变电站 DF 变及 HJ 变，充分利用各变电站及调度大楼内现有 SDH 设备，将变电站内 OLT 或交换机汇集的 10kV 配电站点信息接入骨干通信网。

2）变电站至站所终端（DTU）光纤通信。DF 网格环网箱（环网室）采用集中型馈线自动化，从变电站至站所终端通信采用 EPON 通信技术，10kV 配电通信网承载的配电自动化数据信息通过光纤通信汇聚到变电站。

13.2.3　低压电网

1．电网规模

网格内有公用配电变压器 183 台，容量为 71.37MVA，低压用户 41489 户。低压线路 458 条，架空绝缘线 2.74km，电缆线 54.29km，低压线路绝缘化率为 100%，电缆化率为 95.20%。网格低压平均供电半径为 141m，户均配电变压器容量为 5.31kVA/户。低压电网规模一览表见表 13-17。

表 13-17　　　　　　　　低压电网规模一览表

序号	指标		数值
1	公用配电变压器数量（台）		183
2	用户数（户）		41489
3	低压线路	线路数量（条）	458
4		低压线路长度（km）　架空裸导线	0
5		架空绝缘线	2.74
6		电缆	54.29
7		低压线路绝缘化率（%）	100
8		低压线路电缆化率（%）	95.20
9		导线截面积（mm²）	电缆 185、150；架空 120、70

序号	指标	数值
10	平均供电半径（m）	141
11	户均配电变压器容量（kVA/户）	5.31
12	运行年限过长的线路长度（km）	0

网格内公用配电变压器均为 S9 及以上型号，且 3 台 S9 配电变压器运行年限未超过 20 年，已无 S7（8）及以下高损耗配电变压器，运行情况良好。设备型号占比情况见表 13-18。

表 13-18 公用配电变压器设备型号情况

设备	设备型号	数量（台）	占比（%）
公变	DH15-M-315/10	27	14.75
	S11-400/10	138	75.41
	S11-M-315/10	1	0.55
	S11-MR-630/10	1	0.55
	S11-R-400/10	2	1.09
	S11-WZT-400（125）/10.05	1	0.55
	S13-400/10	1	0.55
	S13M-315/10	2	1.09
	S13-M-400/10.5	2	1.09
	S9-315/10	2	1.09
	S9-N-315/10	1	0.55
	SBH15-M-100/10-NX2	1	0.55
	SBH15-M-400/10	1	0.55
	SBH15-MRL-400/10	1	0.55
	SL-400	1	0.55
	SZ13-M.ZT-400（125）/10	1	0.55
	总计	183	100

网格内公用配电变压器设备容量以 315kVA 和 400kVA 为主，大多数公用配电变压器为住宅小区供电。公用配电变压器设备容量分布情况见表 13-19。

表 13-19　　　　　　　公用配电变压器设备容量分布情况

设备	公变容量（kVA）	数量（台）	占比（%）
公变	315	33	18.03
	400	149	81.42
	630	1	0.55
总计		183	100

2. 装备水平

（1）运行年限。网格内低压设备运行情况良好，不存在老旧线路及老旧配电变压器。配电变压器运行年限分布情况见表 13-20。

表 13-20　　　　　　　配电变压器运行年限分布情况

配电变压器运行年限分布（年）	0～5	5～10	10～15	15～20	≥20	合计
配电变压器台数（台）	8	114	35	26	0	183
占比（%）	4.37	62.3	19.13	14.21	0	100

（2）线路型号。DF 网格低压线路截面积选型总体符合要求，架空线路采用绝缘线，主干截面积以 120mm² 为主，支线截面积以 70mm² 为主。电缆线路主干截面积以 185、150mm² 为主，支线截面积以 90mm² 为主。

（3）台区供电半径。DF 网格内低压台区平均供电半径 141m，所有台区供电半径均符合 A 类供区要求。

（4）户均容量。网格户均容量 5.31kVA/户，无户均容量低于 2 的台区。网格内低压配电网供电能力强，台区剩余裕度较大。配电变压器户均容量分布情况见表 13-21。

表 13-21　　　　　　　配电变压器户均容量分布情况

户均配电变压器容量分布（kVA/户）	0～5	5～10	10～15	15～20	合计
配电变压器台数（台）	51	75	37	20	183
占比（%）	27.87	40.98	20.22	10.93	100

13.3　负　荷　预　测

13.3.1　预测思路与方法

本次 DF 网格电力需求预测采用空间负荷预测法进行远景年负荷预测，结合已建、未建成地块报装及现状负荷发展水平，采用"自然增长+大用户"法预测近中期负荷，并与远景年空间负荷预测相互校验。

13.3.2 规划饱和年电力需求预测

1. 土地利用规划

根据《CD 市城市总体规划（2016—2030）》中远期用地布局规划结果，以地块开发程度、用户入驻情况、道路建设情况等信息，将 DF 网格三个供电单元进一步划分为 246 个地块，并根据地块建设开发情况进行分类统计，建成区占比 97.54%，各地块建设开发情况如图 13-9 所示。

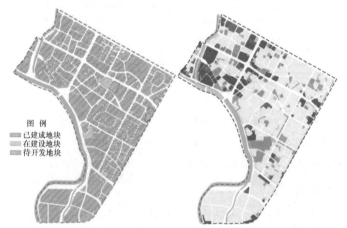

图例
▨ 已建成地块
▨ 在建设地块
▨ 待开发地块

图 13-9　DF 网格地块建设开发情况示意图、远期用地规划成果示意图

2. 饱和负荷预测结果

现状年 DF 网格内总负荷为 93.17MW，负荷密度为 19.6MW/km²。根据负荷预测结果，到饱和年 DF 网格最大负荷在 100.27～156.25MW，选取中方案为预测结果，中方案预测结果为 124.58MW，平均负荷密度为 26.23MW/km²，达到 A 类供电区标准。饱和年空间负荷预测结果见表 13-22。

表 13-22　　　　　　　饱和年空间负荷预测结果汇总表

序号	单元名称	网格面积（km²）	负荷预测结果（MW）			负荷密度（MW/km²）		
			低方案	中方案	高方案	低方案	中方案	高方案
1	SC-CD-JJ-DF-001-D1/A1	1.13	29.04	41.85	53.71	25.70	37.04	47.53
2	SC-CD-JJ-DF-002-D1/A1	1.43	35.12	43.35	54.23	24.56	30.32	37.92

续表

序号	单元名称	网格面积（km²）	负荷预测结果（MW）			负荷密度（MW/km²）		
			低方案	中方案	高方案	低方案	中方案	高方案
3	SC-CD-JJ-DF-003-D1/A1	2.19	47.25	53.22	65.67	21.58	24.30	29.99
4	DF 网格（同时率为 0.9）	4.75	100.27	124.58	156.25	21.11	26.23	32.89

13.3.3　规划水平年电力需求预测

1. 用户报装情况

DF 网格近期已知新增用户 3 个，报装容量共计 14950kVA。近期用户接入需求明细见表 13-23。

表 13-23　　　　　　　　　　DF 网格近期用户接入需求清单

序号	项目名称	报装容量（kVA）	用户投运时间	所在单元
1	田家炳中学	1000	规划一年	3 单元
2	观云名筑非居民	8450	规划一年	2 单元
3	观云名筑居民	5500	规划二年	2 单元

2. 近期负荷预测结果

DF 网格近期负荷增长点主要由两部分组成：一部分是现状已有负荷的自然增长，另一部分是近期开发区块的负荷增长。因此，采用"自然增长+用户报装"法预测近中期负荷。DF 网格发展基本成熟，选取各单元自然增长率为 2.5%左右；3 个大用户利用 S 型曲线进行近期负荷预测。具体负荷预测结果见表 13-24。

表 13-24　　　　　　　　　　DF 网格过渡年负荷预测结果

序号	单元名称	负荷分类	负荷预测结果（MW）							
			n 年	$n+1$ 年	$n+2$ 年	$n+3$ 年	$n+4$ 年	$n+5$ 年	$n+6$ 年	饱和年
1	SC-CD-JJ-DF-01A	自然增长负荷	29.09	30.52	32.03	33.60	35.26	37.00	38.82	41.85
		大用户负荷	0	0	0	0	0	0	0	0
		总负荷	29.09	30.52	32.03	33.60	35.26	37.00	38.82	41.85
2	SC-CD-JJ-DF-02A	自然增长负荷	29.62	30.39	31.18	31.99	32.82	33.68	34.55	36.37
		大用户负荷	0	1.6	3.25	5.02	6.6	6.82	6.95	6.98
		总负荷	29.62	31.99	34.43	37.01	39.42	40.5	41.5	43.35
3	SC-CD-JJ-DF-03A	自然增长负荷	44.81	45.73	46.67	47.63	48.6	49.6	50.62	52.72
		大用户负荷	0	0.17	0.29	0.40	0.46	0.48	0.50	0.50
		总负荷	44.81	45.90	46.96	48.03	49.06	50.08	51.12	53.22

293

序号	单元名称	负荷分类	负荷预测结果（MW）							
			n 年	n+1 年	n+2 年	n+3 年	n+4 年	n+5 年	n+6 年	饱和年
4	DF 网格	自然增长负荷	93.17	95.98	98.89	101.90	105.01	108.25	111.59	117.85
		大用户负荷	0	1.59	3.19	4.87	6.35	6.57	6.70	6.73
		总负荷	93.17	97.56	102.08	106.77	111.36	114.82	118.29	124.58
		年均增长率	—	4.72%	4.63%	4.60%	4.30%	3.11%	3.02%	—

注 现状年为 n 年。

根据预测结果可知，到 n+3 年 DF 网格最大负荷预测结果为 106.77MW，到 n+6 年最大负荷预测结果为 118.29MW，平均负荷密度分别为 22.48MW/km^2 和 24.90MW/km^2。现状年至 n+6 年 DL 线网格最大负荷年均增长率为 4.06%，年均增加负荷 4.19MW，其中自然增长负荷 3.07MW，大用户增长负荷 1.12MW。

13.4 建设改造方案

13.4.1 高压配电网建设方案

根据《CD 市电力设施专项规划（2016—2035）》可知，目标年 DF 网格由 220kV AS 变电站和 SQ 变电站以及 110kV HJ 变电站、WJ 变电站、DF 变电站、TZ 变电站、ZQ 变电站和 TY 变电站，其中 110kV HJ 变电站、WJ 变电站和 DF 变电站为主供电源。

根据高压电网建设规划及相关实施计划可知，规划一年 110kV ZQ 变电站和 TY 变电站建成投运，届时 DF 网格西部和东部边界地区供电压力得到缓解。DF 网格主供电源建设情况见表 13-25。

表 13-25　　　　　　　　　F 网格主供电源建设情况统计表

变电站名称	性质	电压等级	现状年	规划一年	规划二年	规划三年	规划四年	目标年
DF 变	现状	110kV	2×50	2×50	2×50	2×50	2×50	2×50
HJ 变	现状	110kV	2×63	2×63	2×63	2×63	2×63	2×63
WJ 变	现状	110kV	2×63	2×63	2×63	2×63	2×63	2×63

13.4.2 中低压配电网建设方案

1. 网格目标年网架建设方案

DF 网格目标网架采用电缆单环接线方式对三个供电单元进行组网，实现典型接线全覆盖；二级网络差异化选择接入方式，确保目标网架具备较强的负荷转移能力及运行灵活性，规划供电线路共计 38 条，形成 18 组电缆单环网接线，变电站间联络及各供电单元电网规模情况如图 13-10 所示。

图 13-10　DF 网格目标网架构建情况示意图

目标年 DF 网格最大负荷为 118.29MW，平均负荷密度为 24.9MW/km²，供电线路 38 条，典型接线 18 组，线路平均供电负荷为 3.11MW/条，平均供电半径为 3.28km，理论供电可靠率为 99.998%，满足 A 类供电区可靠性需求。各个单元目标年网架构建情况见表 13-26。

表 13-26　　　　　　　　　　　DF 网格目标网架构建结果汇总表

序号	单元名称	单位	SC-CD-JJ-DF-001-0D1/A1	SC-CD-JJ-DF-002-D1/A1	SC-CD-JJ-DF-003-D1/A1	DF 网格
1	最大负荷	MW	38.82	41.50	50.08	118.29（单元同时率 0.9）
2	负荷密度	MW/km²	34.35	29.23	22.87	24.90
3	供电线路	条	12	12	14	38
4	典型接线	组	6	6	6	18
5	线路平均供电负荷	MW/条	3.24	3.46	3.58	3.11
6	平均供电半径	km	1.27	1.32	1.84	1.5

序号	单元名称	单位	SC-CD-JJ-DF-001-0D1/A1	SC-CD-JJ-DF-002-D1/A1	SC-CD-JJ-DF-003-D1/A1	DF 网格
7	供电电源	—	DL 变、TY 变、AS 变、HJ 变	DL 变、HJ 变、SQ 变、ZQ 变	WJ 变、TZ 变、HJ 变	DL 变、TY 变、AS 变、HJ 变、SQ 变、ZQ 变、WJ 变、TZ 变
8	理论供电可靠率	%	99.999	99.999	99.998	99.998

2. 中压配电网近期项目需求

结合 DF 网格现状分析、问题负面清单，以问题为导向，选取 4 个典型案例进行具体说明。

项目1：10kV DG线改造工程

实施目的：HD 线为单辐射线路，供电可靠性较差，不满足 A 类地区建设标准。DG 线存在跨单元供电，不满足网格化建设要求；现状年 DG 线最大负荷 5.46MW，最大负载率 79.05%，处于重载运行水平，需新出线路转带负荷。ST 线现状年最大负载率均小于 10%，处于轻载运行，现规划利用 ST 线转带 DG 线后段负荷与 HB 线联络，解决 DG 线重载运行问题。

工程说明：ST 线负荷轻，将 ST 线的时代广场配电室就近接入东挂路东门大桥一号环网箱，东门大桥一号环网箱至秀水花园环网箱线路退出间隔将 DG 线府河以西负荷接入空出的 ST 线与 HB 线组成一组单环网。

新建环网箱 HD 线 1 号、HD 线 2 号π开 HD 线，从 HD 线 2 号环网箱新出一回电缆至东门大桥二号环网箱与 DG 线组成一组单环网。

改造方案具体如图 13-11～图 13-14 所示。可行性分析：该项目通道均为利旧，无新占通道情况。东门大桥环网箱新接入 2 条电缆间隔均使用原辙出线路间隔，无新占间隔。

建设成效：项目完成后，DG 线与 HD 线组成一组单环网，SC 线与 HB 线组成一组单环网，解决了 HD 线、SC 线单辐射问题，解决了 DG 线重载、SC 线轻载的问题，消除了跨单元供电。

建设规模：10kV DG 线改造工程共新建 ZA-YJV22-8.7/15-3×300mm² 电缆 0.53km，新建环网箱 1 座。

项目投资：98.61 万元。

实施年份：规划三年。

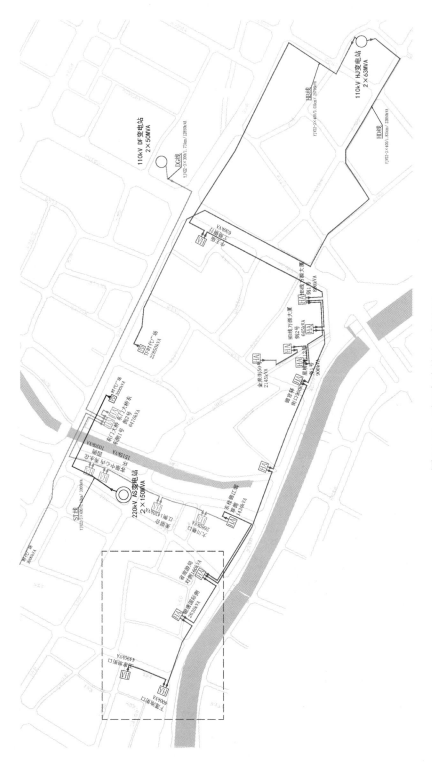

图 13-11　项目实施前地理接线图

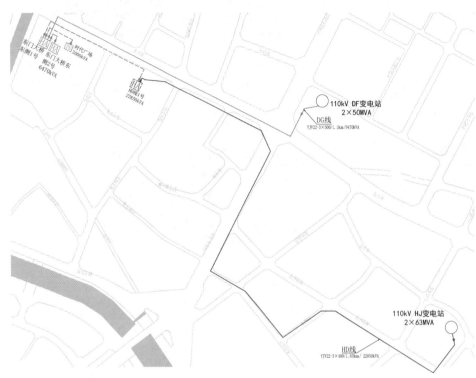

图 13-12　项目实施后地理接线图

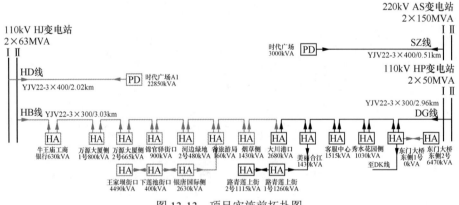

图 13-13　项目实施前拓扑图

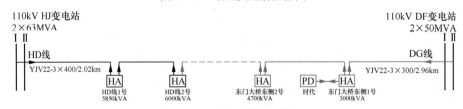

图 13-14　项目实施后拓扑图

项目 2：10kV HT 线改造工程

实施目的：DD 线存在跨单元供电，不满足网格化建设要求；DD 线现状年最大负荷 5.36MW，最大负载率 77.62%，处于重载运行水平，需将单元外负荷由春熙路网格线路供电。HT 线为单辐射线路，供电可靠性差，不满足 A 类地区建设。SZ 线现状年最大负荷 6.12MW，最大负载率 69.27%，负荷接近重载，需将位于 DN 线北侧的东方广场环网室负荷由 DD 线转带，同时优化东大街两侧线路供电区域。

工程说明：在较场坝中街与东大街路口处新那环网箱 DD 线 1 号 π 接入 DD 线，将原紫东苑环网室下级环网室东方广场环网室环入 DD 线，将 DS 线点将台街口环网箱支线位于光明路以南负荷切入 DD 线 1 号环网箱。

新建 HT 线 1 号环网箱 π 接入海天线，新出一回电缆沿原原紫东苑环网室至东方广场环网室通道接入 DD 线的均隆街口环网箱与 DD 线组成一组单环网。

改造方案具体如图 13-15～图 13-18 所示。

图 13-15　项目实施前地理接线图

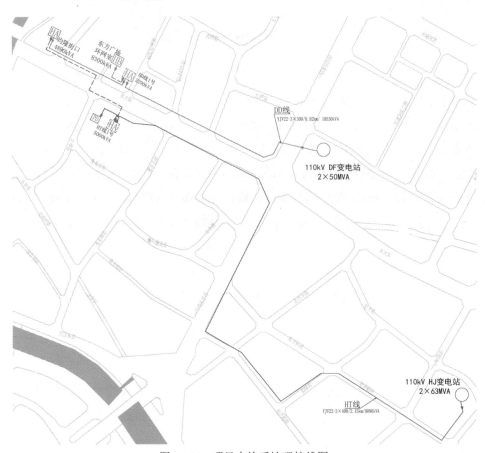

图 13-16　项目实施后地理接线图

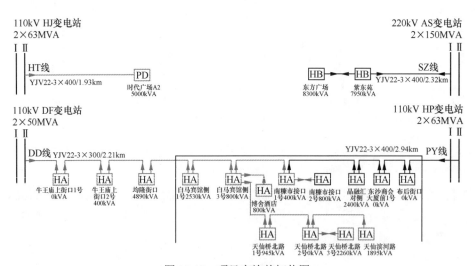

图 13-17　项目实施前拓扑图

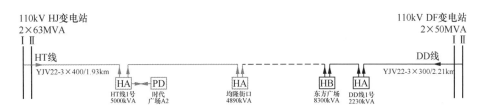

图 13-18 项目实施后拓扑图

可行性分析：该项目新出电缆由 HT 线 1 号环网箱至均隆街口环网箱通道使用原紫东苑环网室至东方广场环网室线路通道，项目可实施。均隆街口环网箱间隔使用原均隆街口至白马宾馆侧 1 号环网箱间隔，不占用新间隔，项目可实施。

建设成效：项目完成后，HT 线与 DD 线组成一组单环网，解决了 SZ 线与 DD 线负荷较重的问题，解决了 HT 线单辐射问题。

建设规模：10kV HT 线改造工程共新建 ZA-YJV22-8.7/15-3×400mm^2 电缆 0.47km，新建环网箱 2 座。

项目投资：124.82 万元。

实施年份：规划三年。

项目3：110kV变电站ZQ变ZQ八线新建工程

实施目的：DJ 线为单辐射线路，供电可靠性较差，不满足 A 类地区建设标准；优化 DJ 线、HL 线、HS 线、HX 线供电区域、消除 DJ 线迂回供电，同时优化东大街两侧电力通道。

工程说明：将 HL 线一心桥街口 2 号环网箱、HS 线一心桥街口 1 号环网箱分别就近Π接入 DJ 线，断开 HS 线一心桥街口 1 号环网箱与 DD 线的联络，撤出电缆，空出 1 孔通道；断开 HX 线由海椒市至雍锦汇侧 1 号环网箱以及雍锦汇侧 1 号环网箱至锦 TF 侧 3 号环网箱电缆，通过中接将 HX 线直接接入锦 TF 侧 3 号环网箱为 TZS 网格供电；将 DJ 线接入雍锦汇侧 1 号环网箱，由 110kV 变电站 ZQ 变电站新出一回电缆线路沿蜀都大道、二环路内侧、东大街北侧接入雍锦汇侧 1 号环网箱与 DJ 线形成联络。在一心桥横街、东大街街口附近新建环网箱一座（DJ 线 1 号），将原德胜路街口 1 号分支箱一心桥支路就近改接至

DJ 线 1 号环网箱。在一心桥街口 2 号环网箱处开断尖东旺座环网室至东恒国际配电室线路，东恒国际配电室改接就近改接至一心桥街口 2 号环网箱，消除迂回供电、空出东大街 1 孔通道，新增新希望 D10 项目居民负荷接入一心桥街口 1 号环网箱。

改造方案具体如图 13-19～图 13-22 所示。

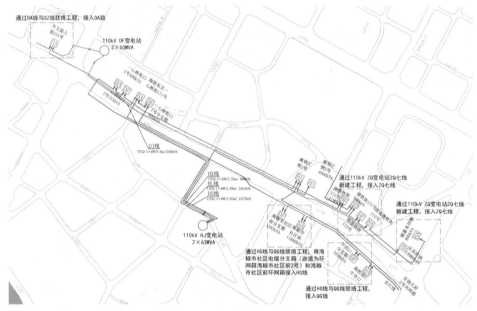

图 13-19　项目实施前地理接线图

可行性分析：经与现状管沟情况比对，目前 ZQ 变电站沿二环至东大街电力通道现有 3×4 电力排管，剩余孔位充足。

建设成效：DJ 线与 ZQ 八线组成一组单环网，优化东大街北侧（一环路至二环路）线路供区；同时东大街北侧（一环路至二环路）间空出一孔电力通道，缓解了该路段目前电力通道资源紧张的现状。

建设规模：110kV 变电站 ZQ 变电站 ZQ 八线新建工程共新建 ZA-YJV22-8.7/15-3×400mm² 电缆 1.02km，新建环网箱 1 座。

项目投资：155.08 万元。

实施年份：规划二年。

图 13-20 项目实施后地理接线图

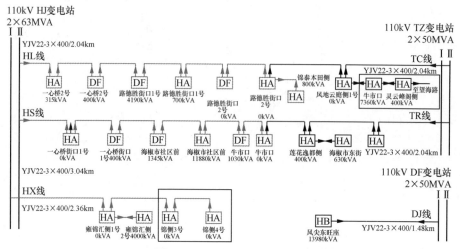

图 13-21 项目实施前拓扑图

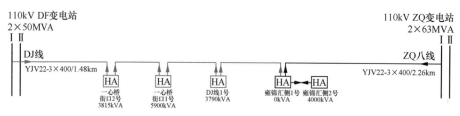

图 13-22 项目实施后拓扑图

项目4：10kV QG路改造工程

实施目的：优化 HS 线网架结构，通过 HS 线与 QG 线联络转带 DJ 线尖东旺座环网室位于东大街南侧负荷，形成供电区域连片，同时优化东大街过街通道。QG 线为 WJL 网格线路，供电半径 3.13km，供电半径过长，不满足 A 类地区建设标准，现通过 WJL 网格方案将 QG 线负荷转移至 WJ 变，QG 线就近为 DF 网格供电。

工程说明：在二环路与通宝街口开断 QG 线至中港 1 号环网箱电缆，新建电缆至海椒市东街环网箱。开断尖东旺座至国嘉新视界配电室电缆，国嘉新视界配电室改接至牛市口环网箱，同时将牛市口分支箱改造成环网箱。将海椒市社区前电缆分支箱改造为环网箱（海椒市社区前 2 号），HS 线电缆接入该环网箱，并出线至海椒市社区前环网箱。开断尖东旺座环网室至东方新城配电室电缆，东方新城配电室改接至海椒市社区前 2 号环网箱。在一心桥南街东大街路口（东大街锦东路段南 047 号井）分别开断 HS 线由 HJ 变至一心桥街口 1 号环网箱以及一心桥街口 1 号分支箱至海椒市社区前分支箱电缆，通过中接将 HS 线接入海椒市社区前 2 号环网箱；断开 HS 线与 TR 线联络。

　　改造方案具体如图 13-23～图 13-26 所示。

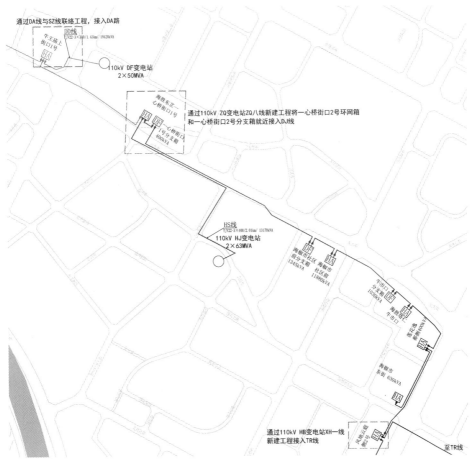

图 13-23　项目实施前地理接线图

　　可行性分析：该工程所涉及电力通道均为原线路通道，项目可实施。海椒市东街环网箱现有备用间隔 2 个，牛市口环网箱现有备用间隔 2 个，项目可实施。

图 13-24　项目实施后地理接线图

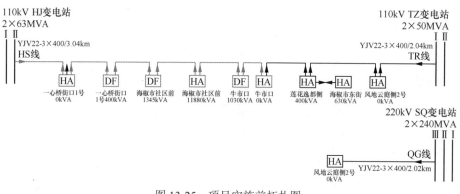

图 13-25　项目实施前拓扑图

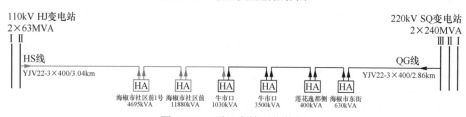

图 13-26　项目实施后拓扑图

建设成效：项目完成后，HS 线与 QG 线组成一组单环网，优化东大街南侧（一心桥南街至二环路）线路供区；同时东大街南侧（宏济中路路口至一心桥南街路口）间空出 2 孔电力通道，解决了该路段目前电力通道已用完的现状。

建设规模：10kV QG 路改造工程共新建 ZA-YJV22-8.7/15-3×400mm² 电缆

0.11km，新建环网箱 2 座。

项目投资：84.72 万元。

实施年份：规划二年。

3. 低压近期项目需求

（1）建设重点。针对 DL 网格存在 2 个重载配电变压器（DS 线 1 号公用配电变压器和莲新北路 1 号公用配电变压器）安排配电变压器布点项目，解决配电变压器重载问题，改善供电质量。

（2）现状分析。

1）DS 线 1 号公用配电变压器投运于 2016 年，变压器容量为 400kVA，低压出线回路数 2 条，低压户 206 个，户均容量为 1.94kVA/户，低压线路截面积为 150mm²，最大供电半径为 186m，最大负载率为 80.48%，为重载运行，供电区域为较场坝中街东侧。

2）HE 线莲新北路 1 号公用配电变压器投运于 2002 年，变压器容量为 400kVA，低压出线回路数 2 条，低压户 215 个，户均容量为 1.86kVA/户，低压线路截面积为 150mm²，最大供电半径为 198m，最大负载率为 85.93%，供电区域为莲花北街西侧。低压台区明细见表 13-27。

表 13-27　　　　　　　　　　低压台区明细表

序号	变压器名称	所属线路	配电变压器容量（kVA）	配电变压器型号	年最大负荷（kW）	最大负载率（%）	投运年限	低压用户数	户均配电变压器容量（kVA/户）	低压供电半径（m）
1	DS 线 1 号公用配电变压器	DS 线	400	S11-400/10	321.92	80.48	3	206	1.94	186
2	莲新北路 1 号公用配电变压器	HE 线	400	S11-400/10	343.72	85.93	18	215	1.86	198

（3）改造方案。在较场坝中街与较场坝东五街交叉口新建 400kVA 箱式变压器，断开较场坝 1 号公用配电变压器南侧低压线路，接至新建箱式变压器，解决较场坝 1 号公用配电变压器重载问题。

在莲花北街与东四街交叉口新建 400kVA 箱式变压器，断开莲新北路 1 号公用配电变压器东侧低压线路，接至新建箱式变压器，解决莲新北路 1 号公用配电变压器重载问题。

改造方案具体如图 13-27 和图 13-28 所示。

图 13-27　项目实施前地理接线图

图 13-28　项目实施后地理接线图

（4）建设成效。项目完成后，DS 线 1 号公用配电变压器、莲新北路 1 号公用配电变压器负载率预计为 45%左右，户均配电变压器容量分别为 2.78、2.90kVA/户，解决较场坝 1 号公用变压器、莲新北路 1 号公用变压器重载问题。低压台区建设成效见表 13-28。

表 13-28　　　　　　　　　低压台区建设成效单位

序号	配电变压器名称	阶段	配电变压器容量（kVA）	户数	户均容量（kVA/户）	配电变压器最大负载率（%）	供电半径（m）
1	DS 线 1 号公用配电变压器	改造前	400	206	1.94	80.48	186
		改造后	400	144	2.78	45.26	157
2	莲新北路 1 号公用配电变压器	改造前	400	215	1.86	85.93	198
		改造后	400	138	2.90	46.28	136

4. 配电自动化建设需求

（1）终端建设。DF 网格目标网架为电缆单环网，馈线自动化模式采用集中式。按照配电自动化建设原则，至规划三年，网格内现有 9 座及新建 11 座环网箱（环网室）需配置"三遥"DTU，其他开关节点设备实现"二遥"或故障监测功能即可。20 座环网箱（环网室）均需与一次建设改造同步完成。

（2）通信建设。至规划三年，DF 网格构建了 11 组电缆单环网，2 组单联络，采用集中式馈线自动化模式，主干网环网箱（环网室）配置"三遥"功能，通信方式采用光纤。根据节点通信需求，规划三年网格共有 13 组光纤。根据节点通信需求，至规划三年网格新建光纤 16.06km，光网络单元（ONU）与自动化终端为一体，不用统计工程量。

（3）自动化运行情况测试。至规划三年，待网格内终端、通信建设成熟，可采用不断电操作—晨操，通过调整双环网"开断点"对环网箱（环网室）终端 DTU 进行遥控测试，以检测自动化终端缺陷情况。

5. 电缆排管建设需求

根据目标网架建设方案，本次需求报告提出网格内各个主次干道电缆排管需求，同时结合年度建设方案，对近期电缆排管建设提出需求，建议结合 110kV 变电站 ZQ 变新敷设电缆线路，在规划一年前打通东风路、橡树林路、国信路和新桂村西五街相应路段排管，确保新建线路有效实施，以满足后续电网建设需求，上述路段电缆排管建设需求已报送市政相关部门，目前正在建设实施过程中。网格内主次干道电缆排管建设需求见表 13-29。目标年电缆排管布局示意如图 13-29 所示。

表 13-29　电缆排管建设需求汇总表

序号	道路名称	道路类型	建设起始点	排管长度（m）	布置方向	现有排管		目标网架线路回数（回）	规划排管孔数（孔）	需求排管长度（m）	排管需求建成年份
						总孔数（孔）	已用孔数（孔）				
1	国信路	次干路	二环路北—二环路	57	东侧	0	0	1	12	57	2020
2	橡树林路	次干路	橡树林东路—二环路	286	北侧	0	0	1	12	286	2020
3	新桂村西五街	次干路	宏济新路-新桂巷南	156	西侧	0	0	1	12	156	2022
4	DL 线	主干道	海椒市街-二环路	613	西侧	0	0	2	16	613	2022

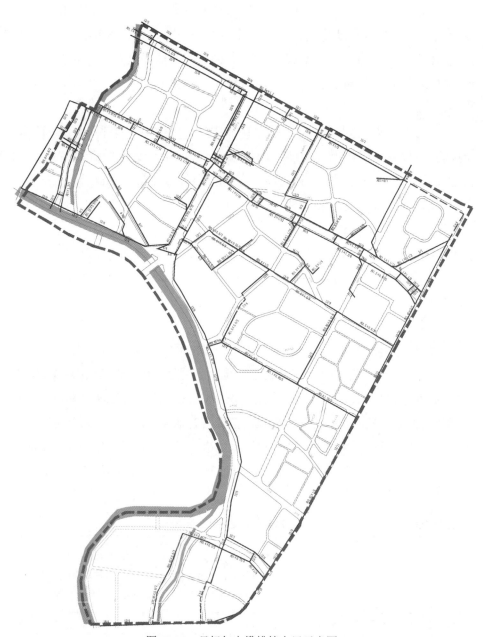

图 13-29　目标年电缆排管布局示意图

13.4.3　投资估算

过渡年 DF 网格共计安排建设改造 17 项，新建电缆线路 16.06km、环网箱 12 座，配电变压器 2 台，低压线路 0.2km，建设改造投资共计 2552.59 万元。过渡年 DF 网格配电网建设规模及投资汇总表见表 13-30。

表 13-30　　　　　过渡年 DF 网格配电网建设规模及投资汇总表

序号	实施时间	项目数量	工程量				投资
			电缆线路（km）	环网箱/室（座）	箱变（座）	低压线路（km）	
1	规划一年	5	5.55	2	0	0	689.68
2	规划二年	7	4.6	6	2	0.20	979.81
3	规划三年	7	5.91	4	0	0	883.1
	合计	19	16.06	12	0	0	2552.59

13.5　成　效　分　析

13.5.1　指标提升情况

结合配电网预计投资规模及分年度建设计划，至规划三年 DF 网格共解决 5 条重过载线路、22 条单辐射线路、26 条不通过 $N-1$ 校验线路、配电变压器重过载问题，配电网各项指标得到全面提升。至规划三年 DF 网格内 10kV 公用线路共计 38 条，配网结构均为电缆单环网接线或架空线两联络接线。

1. 全面消除重过载线路

解决了现状年存在的 5 回重载线路。通过 AS 变电站新建线路将 DD 线、DG 线跨网格线路切出，解决重载问题；通过 ZQ 变电站新出线路解决 DC 线、HL 线重载问题；通过 WX 线、WJ 线网架优化工程解决 WX 线重载问题。

2. 全面优化网架结构

通过规划一年 WX 线、HM 线联络工程等 5 项工程的实施，联络率提升至 65%，通过规划二年 ZQ 变电站 ZQ 七线、八线等送出工程的实施，将联络率提升至 75%，通过规划三年网架结构优化消除辐射线路，实现标准接线覆盖率 100%。

3. 大幅提升自动化水平

通过 20 个环网站点的新建与改造，实现配电自动化全覆盖。

4. 全面消除重过载配电变压器

通过配电变压器增容布点工程消除现状年存在的 7 台重载配电变压器（其中 5 台重载配电变压器已解决）。通过网架优化工程的实施，到规划三年底消除跨网格供电线路，实现网格与单元的独立供电。年度配电网建设指标提升情况汇总见表 13-31。

表 13-31　　　　　　　年度配电网建设指标提升情况汇总表

类型	指标名称	目标值				
		现状年	规划一年	规划二年	规划三年	目标年
网架结构	中压配电网结构标准化率（%）	5.26	40.00	70.00	100	100
	线路联络率（%）	42.11	65.00	75.00	100	100
	线路平均分段数	1.92	2.65	3.72	3~5 段	3~5 段
	架空线大分支比例（%）	0	0	0	0	0
	供电半径达标率（%）	92.11	94.74	94.74	100	100
供电能力	线路 $N-1$ 通过率（%）	31.58	54.55	75.56	100	100
	10kV 母线全停全转率	0	0	0	100	100
	变电站全停全转率	0	0	0	100	100
	重载线路比例（%）	11.63	9.52	6.98	0	0
	110kV 电网容载比	1.72	1.70	1.75	1.84	1.92
	主变压器重载比例	30%	30%	0	0	0
	中压线路绝缘化率（%）	100	100	100	100	100
配电设备	配电变压器重载率（%）	3.83	3.83	0	0	0
	配电自动化覆盖率（%）	44.74	65.38	84.26	100	100
	低压供电半径达标率	100	100	100	100	100
	三项不平衡配电变压器比例（%）	0	0	0	0	0
综合指标	供电可靠性（%）	99.979	99.983	99.985	99.992	99.994
	电压合格率（%）	99.972	99.975	99.978	99.982	99.986

13.5.2　问题解决情况

对比电网现状问题分析结果以及项目建设需求情况可知，现有 32 条线路相关问题在过渡年间项目实施后均得以解决，具体情况见表 13-32。

表 13-32　问题解决情况

序号	线路名称	所属变电站	存在问题														问题解决情况
			是否为同站联络	是否复杂联络	分段不合理	非标准接线	是否存有接入环网箱超过 10 座问题	是否为负载超过 70% 重载线路	是否为负载率低于 20% 的轻载线路	是否未通过 N-1 校验	是否存在小线径	是否存有裸导线	供电超半径	线路装接配电变压器容量 >12MVA	是否为高故障线路	
1	DG 线	DF 变				是		是		是				是		110kV TY 变电站 10kV TY 一路新建工程，解决单辐射问题
2	DH 线	DF 变				是				是						110kV ZQ 变电站 10kV ZQ 九线新建工程，优化网架工程
...	...	...														...
32	WC 线	WJ 变				是				是				是		10kV HC 线改造工程，解决单辐射问题

313

13.5.3 投资效益分析

通过建设适度超前的电网,可以为 DF 网格发展奠定坚实的基础,主要社会效益有以下几方面:

(1)根据过渡年配网投资规模,至规划期末共需要投资 2552.59 万元,负荷增长为 13.6MW,平均单位投资增供负荷为 5.33kW/万元。

(2)提升供电可靠性、安全性,改善电能质量,有利于促进企业产品质量提升,更好地满足人民生活、工作的需要。

(3)降低配网损耗,促进节能意识的普及和节能技术的广泛使用,同时可以减少环境污染,促进和谐发展。

第 14 章 县域（C 类区域）新型高质量配电网建设改造案例

14.1 区 域 基 本 情 况

14.1.1 供电概况

XQ 网格位于 HJ 县城市核心区，是县域政治、经济、文化中心。属于 C 类供电区，网格面积为 37.76km²。目前该网格用地性质以主要以居住用地、工业用地、交通设施用地为主。现状年网格内总负荷为 28.32MW，平均负荷密度为 0.75MW/km²。

14.1.2 网格（单元）划分

县级供电区域不同于 B 类及以上地区，区域统一化程度不高、负荷分布、可靠性需求、电网资源配置差异较大，结合 HJ 地区饱和负荷密度、经济发达程度、城市功能定位、用户重要程度、用电水平、GDP 等因素将本次规划范围划分为 C、D 两类供电区域，其中 C 类供电区范围为 HJ 县城区，供电面积 37.76km²，D 类供电区范围供电面积 1049.15km²。

1. 网格划分结果

本次供电网格依据前文网格划分流程，采用"自上而下"的方式划分，HJ 县农村区域面积大且负荷分布较为分散，区域内存在河流、峡谷、山脉等天然屏障，整体形成以供电所为中心向外发散式的电网，受制于以上因素，供电所之间的电气联络关系较为薄弱，因此，本次农村区域网格化原则上按照供电所的边界进行划分，同时结合现状线路的供电区域范围进行优化调整。并同远景规划方案循环校验，综合考虑 HJ 县内变电站布点以及各供电所管辖范围，将 HJ 县共划分

为 5 个供电网格，其中 C 类网格 1 个，D 类网格 4 个，具体划分结果如图 14-1
和图 14-2 所示。

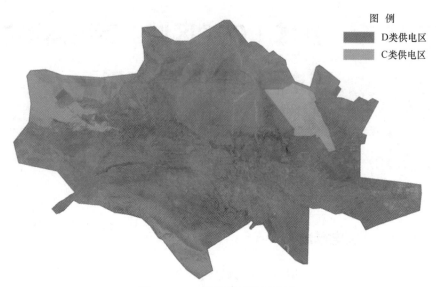

图 14-1　HJ 县供电区域划分图

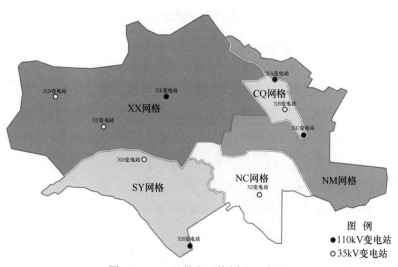

图 14-2　HJ 县供电网格划分示意图

2. 供电单元划分

本次选取的 XQ 网格按照"自上而下"划分思路进行单元划分：

第一步：区块开发程度。和谐路以西区域目前处于开发阶段，后期以工业用电性质为主，和谐路与天鹅湖路之间的带状区域为建成区（党政机关所在地），天鹅湖路以东区域靠近城郊，为自然增长区。

第二步：线路不跨越国道。HJ 县城中心由国道贯穿通过，结合政府要求，避免城市景观道路的交叉跨越，道路两侧由不同的单元进行独立供电。

第三步：参照线路供电范围。老城区线路现状存在交叉、跨越、不连等特点，划分时应考虑线路的实际供电范围，按照改造投资最小的原则进行划分。

第四步：合理控制规模。供电单元规模不宜过大，按照 1～4 组中压典型接线考虑，单元负荷应控制在 4～24MW 以内。

根据以上划分思路，XQ 网格共划分 3 个供电单元，单元具体划分结果如图 14-3 所示。

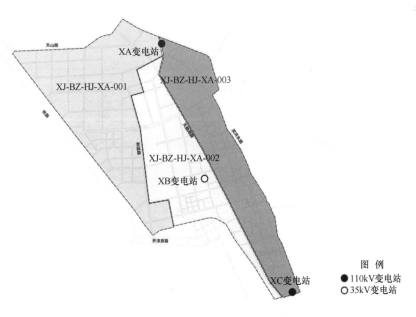

图 14-3　XQ 网格现状单元划分图

14.2　新型高质量配电网现状评估

14.2.1　高压电网

1. 电网总体概况

目前为 XQ 网格供电的变电站共 3 座，其中 110kV 变电站 2 座，分别为 XA

变（2×50MVA）、XC 变（50MVA），35kV 变电站 1 座为 XB 变（2×10MVA），3 座变电站均位于网格内。XQ 网格高压变电站布局如图 14-4 所示。

图 例
- ● 110kV变电站
- ○ 35kV变电站
- --- 网格边界

图 14-4　XQ 网格高压变电站分布图

2. 高压装备水平

以下从容量构成、间隔利用、运行年限和扩展能力 4 个方面对装备水平进行评估。变电站装备明细见表 14-1。

（1）容量构成从主变压器构成来看，110kV 变电站 XA 变为 2 台主变压器运行 XC 变目前为单台主变压器运行，35kV 变电站 XB 变为 2 台主变压器运行。

表 14-1　　　　　　　　XQ 网格 35kV 及以上变电站装备明细表

序号	电压等级（kV）	变电站名称	总容量（MVA）	主变压器编号	容量构成（MVA）	间隔总数（个）	10kV 间隔使用情况（个）			间隔利用率（%）	主变压器投运时间（年）	变电站建设型式
							公用	专用	备用			
1	110	XA 变	100	1 号	50	5	3	0	2	60	2010	半户外
				2 号	50	6	4	2	0	100	2014	半户外
2		XC 变	50	1 号	50	12	6	0	6	50	2017	半户外
3	35	XB 变	20	2 号	10	4	4	0	0	100	2009	全户外
				1 号	10	4	2	0	2	50	2014	全户外
4		合计	170	—	170	31	19	2	10	67.74	—	—

（2）间隔利用率 3 座变电站 10kV 间隔总数 31 个，剩余间隔 10 个，间隔利用率为 67.74%，整体来看 10kV 间隔资源充足，但仍存在局部变电站出线间隔紧张情况，如 XA2 号、XB 变 1 号目前已无出线间隔，下一步根据区域供电需求对以上变电站间隔进行调整、优化，提高变电站的利用效率。

（3）运行年限区域内 3 座变电站投运年限均在 20 年以内，运行情况良好。

（4）扩展能力 110kV 变电站 XC 变目前仅投运 1 台主变压器，第二台主变压器站址及出线空间已预留，具备扩建条件，其余变电站均不具备改造条件。

3. 高压运行情况

（1）容载比从区域容载比水平来看，110kV 电网容载比为 2.38，35kV 电网容载比为 1.85，容载比水平满足相关技术导则要求。变电站运行水平见表 14-2。

（2）主变压器负载水平从变电站负载水平来看，3 座变电站负载率现状年最大负载均低于 80%，不存在变电站重过载情况。

（3）主变压器"$N-1$"校验现状年最大负荷下，高压变电站主变压器"$N-1$"通过率为 40%，存在 3 台主变压器不满足主变压器"$N-1$"，主要是因为如下：

1）变电站单主变压器运行如 110kV 变电站 XC 变为单台主变压器运行。

2）主变压器负载相对较高如 35kV 变电站 XB 变主变压器负载率分别为 75.00%、69.30%，主变压器负载过高，导致主变压器"$N-1$"无法通过。

表 14-2　　　　　　　　XQ 网格 35kV 及以上变电站运行明细表

序号	变电站名称	主变压器编号	额定容量（MVA）	主变压器典型日负荷（MW）	主变压器年最大负荷（MW）	变电站典型日负荷（MW）	变电站年最大负荷（MW）	年最大负载率（%）	是否通过 $N-1$	问题分类
1	XA 变	1 号	50	11.81	15.04	25.98	30.38	33.76	是	—
2		2 号	50	14.17	18.72				是	—
3	XC 变	1 号	50	9.45	13.03	9.45	13.03	26.06	否	单主变压器运行
4	XB 变	1 号	10	5.11	7.5	9.76	12.99	64.94	否	2 类问题
5		2 号	10	4.65	6.93				否	2 类问题

4. 高压网架结构

110kV 电网为单链式接线，其中 110kV 变电站 XA 分别接入 220kV 变电站 A 变、B 变，XC 变分别接入 220kV 变电站 A 变、C 变。35kV 电网单辐射式接线，XB 单辐射接入 110kV 变电站 XA 变。变电站网架结构如图 14-5 所示。

319

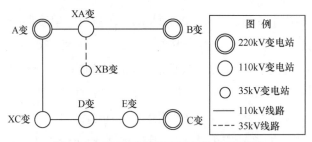

图 14-5　XQ 网格现状高网架结构示意图

14.2.2　中压电网

1. 网架结构

XQ 网格现有 10kV 公用线路 13 条,以下从线路联络情况、标准接线、线路分段、线路供区、供电半径及低电压方面进行分析。

(1)联络情况 XQ 网格现状 13 条 10kV 线路联络率为 100%,存在 1 条同站联络线路(XB 五线),站间联络率为 92.31%。

(2)非标准接线分析 XQ 网格 10kV 公用线路标准接线比率为 15.38%,其中 XB 五线、XB 三线采用架空多分段单联络接线,其余 11 条线路均存在 2 个及 2 个以上的联络点,为非标准接线。

(3)联络效率分析 XQ 网格 10kV 线路均已实现联络,但存在线路复杂联络、支线联络、联络点不合理、无效联络等问题,如:XB 一线与 XC 二线、XB 五线、XA 二线形成复杂联络;XA 四线与 XA 五线联络为支线联络,不能实现负荷有效转移;XA 五线与 NK 线联络中,XA 五线失电时负荷只能单方向转移;在后续建设改造方案编制中,逐步优化网架结构,提高线路联络效率。

(4)分段情况分析 XQ 网格 10kV 公用线路平均分段数为 2.92 段,整体来看,分段数较为合理(3~5 段之间),平均分段容量为 5984kVA/段,分段容量偏大;13 条线路中存在 12 条线路分段不合理,其中 10 条线路存在分段容量过大问题,2 条线路分段数小于 3 段。

从单条线路来看,线路分段差异较大,以下选取典型线路进行分段容量分析。

XA 三线第Ⅱ段、第Ⅲ段分段容量分别为 21850、7468kVA,分段容量过大,分段设置不合理,负荷集中在第Ⅱ段一支线上。XA 三线分段情况如图 14-6 所示。

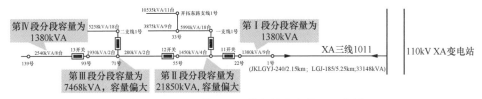

图 14-6　XQ 网格 XA 三线主线分段情况示意图

（5）供电半径分析 XQ 网格 10kV 公用线路平均供电半径为 3.08km，按照 C 类供区 10kV 线路供电半径建议标准不大于 5km，有 2 回线路供电半径超标，分别为 XA 三线、XA 五线，但均未出现低电压情况。XQ 网格供电半径明细如图 14-7 所示。

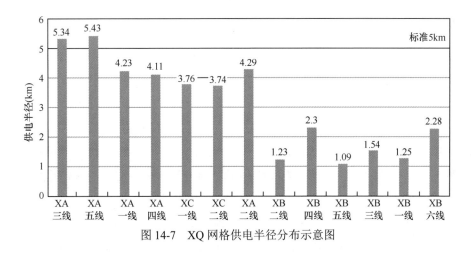

图 14-7　XQ 网格供电半径分布示意图

（6）线路供区分析 XQ 网格共存在 2 条线路跨区域供电，分别为 XA 二线、XC 一线，按照不同类型区域供电可靠性要求，后期应对以上线路进行供区优化。XQ 网格共存在 5 条线路跨网格（单元）供电，分别 XA 三线、XA 四线、XB 五线、XA 二线、XB 一线，后续建设改造方案中应结合"网格化、单元制"理念对此类线路供电范围进行优化，进行差异化改造提升。

（7）线路分支分析。

1）支线型号 XQ 网格一级支线 25 条，支线开关 25 台，分支线型号以 JKLYJ-150、JKLYJ-120 为主，满足 C 类区域支线选型标准。

2）装接容量分支线容量超过 5000kVA 的线路 8 条，分别为 XA 三线一支线、XA 三线二支线、XA 五线一支线、XC 一线老二营分支线、XC 二线 KZD

路支线、XB 四线团结东路支线、XB 三线文化西路支线及静关二线夏孜尕提支线，后续将对此类支线进行改造。

3）开关设备 25 条支线线路中，20 条支线 1 号杆已安装分支开关，其中 XA 一线荣合木业分支线、XB 一线 63650 部队分支线、XB 四线 JCY 分支 1 号开关为跌落式熔断器（无保护配置），XA 三线三支线、XA 五线红彤彤支线、XB 五线友好西路支线、XB 三线东归大道东支线 1 号杆未加装开关。

（8）配电变压器接入方式分析 XQ 网格 13 条公用线路直接 T 接主干线且接火点侧未配置开关的配电变压器共 32 台，T 接主干线配置开关但无保护的配电变压器共 74 台。从单条线路配电变压器接入方式来看，XB 五线、XB 四线、XB 六线、XA 三线、XC 一线 T 接无开关或（有开关无保护）配电变压器台数分别为 25、17、11、10、9 台，单条线路直接 T 接配电变压器台数过多且无合理隔离措施会导致线路越级跳闸、扩大停电范围，后续结合年度工程项目对此类线路进行优先改造。

2. 运行水平

（1）线路负载率现状年 XQ 网格 10kV 公用线路最大负载率平均值为 41.33%，网格内无重过载线路，存在 1 条轻载线路，为 XB 三线，现状年线路最大负载率为 11.63%，主要是因为该线路挂接容量为 5980kVA，线路挂接容量较少，后期将优化用户供电方式，合理控制线路负荷水平。

（2）线路"N-1" XQ 网格 10kV 线路均能满足线路"N-1"校验，"N-1"通过率为 100%，以下为各线路"N-1"校验情况。XQ 网格"N-1"校验明细见表 14-3。

表 14-3　　　　XQ 网格 10kV 线路"N-1"校验情况明细表

序号	线路名称	所属变电站	线路限流（A）	典型日最大电流（A）	联络线路名称	线路限流（A）	典型日最大电流（A）	是否满足 N-1
1	XA 三线	XA 变	465	196.88	XB 四线	305	48.71	是
					XB 六线	360	94.89	
2	XA 五线	XA 变	360	79.28	XA 四线	465	74.36	是
					NK 线	510	47.56	
					XC 六线	600	200	
⋮	⋮	⋮	⋮	⋮	⋮	⋮	⋮	⋮
13	XB 六线	XB 变	360	94.89	XB 四线	305	48.71	是
					XA 三线	465	196.88	

（3）配电变压器负载率 XQ 网格现状年公用配电变压器最大负载率平均值为 42.65%，其中重过载配电变压器 8 台，占比 10.12%，后期对此类配电变压器运行状态加强检测，进行增容改造。XQ 网格重过载变压器明细见表 14-4。

表 14-4　　　　　　　　　　XQ 网格重过载配电变压器明细表

序号	配电变压器名称	所属线路	配电变压器容量（kVA）	负载率（%）	状态
1	县医院公用配电变压器	XC 二线	630	90.83	重载
2	查村二组 B 变压器	XA 一线	200	92.48	重载
3	夏村五组公用配电变压器	XB 六线	400	94.76	重载
4	拉布润 2 号公用配电变压器	XB 六线	400	100.52	过载
5	夏村四组 I 公用配电变压器	XB 六线	400	102.65	过载
6	夏尔布拉克四组抗震小区公用配电变压器	XB 六线	400	123.56	过载
7	红山养殖场公用配电变压器	XA 二线	200	154.26	过载
8	五组 A 公用配电变压器	XC 六线	100	224.22	过载

（4）配电变压器三相不平衡情况 XQ 网格现状年出现三相不平衡情况 63 次，持续时间 164h，涉及配电变压器 6 台，涉及低压用户数 192 户。XQ 网格变压器三相不平衡明细见表 14-5。

表 14-5　　　　　　　　　　XQ 网格配电变压器三相不平衡情况明细表

序号	线路名称	配电变压器名称	发生天数（天）	发生次数（次）	发生时长（h）	配电变压器容量（kVA）	用户数（户）
1	XB 六线	9 号夏村五组公用配电变压器	5	6	13	400	43
2	XC 二线	16 号夏村一组公用配电变压器	8	11	33	315	45
3	XA 一线	3 号查村二组 B 变压器	10	12	27.5	200	37
4	XB 五线	号 8 团结东区公用配电变压器	12	17	49	315	21
5	XC 一线	夏尔布拉克四组抗震小区公用配电变压器	13	15	37.5	400	28
6	XC 一线	夏村四组 I 公用配电变压器	2	2	4	400	18
7		合计	50	63	164		192

（5）配电变压器低电压情况 XQ 网格现状年共出现低电压情况 3 次，持续时间 6.5h，涉及配电变压器 2 台，分别为 10kV XA 二线号 4 查村牧业队公用变压器、10kV XB 二线号 5 查汗通古牧业队 B 变压器，涉及低压用户数 41 户，后期将对此类问题进行改造。XQ 网格低电压变压器明细见表 14-6。

表 14-6   XQ 网格配电变压器低电压情况明细表

序号	线路名称	配电变压器名称	发生次数（次）	发生时长（h）	配电变压器容量（kVA）	最高电压（V）	最低电压（V）	用户数（户）
1	XA 二线	4 号查村牧业队公变	1	1	50	269	176.4	27
2	XB 二线	1 号 5 查汗通古牧业队 B 变	2	5.5	50	268.2	167.3	14
3	合计		3	6.5	—	—	—	41

3. 装备水平分析

（1）线路线规 XQ 网格 10kV 主干线以 JKLGYJ-240、LGJ-185、LGJ-120 型号为主，XB 四线 25～89 号杆线路型号为 LGJ-95，后续对于区域 LGJ-120、LGJ-95 进行逐步改造，提升线路的装备水平。

（2）投运年限从线路运行年限来看，XB 一线运行时间为 21 年，XB 六线投运为 22 年，其余线路投运年限均在 20 年以内。

（3）安全隐患线路安全隐患方面，9 条线线路存在树障、电缆头脱落、线路垂弧较大、表象损坏、安全距离不足等问题，以下为线路具体问题明细表。XQ 网格 10kV 线路安全隐患见表 14-7。

表 14-7   XQ 网格 10kV 线路安全隐患问题明细表

序号	线路名称	存在问题
1	XA 五线	主线 01 号杆 BC 两相对杆体安全距离不足
		主线 01 号杆电缆头接地脱落
⋮	⋮	⋮
8	XB 六线	3～4 号杆存在树障

（4）公用配电变压器 XQ 网格共有 10kV 公用变压器 79 台，XQ 网格公用变压器明细见表 14-8。

表 14-8   XQ 网格公用配电变压器明细表

序号	装备水平		数量（台）	占比（%）
1		S9	22	27.85
2		S10	8	10.13
3	配电变压器型号	S11	14	17.72
4		S13	11	13.92
5		SBH15	24	30.38

续表

序号	装备水平		数量（台）	占比（%）
6	配电变压器容量	50kVA	5	6.33
7		100kVA	13	16.46
8		125kVA	8	10.13
9		160kVA	4	5.06
10		200kVA	29	36.71
11		250kVA	5	6.33
12		315kVA	8	10.13
13		400kVA	7	8.86
14	运行年限	5 年以内	29	36.71
15		5～10 年	28	35.44
16		10～15 年	8	10.13
17		15～20 年	11	13.92
18		20 年以上	3	3.80

（5）公用配电变压器型号　XQ 网格配电变压器主要以 S9、S10、S11、S13、SBH15 型号为主，占比分别为 27.85%、10.13%、17.72%、13.92%、30.38%，不存在 S7 及以下的高损配电变压器，下一步对运行时间较长（18 年以上）的 S9 系列配电变压器逐步进行更换，提高变压器能效标准。

（6）公用配电变压器容量　配电变压器容量主要以 400、315、200kVA 为主，占比分别为 8.86%、10.13%、36.71%，存在 100kVA 及以下小容量配电变压器 18 台，占比为 22.78%，此类配电变压器应结合区域负荷发展，逐步增容改造，满足区域负荷发展需求。

（7）公用配电变压器运行年限　从运行年限来看，72.15% 的公变运行年限在 10 年以内，运行年限超过 20 年的配电变压器 3 台。

4．故障及投诉

（1）线路停电情况　近三年，XQ 网格 10kV 线路停电共计 117 次（计划停电 40 次、故障停电 77 次），共计影响停电时户数 14046.88 时·户（计划停电影响 6473.36 时·户、故障停电影响 7573.52 时·户）。故障停电次数占比为 65.8%，从故障原因来看，用户因素导致线路故障的占比达到 61.03%，为停电主要原因。XQ 网格故障明细见表 14-9。

表 14-9　　　　　　　　XQ 网格现状年线路停电情况统计表

停电情况及故障分类		现状前二年	现状前一年	现状年
总停电次数及停电时户数		43 次，4880.87 时·户	38 次，4970.94 时·户	36 次，4195.07 时·户
计划停电次数及停电时户数		15 次，1875.66 时·户	12 次，2516.07 时·户	13 次，2081.63 时·户
故障停电次数及停电时户数		28 次，3005.21 时·户	26 次，2454.87 时·户	23 次，2113.44 时·户
故障停电原因分类次数统计	用户原因	17	18	12
	运维管理原因	1		1
	设备故障	4	3	4
	外力破坏	2	1	3
	自然原因	4	4	3
	巡视未见异常	0	0	0
运检类投诉情况		5	4	3

现状年 XQ 网格停电 36 次，停电时户数为 4195.07 时·户。其中计划停电 13 次，停电时户数为 2081.63 时·户；故障停电 23 次，停电时户数为 2113.44 时·户。其中故障原因主要为用户原因（12 次），占比为 52.17%。

现状年线路故障停电涉及 10kV 线路 7 条，XA 五线（8 次）、XA 三线（5 次）、XA 四线（4 次）、XB 五线（2 次）、XC 一线（2 次）、XB 六线（1 次）、XC 二线（1 次），其中 XA 五线、XA 三线、XA 四线 3 条线路跳闸次数均超过 3 次，属高故障线路。1012XA 五线分析如下：

XA 五线故障停电 8 次，总停电时户数为 1572.91 时·户。从故障原因来看，①因用户原因造成故障停电次数 5 次，主要表现为断路器引线断裂、熔断器烧毁、用户电缆头爆炸等原因；②因自然原因造成故障停电次数 2 次，主要为电杆老化破损、大雨天气用户跌落式熔断器绝缘击穿等原因；③因运维管理原因造成故障停电次数 1 次，具体表现为 XA 主干 86 杆开度河水务支线 72-76 号杆通信光缆搭挂至配电线路裸导线导致线路接地故障。从停电时户数来看，XA 五线平均故障停电时户数为 196.6 时·户，其中有 1 次故障记录停电时户数为 882 时·户，停电数户数较大。

从停电范围来看，因开都河水务公司跌落式熔断器烧毁导致 XA 五线主线（第二分段）停电，影响配电变压器台数 63 台。开都河水务专用变压器接入如图 14-8 所示。

（2）带电作业开展情况 HJ 县公司已配置带电作业车辆 1 辆，由于技术人员、相关专业资质证等原因，目前暂未开展带电作业工作。

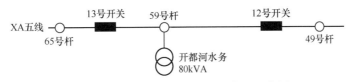

图 14-8　开都河水务专用变压器接入示意图

5. 电力通道情况

（1）通道现状情况 XQ 网格以架空网为主，架空通道总体通道良好。

（2）通道问题及需求经现场调研，XA 三线、XA 一线、XA 二线、XB 五线、XB 六线 5 条线路部分线路存在树障情况，此类线路应加强巡视和管理，避免因树线矛盾造成故障停电；结合区域发展，巩乃斯路后期将作为 10kV 网架主通道，目前马路两侧均被铁路专线（静铁线）占用，将制约 XQ 网格 10kV 网架进一步发展，需加强和用户沟通，进行沟道整治，提高 XQ 网格通道资源利用率。XQ 网格电力通道明细见表 14-10 和图 14-9。

表 14-10　　　　　　　　　XQ 网格电力通道问题明细表

序号	线路名称	存在问题
1	XA 三线	主干 04-08 号杆存在树障 16 棵，主干 40～42 号杆存在树障 4 棵
2	XA 一线	1～5 号、14～16 号杆存在树障 10 棵
3	XA 二线	1～5 号、14～16 号杆存在树障 10 棵
4	XB 五线	主干 3～4 号杆、15～19 号杆、21～22 号杆、38～41 号杆、46～47 号杆杆存在树障 21 棵
5	XB 六线	3～4 号杆存在树障 4 棵

图 14-9　XQ 网格架空廊道现场实拍图

6. 自动化建设情况

（1）主站情况配电自动化主站系统于 2014 年建成投运，系统型号为北京科东 D5000，建设规模为中型主站，系统采用"主站+终端"两层架构，主站集中控制模式。现状年以"N+1"模式建设符合国网公司要求的新一代配电自动化主站系统，新增区域化的管理信息大区，监管配电自动化系统业务。

按照配电自动化"市县一体化"的部署模式，后期将在 HJ 县公司部署远程工作站，市公司部署数据采集服务器，实现县公司配电网设备、馈线运行数据的采集与处理，县公司通过远程工作站调用市公司主站系统的功能服务和配网运行数据，实现对县公司所辖区域配电网运行状态的实时监控和馈线自动化等功能。

（2）通信方式目前 XQ 网格自动化通信方式为无线公网。

（3）智能终端 XQ 网格 13 条 10kV 线路均已配置 FTU 或智能开关，自动化覆盖率为 100%；79 台公用配电变压器中，目前所有配备均具备遥测、遥信功能，配电变压器智能融合终端覆盖率为 100%。

7. 专线及重要客户供电情况

XQ 网格内有专线客户 2 户，专线 2 条，客户专线装接总容量 14.75MVA，分别为交通、工业性质，建议与客户协商，优化 XA 八线 1026 出线间隔，改由公网线路供供点，提高 XA 变间隔利用率。XQ 网格专线明细见表 14-11。

表 14-11　　　　　　　　　　XQ 网格专线情况明细表

序号	户名	电源情况			限额电流（A）	最大电流（A）	批准容量（kVA）	负载率（%）	投运时间（年）
		变电站	馈路名称	间隔号					
1	铁路局	XA 变	XA 九线	1022	360	171.43	8250	47.62%	2012
2	毛纺厂	XA 变	XA 八线	1026	360	128.28	6500	35.63%	2017

14.2.3　低压电网

XQ 网格共有公用配电变压器 79 台，0.4kV 线路总长度为 118.97km，其中电缆线路总长 4.46km，架空线路总长 214.37km，电缆化率为 2.04%，架空线绝缘化率为 73.46%。低压线路平均供电半径 438.56m，总供电户数 9438 户，户均容量 1.94kVA/户。XQ 网格低压明细见表 14-12。

表 14-12　　　　　　　XQ 网格 0.4kV 配电网信息统计表

序号	指标			数值
1	公变数量（台）			79
2	用户数（户）			9438
3	低压线路	线路数量（条）		125
4		低压线路长度（km）	架空裸导线	56.9
5			架空绝缘线	157.47
6			电缆	4.46
7		低压线路绝缘化率（%）		73.46
8		低压线路电缆化率（%）		2.04
9		导线截面积（mm²）		50、70
10		平均供电半径（m）		438.56
11		户均配电变压器容量（kVA/户）		1.94

14.3　负　荷　预　测

14.3.1　预测思路与方法

从历年电量和负荷增长规律来看，HJ 县本次规划区内负荷需求迎来了持续性增长期，近五年负荷平均增速为 6.89%，电量平均增速为 6.57%。考虑本次电力负荷预测区域范围及可收集到的相关数据准确性和适用性，考虑各类预测方法的适用性，本次 XQ 网格远景负荷预测采用基于城市总体规划的"空间负荷预测法"进行，同时考虑原城市总体规划未体现的电动汽车充电桩站及 5G 基站负荷和电采暖负荷；XQ 网格近期负荷增长点主要是现状已有负荷的自然增长和新增报装用户负荷。因此，采用"自然增长率法+大用户法"法预测近中期负荷。

14.3.2　规划饱和年电力需求预测

1. 用地规划

依据《HJ 县城市总体规划》（2018—2030 年），采用空间负荷预测法，同步考虑网格内多元负荷接入情况，预测目标年负荷结果。网格总用地面积 37.76km²，主要以居住用地、工业用地、交通设施用地为主，占比分别为 20.69%、14.97%、8.22%。其远景用地平衡表见表 14-13。

表 14-13   XQ 网格远景用地平衡表

用地名称			占地面积（km²）
居住用地（以小区为单位）	R1	一类居住用地	0.46
	R2	二类居住用地	7.354
公共管理与公共服务用地（以用户为单位）	A1	行政办公用地	0.38
	A2	文化设施用地	0.071
	A3	教育用地	0.881
	A4	体育用地	0.205
	A5	医疗卫生用地	0.126
	A6	社会福利设施用地	0.102
	A7	文物古迹用地	0.011
	A9	宗教设施用地	0.006
商业设施用地（以用户为单位）	B1	商业设施用地	2.103
	B2	商务设施用地	0.103
	B3	娱乐康体用地	0.006
	B4	公用设施营业网点用地	0.053
工业用地（以用户为单位）	M1	一类工业用地	2.088
	M2	二类工业用地	3.564
仓储用地	W1	一类物流仓储用地	0.853
交通设施用地	S2	城市道路用地	2.38
	S3	综合交通枢纽用地	0.038
	S4	交通场站用地	0.272
	S9	区域交通设施用地	0.414
公用设施用地	U1	供应设施用地	0.345
	U2	环境设施用地	0.443
	U3	安全设施用地	0.042
	U9	其他公用设施用地	0.042
绿地	G1	公园绿地	0.991
	G2	防护绿地	2.393
	G3	广场用地	0.012
特殊用地	H4	安保用地	3.881
非建设用地	E1	水域	0.387
农用地	E2	农林用地	7.757
总计	—	—	37.761

2. 负荷预测结果

根据以上各种不同用地性质、选取相对应的负荷密度、容积率、需用系数，结合 XQ 网格用地规划情况，利用空间负荷预测法，同时考虑区域充电桩等多元负荷用电需求，得到 XQ 网格饱和年负荷结果。各供电单元负荷预测结果见图 14-10 和表 14-14。

图 14-10　XQ 网格总体规划示意图

表 14-14　　　　　　　　　　XQ 网格饱和年负荷预测结果明细表

序号	网格名称	供电面积（km²）	单元名称	分类负荷（MW）	现状年负荷（MW）	饱和年负荷预测结果（MW）			负荷密度（MW/km²）		
						低方案	中方案	高方案	低方案	中方案	高方案
1	XQ 网格	15.93	01单元	空间负荷预测	—	10.27	11.67	12.31	0.77	0.86	0.90
				光伏负荷	—	—	—	—			
				充电桩	—	2	2	2			
				煤改电	—	0	0	0			
				预测结果	7.44	12.27	13.67	14.31			
2		11.25	01单元	空间负荷预测	—	12.51	13.31	13.98	1.36	1.45	1.51
				光伏负荷	—	—	—	—			
				充电桩	—	3	3	3			
				煤改电	—	0	0	0			
				预测结果	14.85	15.33	16.31	16.98			

序号	网格名称	供电面积（km²）	单元名称	分类负荷（MW）	现状年负荷（MW）	饱和年负荷预测结果（MW）			负荷密度（MW/km²）		
						低方案	中方案	高方案	低方案	中方案	高方案
3	XQ网格	10.58	01单元	空间负荷预测	—	10.68	11.37	11.93	1.19	1.26	1.32
				光伏负荷	—						
				充电桩	—	2	2	2			
				煤改电	—	0	0	0			
				预测结果	8.16	12.56	13.37	13.93			
4	同时率	—			0.93	0.93	0.93	0.93	—	—	—
5	合计	37.76	—	—	28.32	37.35	40.32	42.05	1.1	1.17	1.22

根据负荷预测结果，到饱和年 XQ 网格最大负荷在 37.35MW 至 42.05MW 之间，选取中方案为预测结果，中方案预测结果为 40.32MW，平均负荷密度为 1.17MW/km²，达到 C 类供区标准。

14.3.3 规划水平年电力需求预测

调研历史年负荷数据，分析负荷增长情况，作为"十四五"期间负荷增速的参考，同步收集网格内新增负荷及开发热点区域，采用"自然增长+大用户"的预测方法预测网格近中期负荷。

1. 近期客户报装

XQ 网格近期无报装客户。

2. 多元负荷接入

XQ 网格近期无光伏、煤改电接入，预计接入充电桩 42 个，接入容量 612kW，XQ 网格充电桩规划明细见表 14-15。

表 14-15　　　　　　　XQ 网格充电桩规划统计表

序号	用电设备	充电桩类型（kW/桩）	01单元		02单元		03单元	
			数量	容量（kW）	数量	容量（kW）	数量	容量（kW）
1	大功率充电桩	60	1	60	2	120	3	180
2	小功率充电桩	7	3	21	16	112	17	119
3	合计	—	4	81	18	232	20	299

3. 近期负荷预测结果

预计至规划二年，XQ 网格负荷达到 31.32MW，至目标年 XQ 网格负荷达到 34.06MW，"十四五"期间，负荷年均增长率为 4.71%。从单元负荷增长情况看，01 单元位于开发区内，"十四五"期间负荷增速相对较高，增速为 6.89%，符合发展区域负荷增长规律，02 单元为建成城区，负荷增速较小（3.44%），03 单元为自然增长区，随着用户入住率增加，负荷略有所增长，增速为 4.72%。XQ 网格过渡年负荷预测结果见表 14-16。

表 14-16　　　　　XQ 网格过渡年负荷预测结果明细表

序号	网格名称	供电面积（km²）	单元名称	分类负荷（MW）	现状年（MW）	规划一年（MW）	规划二年（MW）	规划三年（MW）	目标年（MW）	"十四五"增长率（%）
1		15.93	XJ-BZ-HJ-CQ-001-J1/C3	自然增长	—	7.98	8.50	9.05	9.64	6.89
				大用户报装	—	—	—	—	—	
				光伏负荷	—	—	—	—	—	
				充电桩	—	—	0.04	0.05	0.07	
				煤改电	—	—	—	—	—	
				预测结果	7.44	7.98	8.54	9.10	9.71	
2	XQ网格	11.25	XJ-BZ-HJ-CQ-002-J1/C2	自然增长	—	15.33	15.82	16.32	16.84	3.44
				大用户报装	—	—	—	—	—	
				光伏负荷	—	—	—	—	—	
				充电桩	—	—	0.2	0.1	0.16	
				煤改电	—	—	—	—	—	
				预测结果	14.85	15.33	16.02	16.42	17.00	
3		10.58	XJ-BZ-HJ-CQ-003-J1/C1	自然增长	—	8.55	8.92	9.30	9.70	4.72
				大用户报装	—	—	—	—	—	
				光伏负荷	—	—	—	—	—	
				充电桩	—	0.6	0.2	0.2	0.2	
				煤改电	—	—	—	—	—	
				预测结果	8.16	9.15	9.12	9.50	9.90	
4	同时率	—	—	—	0.93	0.93	0.93	0.93	0.93	
5	合计	37.76	—	—	28.32	30.19	31.32	32.58	34.06	—

14.4　建设改造方案

14.4.1　高压配电网建设方案

过渡年 XQ 网格内无新建变电站，规划三年新建 XC 变 2 号主变压器（容量为 50MVA），变电站建设情况见表 14-17。

表 14-17   XQ 网格变电站建设时序表

序号	变电站名称	电压等级（kV）	新建/扩建	现状年	规划一年	规划二年	规划三年	目标年
1	XA 变	110	—	100	100	100	100	100
2	XC 变	110	扩建	50	50	50	100	100
3	XB 变	35	—	20	20	20	20	20
4	合计	—	—	170	170	170	220	220

14.4.2 中压配电网建设方案

XQ 网格中压配电网过渡年项目重点是缩小 35kV 变电站 XB 变供电区域，通过 XC 二台主变压器的配套形成 XC 变与 XA 变 2 座 110kV 变电站之间的联络，并通过新建环网箱合理规范配电变压器及分支的接入，使得 XQ 网格形成标准的单联络网架。

过渡年 XQ 网格配电网项目建设重点解决线路复杂联络、供电范围不合理等问题，并安排重载、高损耗配电变压器、三相不平衡、低电压配电变压器台区改造，形成标准接线组，解决供电范围不合理等问题。

项目1：110kV XA变电站10kV XA五线网架优化工程

实施目的：①XA 五线供电距离过长；②XA 五线末端存在联络，但是无法进行负荷转移；③XA 四线线一分支现状为跨单元供电线路；④XA 五线部分主干为 LGJ-120 裸导线，不符合线路主干选型标准；⑤XA 五线一支线为大支线容量为 8410kVA；⑥存在直接 T 接主干线的配电变压器。

工程建设方案：主接线方案：①从 XA 变新出同杆双回线路，沿金山路、建设路建设至奋进路路口。一回 XA 四线沿着奋进路向西建设并在建设八路向北建设与原 XA 五线联络，形成单联络，另外一回 XA 六线与 XC 新建线路组网。②将 XA 五线全线进行绝缘化改造，由原 LGJ-120 线路更换为 JKLGYJ-240 线路，并从 62 号杆向南沿建设八路新建架空线路与 XA 四线联络。③拆除 XA 五线与 NK 线无效联络开关。改造方案具体如图 14-11～图 14-13 所示。

图 14-11　改造前地理接线图

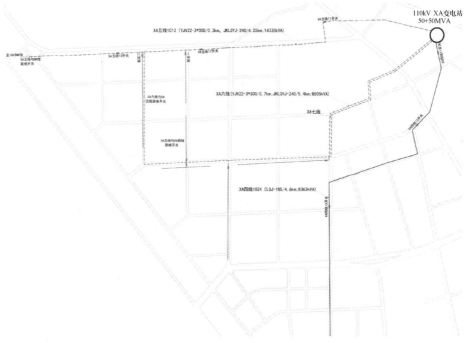

图 14-12　改造后地理接线图

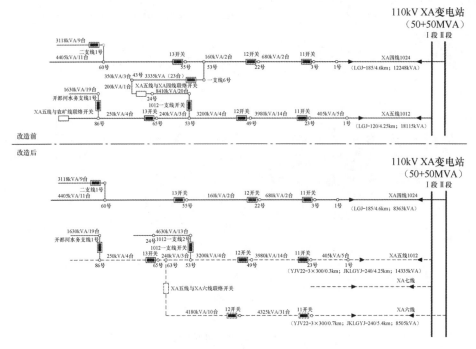

图 14-13　改造前后拓扑图

支线方案：①将原 XA 四线线一支线线路负荷，全部由新建 XA 四线转带；②将原 XA 四线线一支线希望路三分支线接入新建 XA 四线，将原 XA 五线一支线的 19 号杆支线的 10 号杆负荷由原 XA 四线线一支线希望路三分支线转带，并断开与原线路的连接，并加装断路器；③将原 XA 五线一支线希望路五分支线 41-42 号打断分别接入 XA 四线，上端带至 XA 五线一支线的 18 号杆，拆除 17-18 杆之间的线路，17 号杆之前由 XA 五线带，并新建柱上开关 1 台。

工程建设成效：提高了 XA 五线的供电可靠性，解决了 XA 五线一支线的大支线以及 XA 四线线一分支跨单元的问题。

通道校核：新建线路沿道路建设，通道良好。

工程规模：本工程新建 JKLGYJ-240 型架空线路 11.25km，新建 YJV22-3×300 型电缆线路 2km；一、二次融合开关 6 座。

工程总投资：525.5 万元。

项目2：0.4kV电网项目需求工程

XQ 网格现状共存在 161 台问题公用变压器，其中重过载配电变压器 8 台（包含 4 台三项不平衡）；低电压配电变压器 2 台；三项不平衡配电变压器 2 台（除重过载）；轻载配电变压器 16 台；其中轻载配电变压器不作为本次解决的问题配电变压器。

实施目的：

（1）县医院公用变压器、查村二组 B 变压器等 8 台配电变压器为重过载配电变压器，无法满足新增负荷的接入。

（2）4 号查村牧业队公用变压器和查汗通古牧业队 B 变压器不在负荷中心，末端用户存在低电压。

（3）16 号夏村一组公用变压器和 8 号团结东区公用变压器存在三相不平衡的问题。

工程说明：

（1）对县医院公用变压器、查村二组 B 变压器等 8 台配电变压器重过载配电变压器，其中 3 台进行增容改造、5 台进行新加配电变压器布点。

（2）对 4 号查村牧业队公用变压器和查汗通古牧业队 B 变配电变压器进行增容改造。

（3）对 16 号夏村一组公用变压器和 8 号团结东区公用变压器进行新增布点改造。

可行性分析：经与现状情况比对，项目可实施。

工程规模：共计新建配电变压器 12 台配电变压器，新建低压线路 5.6km，新建 10kV 线路 1.95km。

建设成效：该项目实施后，可以提高低压线路的供电能力、可以解决台区三相不平衡、低电压等问题，合理分配低压台区负载，改善线路经济运行现状，提高供电可靠性，以满足当地经济发展的基本需求。

项目投资：354.6 万元。

14.4.3 投资估算

XQ 网格过渡年共计安排中压项目 5 个，低压项目 1 个，共计投资 2716.4 万元。共计新建中压架空线路 50.81km。新建电缆线路 5.7km，新建环网箱 7 座，新建柱上开关 29 台，新建配电变压器 12 台，新建低压架空线路 5.6km，新建 TTU12 台。中低压配电网建设工程量明细见表 14-18。

新型配电网建设改造 案例解析

表14-18　　　　　　　　　　　中低压配电网建设工程量

编号	电压等级	项目需求类型	项目数	工程量											投资估算（万元）
				架空线路（km）	电缆线路（km）	环网箱（座）	DTU（台）	柱上开关	FTU（台）	配电变压器（台）	低压电缆线路	低压架空线路	低压电缆分支箱	TTU（台）	
1	10kV	优化网架结构	3	27.31	5.1	7	7	11	11	0	0	0	0	0	1506.8
2		提升装备水平	0	0	0	0	0	0	0	0	0	0	0	0	0
3		改善供电质量	2	21.55	0.6	0	0	18	18	0	0	0	0	0	855
4		提升智能化水平	0	0	0	0	0	0	0	0	0	0	0	0	0
5	0.4kV	改善供电质量	1	1.95	0	0	0	0	0	12	0	5.6	0	12	354.6
6		提升智能化水平	0	0	0	0	0	0	0	0	0	0	0	0	0
		合计	6	50.81	5.7	7	7	29	29	12	0	5.6	0	12	2716.4

14.5　成　效　分　析

14.5.1　指标提升情况

XQ 网格中压配电网结构标准化率由现状年的 15.38%提高为目标年的 100%；中压架空线路分段合理率由现状年的 7.69%提高至目标年的 100%；中压架空线大分支线比例由现状年的 53.85%降低至目标年的 0%；中压线路供电半径达标率由现状年的 84.62%提高至目标年的 85.71%。

配电设备装备运行水平进一步得到提升。至目标年 10kV 中压架空线路绝缘化达到 100%，线路主干选型达标率保持 100%，全面降低重载配电变压器及三相不平衡配电变压器，配电变压器重（过）载率由现状年的 10.12%降低至目标年的 0%；三相不平衡配电变压器比率由现状年的 7.59%降低至目标年的 0%；低电压配电变压器比率由现状年的 2.53%降低至目标年的 0%。XQ 网格中低压配电网指标提升情况见表 14-19。

表 14-19　　　　　　　　XQ 网格中低压配电网指标提升情况

类型	指标名称	现状值	预计成效值			
			规划一年	规划二年	规划三年	目标年
网架结构	中压配电网结构标准化率（%）	15.38	28.57	100	100	100
	中压线路有效联络率（%）	100	100	100	100	100
	中压架空线路分段合理率（%）	7.69	21.43	100	100	100
	中压架空线路大分支线比例（%）	53.85	38.46	0	0	0
	中压线路供电半径达标率（%）	84.62	85.71	85.71	85.71	85.71
供电能力	中压线路 $N-1$ 通过率（%）	100	100	100	100	100
	中压线路重载比例（%）	0	0	0	0	0
	主变压器重载比例（%）	0	0	0	0	0
配电设备	中压主干架空线路绝缘化率（%）	78.96	81.75	100	100	100
	线路主干线选型达标率（%）	69.23	78.57	100	100	100
	重载配电变压器比例（%）	10.12	10.12	0	0	0
	低电压配电变压器比例（%）	2.53	2.53	0	0	0
	高损配电变压器比例（%）	0	0	0	0	0
	低电供电半径达标率（%）	87.62	88.71	89.22	89.22	92.86
	三相不平衡配电变压器比例（%）	7.59	7.59	0	0	0

续表

类型	指标名称	现状值	预计成效值			
			规划一年	规划二年	规划三年	目标年
智能化水平	10kV 配电自动化覆盖率（%）	100	100	100	100	100
综合指标	供电可靠性（%）	97.68	98.32	98.85	98.86	99.92
	电压合格率（%）	97.59	98.26	98.79	98.81	99.85

14.5.2　问题解决情况

1. 10kV 电网

通过过渡年的改造，对每条线路存在问题与解决对策进行关联，至 2024 年中压线路所有问题均得到解决，XQ 网格 10kV 电网解决情况见表 14-20。

表 14-20　　　　　　　　　　　10kV 电网解决情况

序号	中压线路名称	问题分级	存在问题	是否解决	对应解决项目
1	XA 三线	一级	（1）分段不合理第Ⅱ段容量大。 （2）多联络。 （3）存在 2 条大分支。 （4）供电半径超标。 （5）高跳线路。 （6）10 台配电变压器接入不规范。 （7）1 处分支接入不规范。 （8）跨单元供电	是	110kV XA 变 10kV XA 五线网架优化工程、110kV XA 变 10kV XA 七线、XC 五线新建工程、10kV XA 二、三线网架优化工程
2	XA 五线	一级	（1）分段不合理第Ⅲ段容量大。 （2）多联络。 （3）存在 1 条大分支。 （4）供电半径超标。 （5）高跳线路。 （6）6 台配电变压器接入不规范。 （7）1 处分支接入不规范。 （8）主干 1～86 号杆为 LGJ-120 导线	是	110kV XA 变 10kV XA 五线网架优化工程
⋮	⋮	⋮	⋮	⋮	⋮
13	XB 六线	二级	（1）分段不合理第Ⅱ段容量大。 （2）多联络。 （3）11 台配电变压器接入不规范。 （4）1 处分支接入不规范。 （5）28～68 号杆为 LGJ-120	是	10kV XA 一线、XC 一线与 XA 二线、XC 二线网架优化工程

2. 0.4kV 电网

通过针对重载配电变压器进行增容布点，消除重载配电变压器比例将至 0%；对高损耗配电变压器进行配电变压器更换，消除高损耗配电变压器比例将至 0%；对三相不平衡的配电变压器结合负荷分流进行负荷平衡，将三相不平衡台区占比降为 0%。将配电变压器进行位置更换以及新增布点，移至负荷中心，缩短供电半径，至目标年低电压台区占比将至 0%。XQ 网格 0.4kV 电网解决情况见表 14-21。

表 14-21　0.4kV 电网解决情况

序号	指标	数量	是否解决	对应解决项目
1	重载配电变压器	8 台	是	0.4kV 电网项目需求工程
2	低电压台区	2 台	是	0.4kV 电网项目需求工程
3	三相不平衡台区	2 台	是	0.4kV 电网项目需求工程

14.5.3　投资效益分析

通过建设适度超前的电网，可以为 HJ 县供电区发展奠定坚实的基础，主要社会效益有以下几方面：

（1）根据过渡年配网投资规模，至"十四五"末共需要投资 2716.4 万元，负荷增长为 5.74MW，平均单位投资增供负荷为 2.1kW/万元。

（2）配网优化和供电量提高可以满足人民日益增长的电力需求，并满足工、农业发展需要，对社会稳定、发展具有重要意义。

（3）提升 HJ 县 XQ 网格的用户供电可靠性、安全性，改善电能质量，有利于促进企业产品质量提升，更好地满足人民生活、工作的需要。

第15章 农村（D类及以下区域）新型
高质量配电网建设改造案例

15.1 区域基本情况

15.1.1 供电概况

PZ 网格位于 SS 县农村区域，属于 D 类供电区，网格面积为 257.86km²。目前该网格用地性质主要以居住用地、农业用地为主。现状年 PZ 网格内总负荷为 14.63MW。

15.1.2 网格（单元）划分

考虑县级供电区域统一化程度不高、负荷分布、可靠性需求、电网资源配置差异较大的特点，县域采取"差异化"思路进行网格划分：县城区网格负荷分布较为密集，重点考虑政府用地规划、电源布局、现状电网供电范围等因素进行划分；农村网格供电范围大且负荷分布较为分散，边界重点参照供电所的供电范围进行划分，同时结合现状线路的供电区域范围进行优化调整。

结合 SS 地区饱和负荷密度、经济发达程度、城市功能定位、用户重要程度、用电水平、生产总值（GDP）等因素将本次规划范围划分为 C、D 两类供电区域，其中 C 类供电区范围为 SS 县城区，供电面积为 32.58km²，D 类供电区范围供电面积为 1248.29km²。

1. 网格划分结果

本次供电网格依据前文网格划分流程，采用"自上而下"的方式划分，并同远景规划方案循环校验。将 SS 县共划分为 9 个供电网格，其中 C 类网格 1 个，D 类网格 8 个，具体划分结果如图 15-1 所示。SS 县供电网格划分如图 15-2 所示。

图 15-1　SS 县供电区域划分图

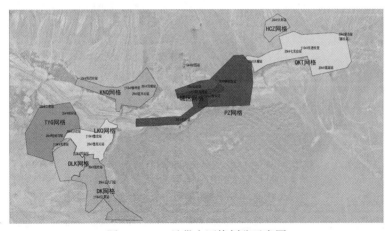

图 15-2　SS 县供电网格划分示意图

2. 供电单元划分

本次选取的 PZ 网格为 D 类农村区域暂不做单元划分。

15.2　新型高质量配电网现状评估

15.2.1　高压电网

1. 电网总体概况

目前为 PZ 网格供电的变电站共 6 座，其中 110kV 变电站 2 座，分别为 CP

变电站（2×40MVA）、LZ 变电站（2×40MVA）；35kV 变电站 4 座，分别为 LG 变电站（10MVA）、DD 变电站（10MVA）、LSQ 变电站（5+10MVA）、SC 变电站（8+10MVA），6 座变电站均位于网格内。PZ 网格网格现状变电站布点如图 15-3 所示。

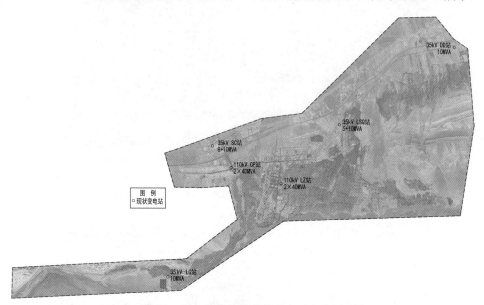

图 15-3　PZ 网格网格现状变电站布点图

2. 高压装备水平

PZ 网格 35kV 及以上变电站装备明细见表 15-1。

表 15-1　　　　　　　PZ 网格 35kV 及以上变电站装备明细表

序号	电压等级（kV）	变电站名称	总容量（MVA）	主变压器编号	主变压器容量（MVA）	间隔总数（个）	10kV 间隔使用情况（个）			间隔利用率（%）	投运时间（年）
							公用	专用	备用		
1	110kV	LZ 变	80	1 号	40	8	7	1	0	100	2011
				2 号	40	8	7	0	1	87.5	
2		CP 变	80	1 号	40	5	5	0	0	100	1999
				2 号	40	6	5	0	1	83.33	
3	35kV	DD 变	10	1 号	10	6	3	0	3	50	2008
4		LG 变	10	1 号	10	4	3	0	1	75	2008
5		LSQ 变	15	1 号	5	6	6	0	0	100	1999
				2 号	10	0	0	0	0	—	
6		SC 变	18	1 号	8	4	2	0	2	50	2008
				2 号	10	4	3	0	1	75	
合计			213	—	213	51	41	1	9	80.39	—

（1）容量构成。PZ 网格 110kV 变电站均为 2 台主变压器运行，35kV 变电站 DD 变和 LG 变均为 1 台主变压器运行。

（2）间隔利用率。6 座变电站 10kV 间隔总数 51 个，剩余间隔 9 个，间隔利用率为 80.39%，存在局部变电站出线间隔紧张情况，如 LZ 变 1 号、CP 变 1 号、LSQ 变 1 号目前已无出线间隔，下一步根据区域供电需求对以上变电站间隔进行调整、优化，提高变电站的利用效率。

（3）运行年限。区域内 2 座变电站（CP 变和 LSQ 变）投运年限在 20 年以上，目前运行情况良好，建议加强日常运维，其余变电站投运年限均在 20 年以内。

（4）扩展能力。35kV 变电站 DD 变和 LG 变目前仅投运 1 台主变压器，第二台主变压器站址及出线空间已预留，具备扩建条件。

3. 高压运行情况

PZ 网格高压变电站运行明细见表 15-2。

（1）容载比。110kV 电网容载比为 2.96，35kV 电网容载比为 1.99，容载比水平满足相关技术导则要求。

（2）主变压器负载水平。6 座变电站负载率现状年最大负载均低于 80%，不存在变电站重过载情况。

（3）主变压器"$N-1$"校验。现状年最大负荷下，高压变电站主变压器"$N-1$"通过率为 80%，存在 2 台主变压器不满足主变压器"$N-1$"，均因为单主变压器运行导致。

表 15-2　　　　　　　　　　PZ 网格高压变电站运行明细表

序号	变电站名称	主变压器编号	额定容量（MVA）	主变压器典型日负荷（MW）	主变压器典型日负载率（%）	主变压器年最大负荷（MW）	主变压器年最大负载率（%）	运行情况	是否通过 $N-1$
1	LZ 变	1 号	40	11.03	27.58	12.83	32.08	正常	是
		2 号	40	20.31	50.78	22.25	55.63	正常	是
2	CP 变	1 号	40	9.56	23.9	11.15	27.88	正常	是
		2 号	40	6.88	17.2	7.1	17.75	轻载	是
3	DD 变	1 号	10	4.12	41.2	4.77	47.7	正常	否
4	LG 变	1 号	10	1.81	18.1	1.81	18.1	轻载	否
5	LSQ 变	1 号	5	2.84	56.8	3.21	64.2	正常	是
		2 号	10	5.21	52.1	5.87	58.7	正常	是
6	SC 变	1 号	8	3.55	44.38	4.17	52.13	正常	是
		2 号	10	5.32	53.2	6.01	60.1	正常	是

4. 高压网架结构

110kV 变电站 CP 变和 LSQ 变为单侧电源链式接线接入 220kV 变电站 CT 变，110kV 变电站 LZ 变为单射式接线。35kV 电网均为单射式接线。PZ 网格现状高网架结构示意如图 15-4 所示。

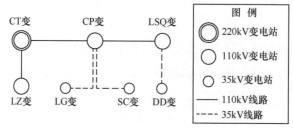

图 15-4　PZ 网格现状高网架结构示意图

15.2.2　中压电网

1. 网架结构

PZ 网格现有 10kV 公用线路 13 条，具体网架结构信息见表 15-3。

表 15-3　　　　　　PZ 网格 10kV 主干线网架结构明细表

序号	线路名称	所属变电站名称	联络线路名称	接线模式	供电半径（km）	标准接线（是否）
1	DB 线	LZ 变	QD 线 / NY 线	两联络	5.61	是
2	LG 线	CP 变	LB 线	单联络	8.27	是
3	DG 线	DD 变	—	单辐射	10.40	是
4	DK 线	DD 变	BG 线	单联络	3.87	是
5	LS 线	LG 变	—	单辐射	14.18	是
6	LX 线	LG 变	—	单辐射	3.66	是
7	LB 线	LG 变	LG 线	单联络	8.02	是
8	QD 线	LSQ 变	DB 线	单联络	15.72	是
9	BG 线	LSQ 变	DK 线	单联络	10.14	是
10	LA 线	LSQ 变	—	单辐射	10.77	是
11	SK 线	SC 变	—	单辐射	1.51	是
12	NY 线	CP 变	DB 线	单联络	7.85	是
13	SS 线	LSQ 变	—	单辐射	3.31	是

（1）联络情况。PZ 网格 10kV 线路 13 条，线路联络率为 53.85%，站间联

络率为 100%。结合 PZ 网格定位，下一步尽可能提高区域线路联络化率，提高居民用电水平。

（2）联络效率分析。PZ 网格 10kV 线路联络率为 53.85%，联络线路中仍存在线路支线联络等问题，如 DB 线与 QD 线和 NY 线联络均为支线联络，在后续建设改造方案编制中，逐步优化网架结构，提高线路联络效率。

（3）分段情况分析。PZ 网格 10kV 公用线路平均分段数为 2.3 段，平均分段容量为 3049kVA/段；详细分析发现 13 条线路分段均不合理，其中 4 条线路存在分段容量过大问题，9 条线路分段数小于 3 段，1 条线路分段数大于 5 段，PZ 网格 10kV 公用线路分段情况见表 15-4。

表 15-4　　　　　　PZ 网格 10kV 线路分段情况明细表

序号	线路名称	配电变压器台数（台）	配电变压器容量（kVA）	分段容量（kVA）						存在问题
				分段数（段）	第Ⅰ段	第Ⅱ段	第Ⅲ段	第Ⅳ段	第Ⅴ段	第Ⅵ段	
1	DB 线	78	8874	4	260	1363	5338	1913			第 3 段
2	LG 线	67	6465	2	3614	2851					小于 3 段
⋮	⋮	⋮									⋮
13	SS 线	44	5759	2	1713	4046					小于 3 段

从单条线路来看，线路分段差异较大，以下选取典型线路进行分段容量分析。

BG 线分段数为 1 段，分段数过少，第Ⅰ段容量为 14747kVA，建议优化分段数和分段容量。PZ 网格 BG 线主线分段情况示意如图 15-5 所示。

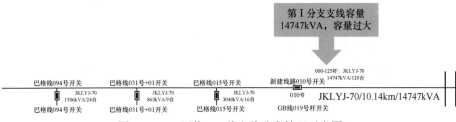

图 15-5　PZ 网格 BG 线主线分段情况示意图

（4）供电半径分析。PZ 网格 10kV 公用线路平均供电半径为 8.05km，按照 D 类供区 10kV 线路供电半径建议标准不大于 15km，存在超供电半径线路 1 条为 QD 线，但不存在末端低电压问题。

（6）线路供区分析。PZ 网格 10kV 线路不存在线路供区跨越、交叉、迂回问题。

（7）线路分支分析。

1）支线型号。PZ 网格一级支线 18 条，支线开关 16 台，分支线型号以 JKLYJ-150、JKLYJ-120、LGJ-95 为主，满足 D 类区域支线选型标准。

2）装接容量。分支线容量超过 3000kVA 的线路 5 条，分别为 DB 线号 021 支线、DG 线号 070 支线、QD 线号 101 支线、BG 线号 015 支线、NY 线号 042 支线，后续将对此类支线进行改造。

3）开关设备。18 条支线线路中，14 条支线 1 号杆已安装分支开关，其中 LG 线号 113 支线、LB 线号 047 支线、LB 线号 083 支线、QD 线号 116 支线未加装开关。

4）供电距离。从支线供电距离来看，DB 线号 021 支线、DK 线号 036 支线、QD 线号 067 支线、QD 线号 101 号支线、NY 线号 042 支线共 5 条支线供电距离均超过 3km，供电范围较大。

5）低电压情况。PZ 网格 18 条一级支线末端均未出现低电压情况。

6）安全隐患。PZ 网格 18 条一级支线设备状况良好。

（8）配电变压器接入方式分析。PZ 网格 13 条线路直接 T 接主干线且接火点侧配置开关的配电变压器共 139 台，T 接主干线配置开关但无保护的配电变压器共 6 台，T 接主干线无开关的配电变压器共 2 台。下一步结合年度工程方案，对此类是熔断器接入方式的配电变压器和未配置开关的配电变压器通过新建分支线、加装断路器等措施进行配电变压器接入方式优化，提高线路供电可靠性。

从单条线路配电变压器接入方式来看，DG 线、NY 线、LG 线 T 接无开关或（有开关无保护）配电变压器台数分别为 2、2、4 台；单条线路直接 T 接配电变压器台数过多且无合理隔离措施会导致线路越级跳闸、扩大停电范围，后续结合年度工程项目对此类线路进行优先改造。

2．运行水平

（1）线路负载率。现状年 PZ 网格 10kV 公用线路最大负载率平均值为 35.08%。网格内存在重过载线路 2 回，为 DG 线和 QD 线，主要是由于线路限额偏小导致重载，存在 4 条轻载线路，后期将结合新建线路优化线路供区，合理控制线路负荷水平。线路负载率具体情况见表 15-5。

表 15-5　　　　　　　　PZ 网格 10kV 线路运行情况明细表

序号	10kV 线路名称	所属变电站名称	线路允许电流（A）	线路年最大电流（A）	线路典型日电流（A）	线路年最大负载率（%）	线路典型日负载率（%）
1	DB 线	LZ 变	365	150	101.45	41.1	27.79
2	LG 线	CP 变	280	87.74	72.61	31.34	25.93
⋮	⋮	⋮	⋮	⋮	⋮	⋮	⋮
13	SS 线	LSQ 变	280	101.6	80.4	36.29	28.71

（2）线路"N-1"。PZ 网格 13 条 10kV 线路中，共有 7 条线路满足线路"N-1"校验，网格"N-1"通过率为 53.85%，其余 6 条线路不能满足 N-1 主要原因为：DG 线、LS 线、LX 线、LA 线、SK 线、SS 线等 6 条线路为单辐射线路，无法通过线路"N-1"校验。PZ 网格 10kV 线路"N-1"校验情况见表 15-6。

表 15-6　　　　　　　PZ 网格 10kV 线路"N-1"校验情况明细表

序号	线路名称	所属变电站名称	线路限流（A）	典型日最大电流（A）	联络线路名称	最大转供能力（A）	是否满足 N-1
1	DB 线	LZ 变	365	101.45	QD 线	222.84	是
					NY 线	179.53	
2	LG 线	CP 变	280	72.61	LB 线	280	是
⋮	⋮	⋮	⋮	⋮	⋮	⋮	⋮
13	SS 线	LSQ 变	280	80.4	—	—	否

（3）配电变压器负载率。PZ 网格现状年公用配电变压器最大负载率平均值为 68.90%，其中重过载配电变压器 37 台，占比 30.58%，后期对此类配电变压器进行增容改造。PZ 网格重过载配电变压器明细见表 15-7。

表 15-7　　　　　　　　　PZ 网格重过载配电变压器明细表

序号	配电变压器名称	所属线路	配电变压器容量（kVA）	负载率（%）	状态
1	1014DB 线 22-07 号杆 sslzB008 配电变压器	DB 线	200	148	过载
2	1011LB 线 101 号杆 sslgB017 配电变压器	LB 线	200	143	过载
⋮	⋮	⋮	⋮	⋮	⋮
36	1011LB 线 083 号杆 sslgB018 配电变压器	LB 线	200	83	重载
37	1018 石材四线 052 号杆 sspcB001 配电变压器	NY 线	200	83	重载

（4）配电变压器三相不平衡情况。PZ 网格现状年不存在三相不平衡情况。

（5）配电变压器低电压情况。PZ网格现状年不存在低电压情况。

3. 装备水平分析

装备水平分析如下：

（1）线路线规。PZ网格10kV主干线以JKLGYJ-120、JKLGYJ-95、LGJ-120、LGJ-95型号为主，下一步随着区域煤改电负荷的增长，结合线路负载水平，逐步统一主干线选型标准。PZ网格10kV线路线规明细见表15-8。

表15-8　　　　　　　　PZ网格10kV线路线规明细表

序号	线路名称	变电站名称	主干线路长度（km）	起止点	线路型号	投运时间
1	1014DB线	LZ变电站	5.61	1～34号	JKLYJ-120	2011/8/1
				34～70号		
2	1017LG线	CP变电站	8.27	1～70号	LGJ-95	2001/3/5
				70～117号	LGJ-120	
				51～61号	JKLYJ-70	
				61～70号	JKLYJ-95	
				70～99号	JKLYJ-150	
⋮	⋮	⋮	⋮	⋮	⋮	⋮
13	1035SS线	LSQ变电站	3.31	1～38号	JKLYJ-70	2002/11/30
				38～45号		

（2）投运年限。从线路运行年限来看，LG线、QD线、BG线、NY线、运行时间已超过20年，其余线路投运年限均在20年以内。

（3）安全隐患。对于线路安全隐患方面，经排查，PZ网格存在变压器渗油、树障、无杆号牌、边相绝缘子倾斜等缺陷，PZ网格10kV线路安全隐患问题明细见表15-9。

表15-9　　　　　　　　PZ网格10kV线路安全隐患问题明细表

序号	线路设备名称	起止杆号	缺陷类别	缺陷内容及描述
1	BG线	主干线号33杆	基础设施	变压器渗油
		主干线号54杆	基础设施	B相针瓶稍倾斜
2	LB线	31～32号	树障	西侧青杨树0.5m
		101号	基础设施	公变低压电缆老化
⋮	⋮	⋮	⋮	⋮
12	LA线	009号	标识牌	无杆号牌
		017号	基础设施	拆除的电缆未清理

（4）公用配电变压器。PZ 网格共有 10kV 公用配电变压器 121 台，具体汇总信息见表 15-10。

表 15-10　　　　　　　　　PZ 网格公用配电变压器明细表

序号	装备水平		数量（台）	占比（%）
1	配电变压器型号	S9	12	10
2		S11	97	80
3		S13	1	1
4		S15	11	9
5	配电变压器容量	30kVA	3	2.48
6		50kVA	7	5.79
7		63kVA	1	0.83
8		100kVA	48	39.67
9		160kVA	1	0.83
10		200kVA	50	41.32
11		250kVA	1	0.83
12		315kVA	4	3.31
13		400kVA	2	1.65
14		600kVA	1	0.83
15		630kVA	2	1.65
16		800kVA	1	0.83
17	运行年限	5 年以内	23	19.01
18		5～10 年	36	29.75
19		10～15 年	47	38.84
20		15～20 年	15	12.40
21		20 年以上	0	—

（5）公用配电变压器型号。PZ 网格配电变压器以 S9、S11、S13、S15 型号为主，占比分别为 9.92%、80.17%、0.83%、9.09%，不存在 S7 及以下的高损配电变压器，下一步对运行时间较长（18 年以上）的 S9 系列配电变压器逐步进行更换，提高变压器能效标准。

（6）公用配电变压器容量。配电变压器容量以 100、200kVA 为主，占比分别为 39.67%、41.32%，存在 100kVA 以下小容量配电变压器 11 台，占比为 9.09%，此类配电变压器应结合区域负荷发展，逐步增容改造，满足区域负荷发展需求。PZ 网格配电变压器型号分布示意如图 15-6 所示。

（7）公用配电变压器运行年限。从运行年限来看，48.76% 的公用配电变压器运行年限在 10 年以内，不存在运行年限超过 20 年的配电变压器。

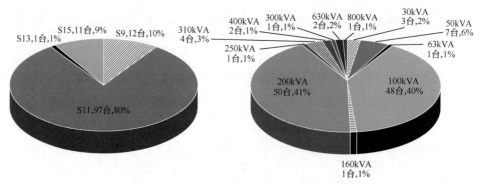

图 15-6 PZ 网格配电变压器型号分布示意图

4. 故障及投诉

（1）线路停电情况。近三年 PZ 网格 10kV 线路停电共计 66 次（计划停电 22 次、故障停电 44 次），共计影响停电时户数 6991.62 时·户（计划停电影响 2590.17 时·户、故障停电影响 4401.45 时·户）。从故障原因来看，运维管理和外力破坏导致线路故障为停电主要原因。PZ 网格现状年线路停电情况统计见表 15-11。

表 15-11　　　　　　　PZ 网格现状年线路停电情况统计表

停电情况及故障分类		现状前二年	现状前一年	现状年
总停电次数及停电时户数		24 次，2243.95 时·户	24 次，2479.87 时·户	18 次，2267.8 时·户
计划停电次数及停电时户数		8 次，821.32 时·户	9 次，847.32 时·户	5 次，921.53 时·户
故障停电次数及停电时户数		16 次，1422.63 时·户	15 次，1632.55 时·户	13 次，1346.27 时·户
故障停电原因分类次数统计	用户原因	4	5	3
	运维管理原因	5	3	5
	设备故障	3	2	0
故障停电原因分类次数统计	外力破坏	2	4	4
	自然原因	2	1	1
	巡视未见异常	0	0	0
运检类投诉情况		2	1	0

现状年 PZ 网格停电 18 次，停电时户数为 2267.8 时·户。其中计划停电 5 次，停电时户数为 921.53 时·户；故障停电 13 次，停电时户数为 1346.27 时·户。其中故障原因主要为运维不当和外力破坏。

故障停电涉及 10kV 线路 8 条，分别为 DB 线、LG 线、DG 线、LB 线、QD 线、BG 线、LA 线、SK 线。

（2）线路投诉情况。近三年，PZ 网格 10kV 线路运检类投诉情况共计 3 次。

（3）带电作业开展情况。SS 县公司目前暂未开展带电作业工作。

5. 电力通道情况

（1）通道现状情况。PZ 以架空网为主，10kV 线路架空线路主要分布于国道、县道、乡道两侧，架空通道总体情况良好，但是存在树线矛盾等问题。

（2）通道问题及需求。经现场调研，BG 线、LB 线、QD 线、SS 线等 12 条线路存在树障情况，此类线路应加强巡视和管理，避免因树线矛盾造成故障停电。PZ 网格电力通道问题明细见表 15-12。

表 15-12   PZ 网格电力通道问题明细表

序号	线路设备名称	起止杆号	缺陷类别	缺陷内容及描述
1	BG 线	014～015 号	树障	树障
		084～085 号	树障	线路两侧树障
2	LB 线	031～032 号	树障	西侧青杨树 0.5m
		074～083 号	树障	树障严重
⋮	⋮	⋮	⋮	⋮
12	LA 线	052～053 号	树障	线路下方有树，距离 2m

6. 自动化建设情况

（1）主站情况。SS 县公司采用工作站系统，目前未建设配电自动化主站。

（2）通信方式。目前 PZ 网格馈线自动化方式采用分布式馈线自动化，通信方式采用 4G 无线，实现二遥功能。

（3）智能终端。目前 PZ 网格 8 条 10kV 线路均已配置 FTU 或智能开关，自动化覆盖率为 61.54%；121 台公用配电变压器中，85 台配电变压器已配置智能融合终端，目前具备遥测、遥信功能，配电变压器融合终端覆盖率为 70.25%。

7. 专线及重要客户供电情况

PZ 网格内无专线和重要用户。

15.2.3 低压电网

PZ 网格共有公用配电变压器 121 台，0.4kV 线路总长度为 161.75km，其中电缆线路总长 1.95km，架空线路总长 159.8km，电缆化率为 1.21%，架空线绝缘化率为 42.5%。低压线路平均供电半径为 395.24m，总供电户数为 9431 户，户均容量为 2.84kVA/户。PZ 网格 0.4kV 配电网信息统计见表 15-13。

表 15-13　　　　　　　　**PZ 网格 0.4kV 配电网信息统计表**

序号	指标			数值
1	公用配电变压器数量（台）			121
2	用户数（户）			9431
3	低压线路	线路数量（条）		203
4		低压线路长度（km）	架空裸导线	91.88
5			架空绝缘线	67.92
6			电缆	1.95
7		低压线路绝缘化率（%）		42.5
8		低压线路电缆化率（%）		1.21
9		导线截面积（mm²）		50、70、95
10		平均供电半径（m）		395.24
11		户均配电变压器容量（kVA/户）		2.84

15.3 负 荷 预 测

15.3.1 预测思路与方法

结合 SS 县历年电量和负荷增长规律，本次规划区内负荷需求迎来了持续性增长期，近五年负荷平均增速为 6.89%。考虑本次电力负荷预测区域范围及可收集到的相关数据准确性和适用性，考虑各类预测方法的适用性，本次 PZ 网格远景负荷预测采用"户均容量法"进行，同时考虑电采暖负荷。

1. 预测思路

经调研，SS 县农村地区负荷构成多样性，包括居民照明用电、电采暖、农区灌溉、大用户（三相电机，如粉草机、玉米粉碎机）用电等类型。

2. 预测方法

对标典型农村采用典型用户、典型村调研，利用户均配电变压器容量取值结论，采用"户均容量法"，预测农村配电网负荷。在分析户均配电变压器容量时，差异化区分居民、三相用电（包含电采暖、三相动力），针对不同类型用户选取不同的户均配电变压器容量，确定各类用户平均指标，并进行加权平均，最终确定负荷预测结果。

3. 指标选取

（1）居民生活用电。居民生活用电设备存在一定的多样性，但家电多为以下几种：冰箱、洗衣机、电视、空调、灯等。家用电器功率选取见表 15-14。

表 15-14　　　　　　　　　　　　家用电器功率选取表

序号	分类	平均功率（W）
1	电视	80
2	冰箱	120
3	洗衣机	120
4	灯	10
5	空调	1300
合计		1630

将各类用电设备进行累计后，平均每户电器设备全开的情况下最大负荷为 1.63kW，考虑同时率 0.8 后，最大负荷为 1.3kW。因此居民典型生活用电指标为 1.3kW。

（2）耕地灌溉用电。通过调研典型用户，单位耕地指标在 9kW/亩左右，设备运行满载率控制在 70%～80%。

（3）电采暖用电。了解到锅炉标称容量为 16kVA，最大负荷为 12kW。最佳供暖面积为 50m²。一般用户民房为 4 间，供暖面积为 70m²，则单位每户采暖设备容量宜选取 23kW 左右的电极热水锅炉，满载率为 65%，即居民电锅炉电采暖指标为 10kW/户，该指标可用于其他未明确报装的乡村的推广指标，而对于已报装用户，可按照实际报装情况综合考虑。

4．电采暖负荷预测

根据新疆煤改电二期工程实施方案，过渡年 PZ 网格农村区域共计改造煤改电用户数 4096 户。各年电采暖负荷预测结果见表 15-15。

表 15-15　　　　　　　　　　各行政村电采暖负荷预测

网格名称	单位采暖指标（kW/户）	现状总户数（户）	过渡一年		过渡二年		过渡三年	
			改造用户数（户）	负荷（MW）	改造用户数（户）	负荷（MW）	改造用户数（户）	负荷（MW）
PZ 网格	10	4096	1480	7.4	1606	8.03	1010	5.05

15.3.2　负荷预测结果

通过以上分类负荷预测叠加，至目标年 PZ 网格预计负荷达到 37.15MW，"十四五"负荷增速为 24.73%。PZ 网格负荷预测见表 15-16。

从负荷预测结果来看，PZ 网格"十四五"期间负荷增速较高，主要是因为该区域改造的电采暖户数较多，下一步应合理评估区域线路供电能力，满足用户供电需求。

表 15-16   PZ 网格负荷预测

序号	网格名称	现状年负荷（MW）	过渡一年负荷（MW）	过渡二年负荷（MW）	过渡三年负荷（MW）	目标年（MW）	"十四五"增速（%）
1	PZ 网格	14.63	22.03	33.11	35.41	37.15	24.73%

15.4 建设改造方案

15.4.1 高压配电网建设方案

至目标年，PZ 网格未新扩建变电站，变电站情况如图 15-7 所示。

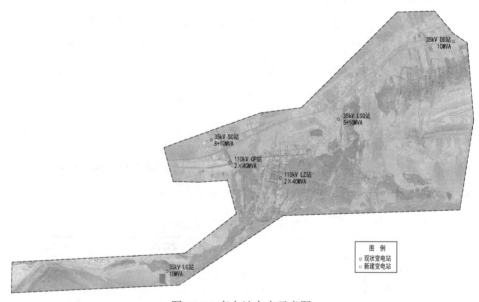

图 15-7 变电站布点示意图

15.4.2 中压建设方案

PZ 网格中压配电网过渡年项目重点是优化线路供区，提升线路装备水平，解决 10kV 线路无法有效负荷转接现象以及满足新增负荷的接入（如电采暖的接入），并在此基础上通过新出线路解决大分支等网架不合理现象，从全社会层面的角度出发提高供电可靠性，比如均衡线路负荷，避免线路供区交叉等现象。安排工程项目 6 项，总投资为 1602.41 万元。PZ 网格项目需求情况见表 15-17。

表 15-17　PZ 网格项目需求情况

序号	项目名称	电压等级（kV）	项目建设必要性	建设改造内容	项目类型	新建/改造分类	项目投资（万元）	实施年份	新建架空线路240（km）	柱上开关（台）	配电自动化终端FTU（台）	低压线路（km）
1	SS 10kV GB 线改造工程	10	GB 线末端存在小线径问题	（1）向东延伸 GB 线 83～20 号杆，新建架空线路 3.5km 至 GB 线-LG 线 141 号开关。（2）新建分段开关将原 GB 线 83 号后段负荷分段转接至新建架空线路上	提升装备水平	改造	108	规划二年	3.5	2	2	—
2	SS 10kV NY 线改造工程	10	NY 线存在线路供区交叉情况	（1）断开 NY 线号 70 开关，后端负荷由 LK 线、YC 线和 YY 二线分段转接。（2）将 NY 线号 42 支线 1-24 杆和 NY 线号 042-24 分支线径更换为 JKLYJ-240，作为主干线路。（3）向西延伸NY线042-024-033 支线至 SK 线号 23	优化网架结构	改造	102.4	规划二年	3.3	2	2	—
3	SS 10kV QD 线改造工程	10	（1）QD 线 2021 年最大负载率为 73.94%，属于重载线路。（2）QD 线供电区域较大、供电质量较低	（1）将 QD 线 101 支线和 QD线 101-45 支线线径更换为 JKLYJ-240，避免联络路径出现"卡脖子"情况。（2）断开 DB 线 34 号开关，后端负荷由 YY 二线转供。（3）SS 线 38 号开关前端负荷由 QD 线转接	改善供电质量	改造	43.6	规划二年	1.2	2	2	—

357

续表

序号	项目名称	电压等级（kV）	项目建设必要性	建设改造内容	项目类型	新建/改造分类	项目投资（万元）	实施年份	新建架空线路240（km）	柱上开关（台）	配电自动化终端FTU（台）	低压线路（km）
4	SS 10kV DY线新建工程	10	SS县公安局看守所双电源需求	（1）由35kV变电站DD变新建线路DY变向西转接TG线。（2）将TG线退出QKT变10kV出线间隔，优化QKT变出线间隔。（3）公安局双电源由新建DY线和LA线提供	改善供电质量	新建	8.4	规划二年	0.3	—	—	—
5	10kV线路配电自动化改造工程	10	PZ网格主干开关目前存在20台普通断路器	PZ网格共新建改造一、二次融合开关20台	提升智能水平	新建改造	60	规划三年	0	20	20	0
6	0.4kV电网项目需求工程	0.4	DB线22-07号杆sslzB008配电变压器，GB线101号杆sslgB017配电变压器等37台配电变压器为重过载配电变压器，后期随着居民用户的电采暖改造，配电变压器负荷水平将进一步提升，无法满足新增负荷的接入	对DB线22-07号杆sslzB008配电变压器，GB线101号杆sslgB017配电变压器等37台配电变压器进行增容改造	改善供电质量	改造	1280.01	规划三年	12.33	—	—	23.52
			合计				1602.41	—	20.63	26	26	23.52

项目1：SS 10kV GB 线改造工程

实施目的：GB 线末端存在小线径问题。

工程建设方案：向东延伸 GB 线号 83～20 号杆，新建架空线路 3.5km 至 LG 线号 141 开关。

新建分段开关将原 GB 线号 83 后段负荷分段转接至新建架空线路上。

改造方案具体如图 15-8～图 15-11 所示。

工程建设成效：提高了 GB 线装备水平。

通道校核：新建线路沿乡村道路建设，通道良好。

工程规模：本工程新建 JKLGYJ-240 型架空线路 3.5km，一、二次融合开关 2 座。

工程总投资：108 万元。

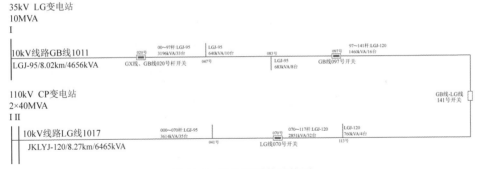

图 15-8　改造前拓扑结构图

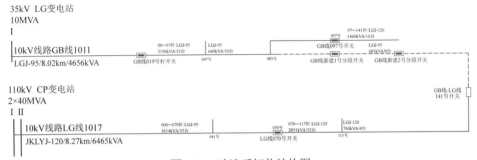

图 15-9　改造后拓扑结构图

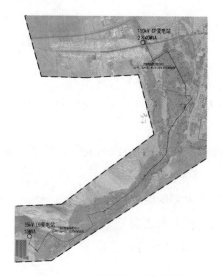

图 15-10 改造前地理接线图

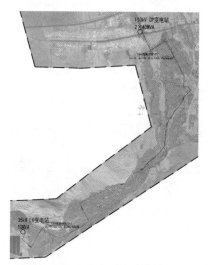

图 15-11 改造后地理接线图

项目2：SS 10kV NY线改造工程

实施目的：NY 线存在线路供区交叉情况。

工程建设方案：断开 NY 线号 70 开关，后端负荷由 LK 线、YC 线和 YY 二线分段转接。

将 NY 线号 42 支线 1～24 杆和 NY 线号 042～24 分支线径更换为 JKLYJ-240，作为主干线路。

向西延伸 5NY 线 042-024-033 支线至 SK 线号 23。

于 NY 线 042-024-033 新建联络开关，使 NY 线和 SK 线形成联络。

改造方案具体如图 15-12～图 15-15 所示。

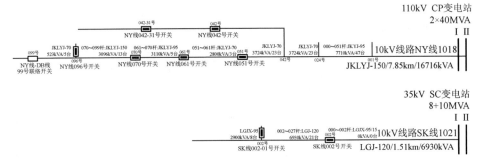

图 15-12　改造前拓扑结构图

图 15-13　改造后拓扑结构图

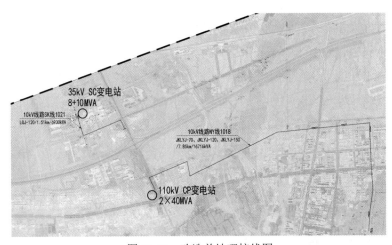

图 15-14　改造前地理接线图

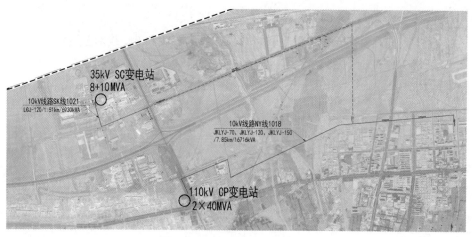

图 15-15　改造后地理接线图

工程建设成效：加强了 NY 线网架结构。

通道校核：新建线路沿原线路建设，通道良好。

工程规模：本工程新建 JKLYJ-240 型架空线路 3.3km，一、二次融合开关 2 座。

工程总投资：102.4 万元。

项目3：SS 10kV QD线改造工程

实施目的：QD 线现状年最大负载率为 73.94%，属于重载线路；QD 线供电区域较大，供电质量较低。

工程建设方案：将 QD 线 101 支线和 QD 线 101-45 支线线径更换为 JKLYJ-240，避免联络路径出现"卡脖子"情况。

断开 DB 线号 34 开关，后端负荷由 YY 二线转供。

SS 线号 38 开关前端负荷由 QD 线转接。

改造方案具体如图 15-16～图 15-19 所示。

工程建设成效：加强了 QD 线网架结构，提高供电质量。

通道校核：新建线路沿乡村道路建设，通道良好。

工程规模：本工程新建 JKLGYJ-240 型架空线路 1.2km，一、二次融合开关 2 座。

工程总投资：43.6 万元。

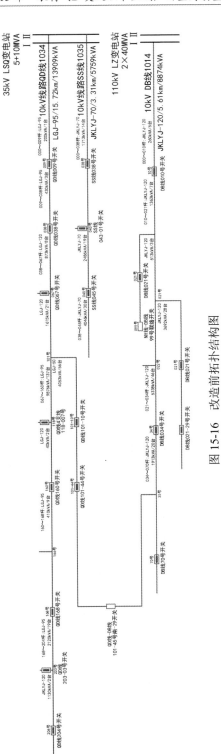

图 15-16　改造前拓扑结构图

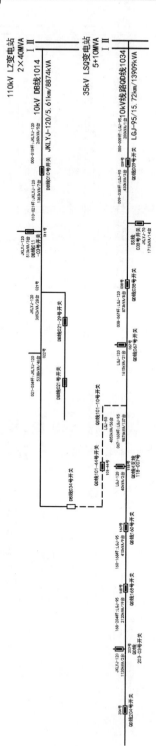

图 15-17　改造后拓扑结构图

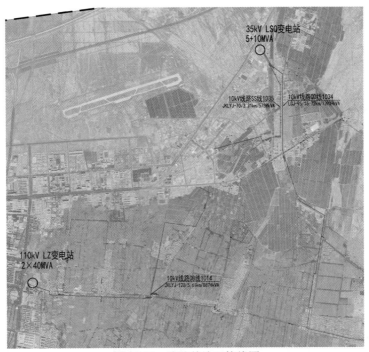

图 15-18　改造前地理接线图

图 15-19　改造后地理接线图

项目4：SS 10kV DY线新建工程

实施目的：SS县公安局看守所双电源需求。

工程建设方案：由35kV变电站DD变电站新建线路DY线向西转接TG线。

将TG线退出QKT变10kV出线间隔，优化QKT变出线间隔。

公安局双电源由新建DY线和LA线提供。

改造方案具体如图15-20～图15-23所示。

图15-20　改造前拓扑结构图

图15-21　改造后拓扑结构图

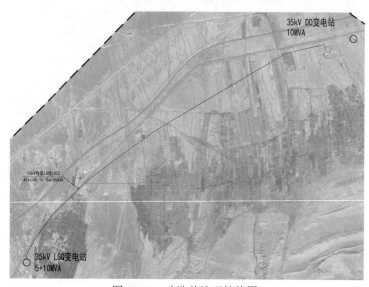

图15-22　改造前地理接线图

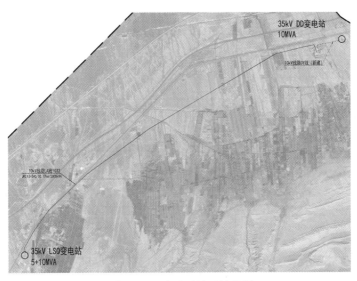

图 15-23　改造后地理接线图

工程建设成效：满足了 SS 县公安局看守所双电源需求。

通道校核：新建线路沿原线路建设，通道良好。

工程规模：本工程新建 JKLYJ-240 型架空线路 0.3km。

工程总投资：8.4 万元。

项目5：10kV线路配电自动化改造工程

PZ 网格 10kV 智能配电网建设需求见表 15-18。

表 15-18　　　　　　　　PZ 网格 10kV 智能配电网建设需求

序号	需要更换开关明细	更换开关数量（台）	备注
1	DB 线号 021 开关	1	更换为一、二次融合开关
2	DB 线号 70 开关	1	更换为一、二次融合开关
3	QD 线-DB 线号 101-45 南-29 开关	1	更换为一、二次融合开关
4	LG 线号 070 开关	1	更换为一、二次融合开关
5	GB 线-LG 线号 141 开关	1	更换为一、二次融合开关
6	DG 线 025 号杆开关	1	更换为一、二次融合开关
7	BG 线 094 号杆开关	1	更换为一、二次融合开关
8	DK 线 010 号杆开关	1	更换为一、二次融合开关
9	BG 线-DK 线号 125 开关	1	更换为一、二次融合开关

续表

序号	需要更换开关明细	更换开关数量（台）	备注
10	GX 线-GB 线 020 号杆开关	1	更换为一、二次融合开关
11	QD 线号 009 开关	1	更换为一、二次融合开关
12	QD 线号 038 开关	1	更换为一、二次融合开关
13	QD 线号 160 开关	1	更换为一、二次融合开关
14	QD 线号 204 开关	1	更换为一、二次融合开关
15	LA 线号 230 开关	1	更换为一、二次融合开关
16	新建线路号 010 开关	1	更换为一、二次融合开关
17	NY 线号 061 开关	1	更换为一、二次融合开关
18	NY 线号 096 开关	1	更换为一、二次融合开关
19	NY 线-DB 线号 99 联络开关	1	更换为一、二次融合开关
20	SS 线号 045 开关	1	更换为一、二次融合开关

实施目的：PZ 网格主干开关目前存在 20 台普通断路器，需要将普通断路器更换为一、二次融合开关。

工程说明：PZ 网格共新建改造一、二次融合开关 20 台。

可行性分析：经与现状情况比对，项目可实施。

建设成效：该项目实施后将有力提升 PZ 网格 10kV 公网配电自动化智能水平，满足配电自动化运维管理需求。

项目投资：60 万元。

项目6：0.4kV 电网项目需求工程

PZ 网格现状共存在 37 台问题公用配电变压器，均为重过载配电变压器，运行工况较差，需对此类配电变压器进行增容改造。PZ 网格 0.4kV 电网问题清单见表 15-19。

表 15-19   PZ 网格 0.4kV 电网问题清单

序号	配电变压器名称	所属线路	配电变压器容量（kVA）	负载率（%）	状态
1	22-07 号杆 sslzB008 配电变压器	DB 线	200	148	过载
2	101 号杆 sslgB017 配电变压器	GB 线	200	143	过载
3	094-021-013 号杆 sslsqB006 配电变压器	DG 线	50	177	过载

序号	配电变压器名称	所属线路	配电变压器容量（kVA）	负载率（%）	状态
4	85 号杆 sspcB004 号配电变压器	NY 线	200	142	过载
5	78-03 号杆 sspcB009 配电变压器	LG 线	200	139	过载
6	057-011 号杆 sslsqB011 配电变压器	DG 线	100	157	过载
7	46-1 号杆 sslzB014 配电变压器	DB 线	200	136	过载
8	156-006-03 号杆 sslsqB008 配电变压器	DK 线	100	153	过载
9	67 东-15-03 号杆 sslsqB005 配电变压器	QD 线	50	153	过载
10	012-02 号杆 sslsqB002 配电变压器	QD 线	200	151	过载
11	12-04 号杆 sspcB030 配电变压器	LG 线	100	150	过载
12	101-24-19+01 号杆 sslsqB010 配电变压器	QD 线	200	149	过载
13	009-003 号杆 ssddB001 配电变压器	DG 线	100	148	过载
14	083 西-11-02 号杆 sslgB019 配电变压器	GB 线	80	147	过载
15	022-036 号杆 sslzB016 配电变压器	DB 线	80	143	过载
16	106-06 号杆 sslsqB015 配电变压器	QD 线	200	140	过载
17	015-001-004 号杆 sslsqB010 配电变压器	BG 线	100	138	过载
18	78 号杆 sslzB012 配电变压器	DB 线	30	129	过载
19	105-07-05 号杆 sspcB028 配电变压器	LG 线	100	128	过载
20	067-31-02+1 号杆 sslsqB006 配电变压器	QD 线	100	128	过载
21	22-02 号杆 sslzB007 配电变压器	DB 线	200	127	过载
22	47 号杆 sslsqB007 配电变压器	SS 线	100	126	过载
23	051-06 号杆 sslgB032 配电变压器	GB 线	100	124	过载
24	43-15 号杆 sslsqB006 配电变压器	SS 线	200	121	过载
25	06-07 号杆 sslzB002 配电变压器	DB 线	100	119	过载
26	94-21-49-09 号杆 sslsqB016 配电变压器	DG 线	100	119	过载
27	071 号杆 sslgB038 配电变压器	GX 线	200	115	过载
28	43-38 号杆 sslsqB005 配电变压器	SS 线	200	115	过载
29	92 号杆 sslsqB008 配电变压器	QD 线	200	113	过载
30	048-03-04 号杆 sslgB033 配电变压器	GB 线	100	107	过载
31	25 号杆 sspcB001 配电变压器	LG 线	200	106	过载
32	54 号杆 sspcB007 配电变压器	LG 线	200	106	过载
33	051-09-03 号 sslgB026 配电变压器	GX 线	200	99	重载
34	21-35 号杆 sslzB006 配电变压器	DB 线	200	97	重载

续表

序号	配电变压器名称	所属线路	配电变压器容量（kVA）	负载率（%）	状态
35	065-01 号杆 sslgB021 配电变压器	GB 线	200	92	重载
36	083 号杆 sslgB018 配电变压器	GB 线	200	83	重载
37	052 号杆 sspcB001 配电变压器	NY 线	200	83	重载

实施目的：DB 线 22-07 号杆 sslzB008 配电变压器，GB 线 101 号杆 sslgB017 配电变压器等 37 台配电变压器为重过载配电变压器，后期随着居民用户的电采暖改造，配电变压器负荷水平将进一步提升，无法满足新增负荷的接入。

工程说明：对 DB 线 22-07 号杆 sslzB008 配电变压器，GB 线 101 号杆 sslgB017 配电变压器等 37 台配电变压器重过载配电变压器进行增容改造。

可行性分析：经与现状情况比对，项目可实施。

工程规模：共计增容改造配电变压器 37 台，新建低压线路 23.52km，新建 10kV 线路 12.33km。

建设成效：该项目实施后，可以提高低压线路的供电能力、可以合理分配低压台区负载，改善线路经济运行现状，提高供电可靠性，以满足当地经济发展的基本需求。

项目投资：1280.01 万元。

15.4.3　投资估算

PZ 网格过渡年共计安排中压项目 5 个，低压项目 1 个，共计投资 1602.41 万元。共计新建中压架空线路 20.63km，新建柱上开关 26 台，FTU26 台，新建配电变压器 37 台，新建低压架空线路 23.52km。中低压配电网建设工程量见表 15-20。

表 15-20　　　　　　　　中低压配电网建设工程量

序号	电压等级	项目需求类型	项目数	工程量					投资估算（万元）
				架空线路	柱上开关	FTU	配电变压器	低压架空线路	
1	10	优化网架结构	1	3.3	2	2	0	0	102.4
2		提升装备水平	1	3.5	2	2	0	0	108
3		改善供电质量	2	1.5	2	2	0	0	52
4		提升智能化水平	1	0	20	20	0	0	60
5	0.4	改善供电质量	1	12.33	0	0	37	23.52	1280.01
合计				20.63	26	26	37	23.52	1602.41

15.5　成　效　分　析

15.5.1　指标提升情况

PZ 网格中压配电网结构标准化率由现状年的 0% 提高为目标年的 61.54%；中压架空线路分段合理率由现状年的 0% 提高至目标年的 84.62%；中压架空线大分支线比例由现状年的 7.69% 降低至目标年的 0%；中压线路供电半径达标率由现状年的 92.31% 提高至目标年的 100%。

配电设备装备运行水平进一步得到提升。至目标年 10kV 中压架空线路绝缘化达到 100%，线路主干选型达标率提升至 53.85%，全面降低重载配电变压器，配电变压器重（过）载率由现状年的 30.58% 降低至目标年的 0%。PZ 网格中低压配电网指标提升情况见表 15-21。

表 15-21　　　　　　　　PZ 网格中低压配电网指标提升情况

类型	指标名称（%）	现状值	预计成效值			
			规划一年	规划二年	规划三年	目标年
网架结构	中压配电网结构标准化率	0	0	61.54	61.54	61.54
	中压线路有效联络率	53.85	53.85	61.54	61.54	61.54
	中压架空线路分段合理率	0	0	84.62	84.62	84.62
	中压架空线路大分支比例	7.69	7.69	0	0	0
	中压线路供电半径达标率	92.31	92.31	100	100	100
供电能力	中压线路 $N-1$ 通过率	53.85	53.85	61.54	61.54	61.54
	中压线路重载比例	15.38	15.38	0	0	0
	主变压器重载比例	0	0	0	0	0
配电设备	主干架空线路绝缘化率	68.32	68.32	83.19	83.19	85.74
	线路主干线选型达标率	38.46	38.46	53.85	53.85	53.85
	重载配电变压器比例	30.58	30.58	0	0	0
	低电压配电变压器比例	0	0	0	0	0
	高损配电变压器比例	0	0	0	0	0
	低压供电半径达标率	100	100	100	100	100
	三相不平衡配电变压器比例	0	0	0	0	0
智能化水平	10kV 配电自动化覆盖率	61.54	61.54	61.54	61.54	100
综合指标	供电可靠性	97.61	97.63	98.22	98.23	98.52
	电压合格率	97.54	97.55	98.03	98.05	98.39

15.5.2 问题解决情况

1. 10kV 电网

通过过渡年的改造，对每条线路存在问题与解决对策进行关联，解决 11 条中压线路问题，具体见表 15-22。

表 15-22　　　　　　　　　　10kV 电网解决情况

序号	中压线路名称	问题分级	存在问题	是否解决	对应解决项目
1	DB 线	二级	非标接线、第Ⅲ段容量为 5338kVA、005～006 号树障	是	0.4kV 电网项目需求工程、10kV 线路配电自动化改造工程
2	LG 线	二级	非标接线、分段数为 2、LG 线号 113 支线未加开关、4 台配电变压器 T 接主干无保护、1～70 号杆为 LGJ-95、003 号杆体纵向裂纹	是	0.4kV 电网项目需求工程、10kV 线路配电自动化改造工程
3	DG 线	一级	非标接线、第Ⅲ段容量为 8328kVA、单辐射、2 台配电变压器 T 接主干无开关、重载，负载率为 73.63%、不满足 $N-1$ 校验、109 号杆根纵向裂纹 2m	是	0.4kV 电网项目需求工程、10kV 线路配电自动化改造工程
4	DK 线	二级	非标接线、分段数为 1、大分支 DK 线 070 号挂接容量为 5217kVA、轻载线路投运 22 年、010 号无拉线绝缘子、无拉线护套	是	0.4kV 电网项目需求工程、10kV 线路配电自动化改造工程
5	GS 线	一级	非标接线、分段数为 1、单辐射、轻载不满足 $N-1$ 校验、线路投运 22 年、119 号 B 相针瓶倾斜 10 度	否	—
6	GX 线	一级	非标接线、分段数为 1、单辐射、轻载不满足 $N-1$ 校验、015 号无拉线护套	是	0.4kV 电网项目需求工程、10kV 线路配电自动化改造工程
7	GB 线	二级	非标接线、分段数为 2、GB 线号 047 支线、GB 线 083 支线未加开关、轻载 1～97 号杆为 LGJ-95、062～069 号标识牌错误	是	SS 10kV GB 线改造工程、0.4kV 电网项目需求工程、10kV 线路配电自动化改造工程
8	QD 线	一级	非标接线、分段数为 6、QD 线号 116 支线未加开关、供电半径超标为 15.72km、重载，负载率为 73.94%、年跳闸 4 次、38～67 号杆为 LGJ-120、装接配电变压器容量 13.91MVA、线路投运 22 年、180～182 号树障	是	SS 10kV QD 线改造工程、0.4kV 电网项目需求工程、10kV 线路配电自动化改造工程
9	BG 线	二级	非标接线、分段数为 1、第Ⅰ段容量为 14747kVA、装接配电变压器容量 14.75MVA、线路投运 21 年、主干线号 54 杆 B 相针瓶稍倾斜	是	0.4kV 电网项目需求工程、10kV 线路配电自动化改造工程

续表

序号	中压线路名称	问题分级	存在问题	是否解决	对应解决项目
10	LA 线	一级	非标接线、分段数为 1、单辐射、轻载不满足 N-1 校验、006 号拉线松动	是	SS 10kV DY 线新建工程、10kV 线路配电自动化改造工程
11	SK 线	一级	非标接线、分段数为 1、第 I 段容量为 6930kVA、单辐射、不满足 N-1 校验	否	—
12	NY 线	一级	非标接线、第 I 段容量为 7710kVA、2 台配电变压器 T 接主干无保护、不满足 N-1 校验、51~61 号杆为 JKLGYJ-70，70~99 号杆为 JKLGYJ-150、装接配电变压器容量 16.72MVA、79~81 号树障	是	SS 10kV NY 线改造工程、0.4kV 电网项目需求工程、10kV 线路配电自动化改造工程
13	SS 线	一级	非标接线、分段数为 2、单辐射、008~017 号拉线无护套	是	0.4kV 电网项目需求工程、10kV 线路配电自动化改造工程

通过针对现存 20 台普通断路器进行更换为一、二次融合开关，提升自动化覆盖率至 100%。自动化提升情况见表 15-23。

表 15-23　　　　自动化提升情况

序号	指标	数量	是否解决	对应解决项目
1	自动化	20 台	是	10kV 线路配电自动化改造工程

2. 0.4kV 电网

通过针对重载配电变压器进行增容布点，消除重载配电变压器比例降至 0%。0.4kV 电网解决情况见表 15-24。

表 15-24　　　　0.4kV 电网解决情况

序号	指标	数量	是否解决	对应解决项目
1	重载配电变压器	37 台	是	0.4kV 电网项目需求工程

15.5.3　投资效益分析

通过建设适度超前的电网，可以为 PZ 网格发展奠定坚实的基础，主要社会效益有以下几方面：

（1）根据过渡年配网投资规模，至规划期末共需要投资 1602.41 万元，负荷增长为 18.48MW，平均单位投资增供负荷为 12.97kW/万元。

（2）配网优化和供电量提高可以满足人民日益增长的电力需求，并满足工、农业发展需要，对社会稳定、发展具有重要意义。

（3）提升 SS 县 PZ 网格的供电可靠性、安全性，改善电能质量，有利于促进企业产品质量提升，更好地满足人民生活、工作的需要。

第16章　配电网未来形态展望

16.1　配电网未来发展

16.1.1　发展阶段

新型智慧配电网的发展路径可分为坚强网架阶段、低碳扩展阶段和生态开放阶段三个状态，如图16-1所示。

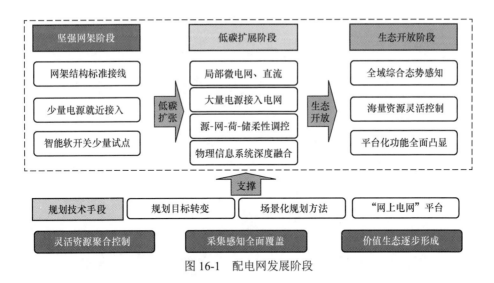

图16-1　配电网发展阶段

坚强网架阶段：配电网由无源向有源发展的初级阶段，少量分布式电源接入配电网。中压电网的典型结构以双环网、单环网、多分段适度联络为主，核心节点布局少量智能软开关，具备局域合环运行条件。坚强网架阶段接线模式转变如图16-2所示。坚强网架阶段电网示意如图16-3所示。

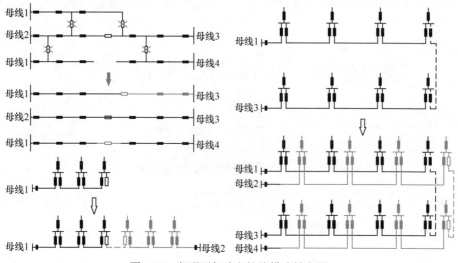

图 16-2　坚强网架阶段接线模式转变图

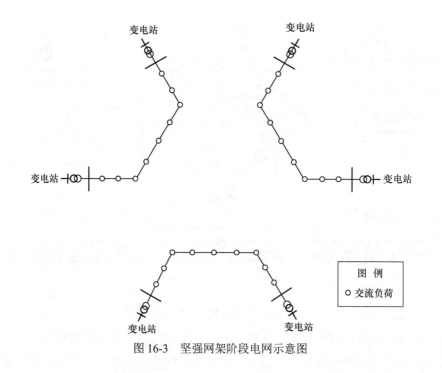

图 16-3　坚强网架阶段电网示意图

低碳扩展阶段：配电网接入大量的分布式电源，配电网潮流复杂化，新能源倒送情况显现。中压典型结构以双环网、单环网、多分段适度联络为主，微电网、交直流混合配电网作为补充，关键联络节点布局智能软开关，逐步实现有效的组间联络。低碳扩展阶段多元负荷接入如图 16-4 所示。低碳扩展阶段电网示意如图 16-5 所示。

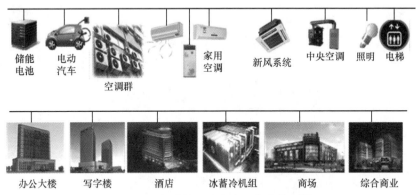

图 16-4　低碳扩展阶段多元负荷接入图

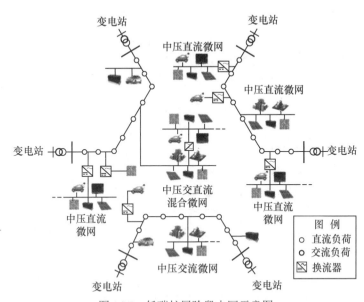

图 16-5　低碳扩展阶段电网示意图

生态开放阶段：分布式电源渗透率达到较高水平，微电网广泛分布，形成了具备互联互动、分区自治的泛在微能源网络。中压典型结构以蜂窝状结构为主，实现多网格间、网格内供需平衡，智能软开关等电力电子柔性装置在中低压侧大量应用，实现柔性组网。生态开放阶段综合能源服务如图 16-6 所示。生态开放阶段电网示意如图 16-7 所示。

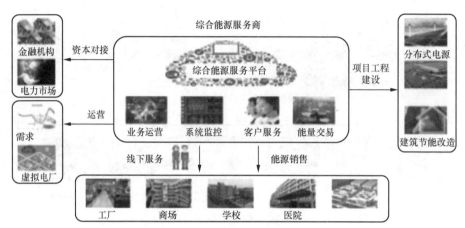

图 16-6　生态开放阶段综合能源服务图

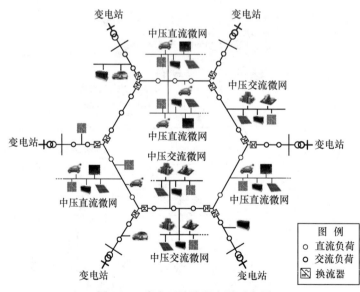

图 16-7　生态开放阶段电网示意图

16.1.2　形态及特征

随着源网荷储协同控制的关键技术突破、电力市场机制的日益成熟，未来配电网将逐步形成柔性、刚性与韧性并济（见图 16-8），互联电网与微电网并存、交流与直流混联、集中调度与自治决策协调的新型智慧配电网。通过现代智慧电网转型发展提升带动源网荷储四侧发力，唤醒沉睡资源、推动源网荷储协调互动，实现多元化负荷与储能设施的开放接入和双向互动，促进分布式新能源智能消纳，同时需利用全面感知的数字电网技术实现源网荷储各环节深度融合，配电网将成为新型电力系统下能源安全高效供应的平台、多种灵活资源聚合互动的平台、多个市场主体价值创造的平台。

图 16-8　配电网未来形态特征

柔性：配电网能够主动调整网络结构和电压分布，主动适应检修、施工等停电安排，主动管理各类灵活性资源，表现出自调节、自适应的柔性。

刚性：配电网能够主动研判故障发生位置，通过网络重构快速隔离故障，恢复对非故障段用户供电，表现出抗干扰、自愈合的刚性。

韧性：通过灵活自组网方式对重要用户形成主动孤岛，实现降额自持运行，确保重要用户持续不间断供电，表现出抗风险、自恢复的韧性。

智慧配电网被定义为：一种互联网与能源生产、传输、存储、消费以及能源市场深度融合的能源产业发展新形态，具有设备智能、多能协同、信息对称、供需分散、系统扁平、交易开放等主要特征。涉及物理、信息及价值三个维度，这三个维度的共同创新和相互匹配是能源互联网发展建设的必要条件。智慧配电网的发展过程将在"物理—信息—价值"三个维度上呈现出不同的形态。

（1）从物理维度：能源互联网是一个以电力系统为核心，可再生能源为主要一次能源，与天然气网络、交通网络等其他系统紧密耦合而形成的复杂多网流系统。其特征包括：

1）以电力为核心。电能作为清洁、优质、高效、便捷的二次能源，随着经济水平的发展，全球电气化水平仍将日益提高，电力在能源供应体系中的地位呈加强趋势。同时，目前清洁能源大多需要转化为电能形式才能够高效利用，以电力为中心也是低碳能源发展的必然要求。因此，建设能源互联网也是构建以电为中心的新型能源体系。

2）高比例的分布式能源。由于资源分布不均衡的客观存在，规模化能源生产和远距离传输仍是能源互联网中的重要形式。但是，分布式能源供应将达到某个显著的比例以上。分布式能源是指分布在用户端的能源综合利用系统，包括天然气分布式能源、燃料电池、分布式太阳能/风能/生物质发电、电化学储能、电动汽车、热泵等能源设备，实现以直接满足用户多种需求的定制化能源供应系统。分布式能源是能源互联网的基础，改变了现有能源系统（主要为电力）自上而下的传统结构和供需模式。

3）多种能源深度融合。实际上，现有电力系统就是一个天然的多种能源融合的系统，其将煤、天然气、水资源、风能、光洋能、地热、核能等一次能源有机地结合在一起。能源互联网的多种能源融合将更多体现在终端能源领域。在现有能源供应体系下，电、气、冷、热等终端能源之间基本是相互独立的，能源互联网下，各种能量转换和存储设备建立了多种能源的耦合关系，实现了电网、交通网、天然气管网、供热供冷网的"互联"。多能源的深度融合实现了能源梯级利用，保障综合能源系统的经济高效和灵活运行。

（2）信息维度：能源互联网是能量的开放互联与交换分享可以跟互联网信息分享一样便捷的信息物理融合系统。其特征包括：

1）开放。能源互联网中为实现信息的随时随地接入与获取，需建立开放式的信息体系结构。满足能源生产和消费的交互需求，满足多种能源之间的协同管理需求，满足分布式电源、储能等装置的"即插即用"。

2）对等。能源互联网中能源参与者（生产者、用户或者自治单元）基于一个对等的信息网络实现能源的分享，任意两个能源参与者之间可实现信息上的对等互联，一个参与者可向另一个参与者发布自己的能源供应/需求信息。信息的传输和服务在两个参与者之间发生，无需中心化系统的介入，打破现有集中式能源服务信息系统的 Client/Server 模式。

3）共享。能源互联网打破能源行业之间壁垒的一个特征就是不同层次、不同部门信息系统间，信息的交流与共享。信息共享也是互联网时代的重要特征，能源互联网中的信息共享是提高信息资源利用率，避免在信息采集、存贮和管理上重复浪费的一个重要手段。

（3）在价值维度：能源互联网提供绿色能源灵活交易的平台，构建开放、自由、充分竞争的市场环境，能激发市场中各商业主体的积极性。其特征包括：

1）市场交易扁平分散化。以电力行业为例，国内外现有电力交易采用集中式的资源配置方式。从物理上看，分布式能源供应的广泛存在，将形成若干自主平衡的微能量系统，为本地的能量平衡交易和微系统之间的能量交易提供了条件。另外，随着互联网与能源行业的融合，能源互联网中能源的供应和消费者，都可以通过互联网快速、便捷、低成本地获得足够充分的信息，具备了进行科学合理的局部交易，实现微平衡所需的信息基础。能源互联网中，分散化的微平衡将取代整体平衡成为最主要的交易模式。

2）各商业主体广泛参与。互联网思维下的市场模式就是广泛的互联，以信息为纽带，把分散的大量实体在信息系统中聚集起来。能源互联网中将涌现出大量的商业主体，各类能源生产企业以及园区、楼宇甚至家庭等分散的用户，都可不同程度地参与能源市场交易。

3）供需模式多变。与传统模式中固定的供求关系不同，能源互联网交易市场中，类似于互联网中信息交互的特性，各商业主体的在能源供应者和消费者交易主体的角色和权责可相互转换，自由选择参与或退出交易，使得市场结构实现更为灵活的动态变化，从而提升资源协调优化配置的效率，同时使得市场可自发地实现利益分配的优化并形成更为高效公平的利益分配格局。

16.1.3　智慧微电网

智慧微电网是规模较小的分散的独立系统，是能够实现自我控制、保护和管理的自治系统，既可以与外部电网运行，也可以孤立运行。它将分布式电源、储能装置、能量转换装置、相关负荷和监控、保护装置汇集而成的小型发配电系统。由多个局域化、协同化、具备就地平衡和自治运行的高自愈"元胞聚散体"耦合而成，形成分区协同自治运行的蜂窝状配电网。智慧微电网运行架构如图 16-9 所示。

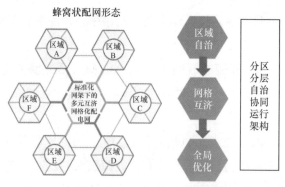

图 16-9　智慧微电网运行架构图

1. 工作流程

微电网控制系统可实现对发电、储电和用电的综合管理调度。与电网在集中式发电厂发电后沿着发—输—配—变—用的单向能量传递不同，微电网重点关注用户本地的分布式发电系统。对于发电，微电网通常使用光伏发电、柴油发电机和风机等可再生能源的组合。微电网可以结合储能系统来储存电力，通过智慧储能调度策略在停电或电网需求高峰时进行充放电操作。智慧微电网示意如图 16-10 所示。

图 16-10　智慧微电网示意图

2. 典型特征

柔性组网，网格之间协同互济。按需配置智能软开关等电力电子柔性装置，突破短路容量、电磁环网等因素对网架结构的限制，实现配电网的互联互通、互供互济。网格内部高度自治，充分发挥就地分布式资源的平衡价值，以局部微电网为主要载体，统筹利用储能、可调负荷、光伏发电等灵活资源，在极端灾害条件下，可以实现局部电网降额自持运行。

3．运营模式

智慧配电网按运营模式可以分为并网型和独立性两类。

（1）并网型微电网运营模式如下：

1）由用户投资、自主运营；

2）由用户投资、委托第三方运营；

3）配电设施（含储能）由电网主业投资，内部电源由第三方投资，电网主业负责运营；

4）由单一或多主体投资，第三方负责运营。

（2）独立型微电网运营模式如下：

1）边防部队投资；

2）政府主导、发电企业投资建设；

3）第三方自发援建；

4）电网公司依托科技项目建设；

5）电网企业和第三方合建；

6）电网企业投资运营。

16.2　重点建设指标

依据城市不同发展定位、经济基础、能源禀赋和建设需求按照国际领先、国际先进和发展提升三种类型，对公司经营区内地级以上城市配电网分类型明确建设目标和重点任务，因城因需高质量、差异化推进城市配电网建设。

（1）国际领先型城市配电网：在北京、上海、雄安新区等 3 个城市，电网结构、设备、技术、管理、服务等方面基础条件优异，以核心指标达到国际领先水平为目标，推动城市配电网向能源互联网升级，打造国际领先的现代化城市配电网建设标杆。

（2）国际先进型城市配电网：在天津、济南、青岛、南京、苏州、杭州、宁波、福州、厦门、无锡、合肥、武汉、长沙、郑州、成都、重庆、西安等 17

个城市，电网结构、设备、技术、管理、服务基础条件较好，以核心指标对标国际先进为配电网发展目标支撑地方经济社会发展，总结推广成熟建设模式，辐射带动区域城市配电网高质量建设。

（3）发展提升型城市配电网：在上述两类以外的城市，统筹推进结构、设备、技术、管理、服务优化完善，以实现配电网与城市协调发展为目标，提高辖区内城市配电网的供电保障能力、应急处置能力和资源配置能力，提升供电服务水平和终端用能电气化水平，全面促进配电网建设运营提质升级。

在世界一流城市配电网建设基础上，面向国际领先型、国际先进型和发展提升型三类城市配电网拟定主要指标及目标值。

中低压配电网指标提升情况见表 16-1。

表 16-1 中低压配电网指标提升情况

序号	指标名称		单位	指标释义	计算方法	中心城区目标值		
						国际领	国际先	国际一
1	供电可靠率		%	是指统计周期内供电时间与统计时间的百分比，反映了供电系统持续供电的能力	（1-系统平均停电时间÷单位年度总小时数）×100	99.998%	99.994%	99.99%
2	综合电压合格率		%	是指统计区域内，实际运行电压在允许偏差范围内累计运行时间占总时间的百分比	［0.5×A 类监测点合格率+0.5×（B 类监测点合格率+C 类监测点合格率+D 类监测点合格率）÷3］×100	99.999%	99.998%	99.997%
3	10kV 线路 $N-1$ 通过率		%	是指 10kV 线路中，满足"$N-1$"安全准则的线路条数占线路总条数的百分比	满足 $N-1$ 的 10kV 线路条数÷10kV 线路总条数×100	100%	95%	90%
4	中压配电网网架结构标准化率		%	是指满足网架结构标准要求的中压线路条数占中压线路总条数的百分比	满足供电区域电网结构标准要求的中压线路条数÷中压线路总条数×100	100%	95%	90%
5	10kV 线路联络率		%	两条线路存在连接线，且由开关分断，定义为存在联络。有联络的线路占总线路数的比例称为线路联络率	存在联络的 10kV 线路条数÷10kV 线路总条数×100	100%	100%	98%
6	10kV 负荷站间可转供率	A+、A 类	%	是指站间通过 10kV 线路转移负荷的百分比	能够通过站间转供的 10kV 线路负荷÷统计区域内所有 10kV 线路最大负荷×100	60%	55%	50%
		B 类				50%	40%	30%
7	综合线损率		%	是指配电网损失电量占总供电量的百分比	配电网年度损失电量÷年度总供电量×100	3.5%	3.5%	4%

续表

序号	指标名称	单位	指标释义	计算方法	中心城区目标值		
					国际领	国际先	国际一
8	标准设备应用率	%	新增标准配电设备数量占新增配电设备总数的百分比	标准设备中标量÷同类设备中标总量×100	100%	100%	100%
9	开关站配电自动化覆盖率	%	是指安装配电自动化设备的开关站数量占开关站总数量的百分比	安装配电自动化设备的开关站数量÷开关站总数量×100	90%	90%	90%
10	中压开关"三遥"覆盖率	%	是指覆盖"三遥"终端的开关站、环网箱、柱上开关数量占开关站、环网箱、柱上开关总数量的百分比	实现"三遥"功能的开关站、环网箱、柱上开关数量÷开关站、环网箱、柱上开关总数量×100	70%	65%	65%
11	馈线自动化线路覆盖率	%	是指具备馈线自动化功能且投入半自动或全自动 FA 的馈线条数占总馈线条数的百分比	具备馈线自动化功能且投入半自动或全自动 FA 的线路条数÷线路总条数×100	75%	70%	70%
12	台区智能融合终端覆盖率	%	是指安装台区智能融合终端的台区数量占台区总数量的百分比	安装台区智能融合终端的台区数量÷台区总数量×100	80%	70%	70%
13	不停电作业化率	%	是指采用不停电作业方式减少的停电时户数占计划停电时户数与不停电作业减少停电时户数之和的百分比	采用不停电作业方式减少的停电时户数÷（计划停电时户数+不停电作业减少停电时户数）×100	98%	95%	90%
14	故障用户平均复电时间	h	是指从电网故障发生到用户恢复供电所需时间。可通过采用应急发电车等"先复电、再维修"措施缩短该时间	从用户故障报修到用户恢复供电所需时间	0.42	0.5	0.58
15	分布式电源接入率	%	是指按照并网服务流程，完成验收并网的分布式电源数量占受理并网申请的分布式电源数量百分比	完成验收并网的分布式电源数量÷受理并网申请的分布式电源数量×100	100%	100%	100%
16	配电网设备可开放容量共享率	%	已共享可开放容量的35（66）kV 变电站主变压器数量、10kV 线路数量、10kV 配电变压器数量是指统计期末供电服务指挥系统将上述设备可开放容量信息同步至营销业务应用系统，并同步至 95598 业务支持系统的设备数量	已共享可开放容量的 35（66）kV 变电站主变压器÷35（66）kV 变电站主变压器数量×0.3×100+已共享可开放容量的 10kV 线路数量÷10kV 线路数量×0.4×100+已共享可开放容量的 10kV 配电变压器÷10kV 配电变压器数量×0.3×100	100%	100%	100%

续表

序号	指标名称	单位	指标释义	计算方法	中心城区目标值		
					国际领	国际先	国际一
17	并网型分布式光伏监测率	%	可监测的并网分布式光伏数量占完成验收并网的分布式光伏数量百分比	可监测的并网型分布式光伏数量÷完成验收并网的分布式光伏数量×100	100%	100%	100%
18	电动汽车充电桩报装接入率	%	是指新增电动汽车充电桩实际接入数占电动汽车充电桩用电报装数的百分比	新增充电桩实际接入数÷充电桩用电报装数×100	100%	100%	100%
19	故障类停电信息精准通知到户率	%	主动通知用户故障类停电的信息户数是指统计期内通过线上渠道通知故障停电用户数与停电影响用户总数的百分比	主动通知用户故障类停电的信息户数÷故障停电影响的用户总数×100	95%	95%	95%
20	工单驱动业务模式覆盖率	%	配电业务中工单驱动业务模式覆盖比例	实现工单驱动的配电业务数量÷配电运检业务总量×100	100%	100%	100%
21	数字化班组覆盖率	%	是指数字化班组实现10项功能建设的数量占班组总数的百分比	满足数字化业务能力的班组数量÷班组总数×100	100%	100%	100%

注 1. 中压配电网标准化网架结构是指新建10（20）kV配电网，A+类区域以电缆双环式为主，A、B类区域以电缆单、双环网和架空三分段三联络为主。已有配电网，电缆网A+、A类区域以双环、单环为主，B类区域以单环为主；架空网A+、A、B类区域以多分段适度联络为主。

2. 分布式电源是指接入35kV及以下电压等级电网、位于用户附近，在35kV及以下电压等级就地消纳为主的电源。引自《配电网规划设计技术导则》（Q/GDW 10738—2020）。

3. 故障类停电信息精准通知到户率指标引自《国家电网有限公司关于深化95598、"网上国网"客户侧停电及故障精准研判能力提升工作的通知》（国家电网营销函〔2020〕43号）。

4. 工单驱动业务模式覆盖率指标引自《国网设备部关于建立工单驱动业务配电网管控新模式的指导意见》（设备配电〔2020〕58号）。

5. 故障抢修过程可视化率和配电网设备可开放容量共享率指标引自《国家电网有限公司关于印发2019年营配调贯通优化提升专项工作方案的通知》（国家电网营销〔2019〕539号）。

附录 A　现代化配电网相关参考标准

A1　配电网建设参考标准

配电网建设参考标准见 A1。

表 A1　　　　　　　　　配电网建设参考标准

供电区域类型	变电站			线路				电网结构		馈线自动化方式	通信方式
	建设原则	变电站型式	变压器配置容量	建设原则	线路导线截面积选用依据	110~35kV 线路型式	10kV 线路型式	110~35kV 电网	10kV 电网		
A+	土建一次建成电气设备可分期建设	户内或半户内站	大容量或中容量	廊道一次到位导线截面积一次选定	以安全电流裕度为主，用经济载荷范围校核	电缆或架空线	电缆为主架空线为辅	链式、环网为主	环网为主	集中式或智能分布式	光纤通信为主，无线作为补充
A											
B						架空线必要时电缆	架空线必要时电缆			集中式、智能分布式或就地型重合式	光纤、无线相结合
C		半户内或户外站	中容量或小容量			架空线	架空线必要时电缆			故障监测方式或就地型重合式	
D					以允许压降作为依据	架空线	架空线	辐射、链式、环网	辐射、环网		无线为主
E		户外或半户内站	小容量		以允许压降为主，用机械强度校核	架空线	架空线	辐射为主	辐射为主	故障监测方式	

注　1. 110kV 变电站中，63MVA 及以上变压器为大容量变压器，50、40MVA 为中容量变压器，31.5MVA 及以下变压器为小容量变压器。35kV 变电站中，20MVA 以上为大容量，20、10MVA 为中容量，10MVA 以下为小容量。

　　2. 户内变电站布置方式：主变压器、配电装置为户内布置，设备采用气体绝缘金属封闭开关设备形式。半户内变电站布置方式：主变压器为户外布置，配电装置为户内布置。户外变电站布置方式：主变压器、配电装置均为户外布置。

A2 供电区域划分标准

供电区域划分见表 A2。

表 A2   供电区域划分表

供电区域	A+	A	B	C	D	E
饱和负荷密度（MW/km²）	$\sigma \geqslant 30$	$\sigma \geqslant 15$	$6 \leqslant \sigma < 15$	$1 \leqslant \sigma < 6$	$0.1 \leqslant \sigma < 1$	$\sigma < 0.1$
主要分布地区	直辖市市中心城区，或省会城市、计划单列市核心区	地市级及以上城区	县级及以上城区	小城镇区域	乡村地区	农牧区

（1）供电区域面积不宜小于 5km²；

（2）计算饱和负荷密度时，应扣除 110（66）kV 及以上专线负荷，以及高山、戈壁、荒漠、水域、森林等无效供电面积；

（3）表中主要分布地区一栏作为参考，实际划分时应综合考虑其他因素；

（4）规划期内供电区域类型应相对稳定，主要边界条件发生重大变化时，可对供电区域类型进行调整。

A3 饱和期供电质量规划目标

饱和期供电质量规划目标见表 A3。

表 A3   饱和期供电质量规划目标表

供电区域	平均供电可靠率	综合电压合格率
A+	≥99.999%	≥99.99%
A	≥99.990%	≥99.97%
B	≥99.965%	≥99.95%
C	≥99.863%	≥98.79%
D	≥99.726%	≥97.00%
E	不低于向社会承诺的指标	不低于向社会承诺的指标

A4 各电压等级的短路电流限定值

各电压等级的短路电流限定值见表 A4。

表 A4 各电压等级的短路电流限定值

电压等级	短路电流限定值（kA）		
	A+、A、B 类供电区域	C 类供电区域	D、E 类供电区域
110kV	31.5、40	31.5、40	31.5
66kV	31.5	31.5	31.5
35kV	31.5	25、31.5	25、31.5
10kV	20	16、20	16、20

A5 各类供电区域变电站最终容量配置推荐表

各类供电区域变电站最终容量配置推荐见表 A5。

表 A5 各类供电区域变电站最终容量配置推荐表

电压等级	供电区域类型	台数（台）	单台容量（MVA）
110kV	A+、A 类	3～4	63、50
	B 类	2～3	63、50、40
	C 类	2～3	50、40、31.5
	D 类	2～3	40、31.5、20
	E 类	1～2	20、12.5、6.3
66kV	A+、A 类	3～4	50、40
	B 类	2～3	50、40、31.5
	C 类	2～3	40、31.5、20
	D 类	2～3	20、10、6.3
	E 类	1～2	6.3、3.15
35kV	A+、A 类	2～3	31.5、20
	B 类	2～3	31.5、20、10
	C 类	2～3	20、10、6.3
	D 类	1～3	10、6.3、3.15
	E 类	1～2	3.15、2

注 1. 表中的主变压器低压侧为 10kV。

2. A+、A、B 类区域中 31.5MVA 变压器（35kV）适用于电源来自 220kV 变电站的情况。

参 考 文 献

【1】 辛保安. 新型电力系统构建方法论研究[J]. 新型电力系统，2023.

【2】 周红军，白保华，周颖，等. 碳中和目标下新型电力系统构建及发展路径研究[J]. 新型电力系统，2023.

【3】 陈皓勇，谭碧飞，伍亮，等. 分层集群的新型电力系统运行与控制[J]. 中国电机工程学报，2023 年 1 月.

【4】 黎博，陈民铀，钟海旺，等. 高比例可再生能源新型电力系统长期规划综述[J]. 中国电机工程学报，2023.

【5】 康重庆，杜尔顺，李姚旺，等. 新型电力系统的"碳视角"：科学问题与研究框架[J]. 电网技术，2023.

【6】 江秀臣，许永鹏，李曜丞，等. 新型电力系统背景下的输变电数字化转型[J]. 高电压技术，2023.

【7】 郭创新，刘祝平，冯斌，等. 新型电力系统风险评估研究现状及展望[J]. 高电压技术，2023.

【8】 李秋航，李华强，何永祥，等. 计及碳排放成本的输电网与风电分布鲁棒协同扩展规划[J]. 电力信息与通信技术，2023.

【9】 曾博，杨雍琦，段金辉，等.新能源电力系统中需求侧响应关键问题及未来研究展望[J].电力系统自动化，2015，39(17)：10-18.

【10】 李武华，顾云杰，王宇翔，等.新能源直流微网的控制架构与层次划分[J].电力系统自动化，2015，39(09)：156-163.

【11】 桑丙玉，王德顺，杨波，等.平滑新能源输出波动的储能优化配置方法[J].中国电机工程学报，2014，34(22)：3700-3706.

【12】 赵俊博，张葛祥，黄彦全.含新能源电力系统状态估计研究现状和展望[J].电力自动化设备，2014，34(05)：7-20+34.

【13】 卢非凡，吴悠，冯伟健.配网运行智能监控与主动故障研判系统.自动化与仪器仪表，2022，(05)：174-178.